工业机器人基础

主　编　王卉军　王东哲

副主编　戴　剑　徐　露　肖玨

参　编　周梦颖　熊　亮　张博艺　雷　雕

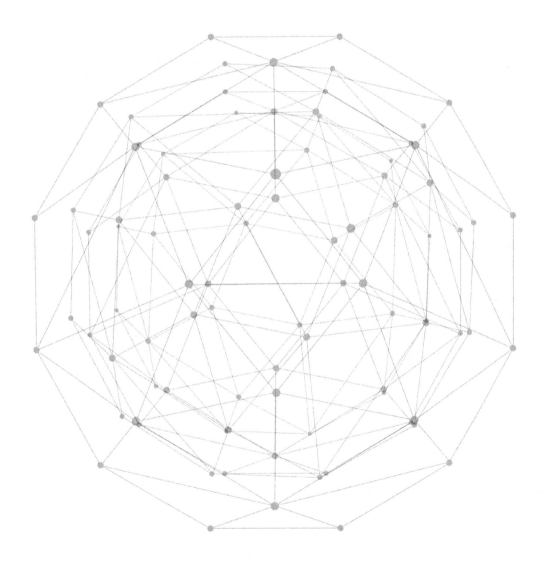

华中科技大学出版社

http://www.hustp.com

中国·武汉

图书在版编目(CIP)数据

工业机器人基础/王卉军,王东哲主编. —武汉 ：华中科技大学出版社,2020.8(2024.8重印)
ISBN 978-7-5680-6470-5

Ⅰ.①工… Ⅱ.①王… ②王… Ⅲ.①工业机器人-职业教育-教材 Ⅳ.①TP242.2

中国版本图书馆 CIP 数据核字(2020)第 152180 号

工业机器人基础
Gongye Jiqiren Jichu

王卉军　王东哲　主编

策划编辑：袁　冲
责任编辑：刘姝甜
责任监印：朱　玢
出版发行：华中科技大学出版社(中国·武汉)　　电话：(027)81321913
　　　　　武汉市东湖新技术开发区华工科技园　　邮编：430223
录　　排：华中科技大学惠友文印中心
印　　刷：武汉邮科印务有限公司
开　　本：787mm×1092mm　1/16
印　　张：13.25
字　　数：357千字
版　　次：2024年8月第1版第3次印刷
定　　价：38.00元

本书若有印装质量问题,请向出版社营销中心调换
全国免费服务热线：400-6679-118　竭诚为您服务
版权所有　侵权必究

工业机器人是实现自动化生产,提高社会生产效率,推动企业和社会生产力发展的现代制造业装备。中国公布的实施制造强国战略的十年行动纲领《中国制造 2025》提出:紧密围绕重点制造领域关键环节,开展新一代信息技术与制造装备相融合的集成创新和工程应用;支持政、产、学、研、用联合攻关,开发智能产品和自主可控的智能装置并实现其产业化;依托优势企业,紧扣关键工序智能化、关键岗位机器人替代、生产过程智能优化控制、供应链优化,建设重点领域智能工厂及数字化车间;对于机器人,围绕汽车、机械、电子、危险品制造、国防军工、化工、轻工等工业机器人、特种机器人,以及医疗健康、家庭服务、教育娱乐等服务机器人应用需求,积极研发新产品,促进机器人标准化、模块化发展,扩大市场应用,突破机器人本体、减速器、伺服电动机、控制器、传感器与驱动器等关键零部件及系统集成设计制造等技术瓶颈。可以说,工业机器人的出现是人类利用机械进行社会生产的一个里程碑。由此可见,加速转变生产方式,调整产业结构,将是我国国民经济和社会发展的重中之重。

中国工业机器人市场近年来发展势头持续表现强劲,市场容量不断扩大。工业机器人的研发及使用热潮带动了一大批工业机器人产业园的新建。工业机器人产业的发展,除了需要工业机器人应用的研发人才外,还需要大量从事工业机器人现场编程、工业机器人自动生产线维护、工业机器人安装调试等工作的高素质高级技能型专门人才作为后盾。根据国家中长期人才发展规划纲要的要求,我国将持续推进提高高素质高技能型人才占技能劳动者的比例。对作为高技能型人才培养重要组成部分的中高职院校的工业机器人应用相关专业学生,实行校企合作、工学结合的双元教育后,相关人才的储备必将迎来一个快速发展的黄金时期。

本书分为五章:第 1 章——工业机器人概述,介绍工业机器人发展历程及发展趋势、工业机器人的应用与分类等相关知识;第 2 章——工业机器人的机械系统,介绍工业机器人的基座、手臂及其运动机构、手腕及其结构、末端执行器和传动机构相关知识;第 3 章——工业机器人的控制技术,介绍工业机器人控制系统结构与原理、驱动系统、传感系统、工人机器人编程等相关知识;第 4 章——工业机器人工作站及自动化生产应用,介绍工业机器人工作站的组成及分类,以及工业机器人的自动化生产应用相关知识;第 5 章——机器人博览,介绍应用于各行业的机器人的相关知识。本书内容安排循序渐进,系统性强,表述言简意赅,通俗易懂,可作为中高职院校工业机器人及相关专业工业机器人基础课程用书,也可作为相关专业人士的参考书。

本书是在苗疆(武汉)机器人科技有限公司(简称苗疆公司)与职业院校共同编写并使用的讲义基础上总结修改而成的。苗疆公司是一家专业从事工业机器人自动化设备研发、生产、销售、教学的企业,其主营业务范围包括工业机器人本体与实训工作站研发生产、PLC自动化工作站研发生产、机器人实训室整体解决方案、实习实训教材资源开发及智能制造解决方案。该公司与职业院校合作,以人才培养和产教融合为核心,以创新研发和校企深度合作为内容,着重在人才培养、专业规划、教学设备及软件研发、实训基地建设等方面为职业院校和智能制造人才培养持续创造价值。为了使编写的工业机器人教材适用于中高职院校学生学习,校企合作组成院校专业教师、企业机器人专业工程师的教材编写班子,致力于开发一套体系完整、特色鲜明、适合理论实践一体化教学、反映工业机器人产业最新技术与工艺、符合职教人才培养体系的工业机器人应用与维护等相关专业教材。这对于深化职业技术教育改革、提高工业机器人技能型人才培养的质量,会起到积极的作用。

由于编者能力和水平有限,书中难免存在不足之处,敬请读者不吝赐教、批评指正。

编　者

2020 年 5 月

第 1 章

工业机器人概述

◀ 1.1　机器人及工业机器人的概念 ▶

机器人是什么？国际上对机器人的定义有很多。

美国机器人工业协会（RIA）将工业机器人定义为用来进行材料搬运，零部件、工具等可再编程的多功能机械手，或通过不同程序的调用来完成各种工作任务的特种装置。

日本工业机器人协会（JRA）将工业机器人定义为一种装备有记忆装置和末端执行器的，能够转动并通过自动完成各种移动来代替人类劳动的通用机器。

在 1989 年的相关国际标准草案中，工业机器人被定义为一种自动定位控制，可重复编程的、多功能的、多自由度的操作机。其中，操作机被定义为具有和人手臂相似的动作功能，可在空间中抓取物体或进行其他操作的机械装置。

国际标准化组织（ISO）曾于 1984 年将机器人定义为一种自动的、位置可控的、具有编程能力的多功能机械手，这种机械手具有几个轴，能够借助可编程序的操控来处理各种材料、零件、工具和专用装置，以执行各种任务。

工业机器人是机器人的一种，是一种仿人操作、自动控制、可重复编程、能在三维空间中完成各种作业的机电一体化的自动化生产设备，特别适用于多品种、多批量的柔性生产，对稳定和提高产品质量、提高生产效率、改善劳动条件和促进产品的快速更新换代起着十分重要的作用。工业机器人的兴起促使各科研院所大力开展对机器人的研究。

美国发明家迪沃尔与恩格尔伯格制造出的工业机器人有以下特点：将将数控机床的伺服轴与遥控操纵器的连杆机构连接在一起，预先设定的机械手动作经编程输入后，系统就可以离开人的辅助而独立运行；这种工业机器人还可以接受示教而完成各种简单的重复动作，示教过程中，机械手可依次通过工作任务的各个位置，这些位置序列全部记录在存储器内，任务执行过程中，工业机器人的各个关节在伺服电动机驱动下依次再现上述位置。因此，这种工业机器人的主要技术功能被总结为可编程和示教再现。

工业机器人最显著的特点有以下三个。

（1）可编程。生产自动化的进一步发展是柔性自动化。工业机器人可随其工作环境变化的需要而再编程，因此，它能在小批量、多品种、具有均衡高效率的柔性制造过程中发挥很好的功用，是柔性制造系统的一个重要组成部分。

（2）拟人化。工业机器人在机械结构上有模仿人行走、腰部旋转的结构，也有与人体类似的大臂、小臂、手腕、手爪等部位，这些结构和部位由计算机控制。此外，智能化工业机器人还有许多具有类似人类的感知功能的生物传感器，如皮肤型接触传感器、力觉传感器、负载传感器、视觉传感器、听觉传感器等。生物传感器提高了工业机器人对周围环境的自适应能力。

（3）通用性。除了专门设计的专用的工业机器人外，工业机器人在执行不同的作业任务时一般具有较好的通用性，更换工业机器人末端执行器（手爪、工具等）便可执行不同的作业任务。

工业机器人技术涉及的学科相当多样,可归纳为机械学和微电子学的结合——机电一体化。第三代智能工业机器人不仅具有获取外部环境信息的各种传感器,而且具有记忆、语言理解、图像识别、推理判断等人工智能,这些都与微电子技术的应用,特别是计算机技术的应用密切相关。同时,工业机器人技术的发展必将带动其他技术的发展,工业机器人技术的发展和应用水平也可以验证一个国家科学技术和工业技术的发展水平。

◀ 1.2 工业机器人的发展历程 ▶

虽然"机器人技术"一词出现得较晚,但这一概念在人类的想象中却早已出现,制造机器人是机器人技术研究者的梦想,这体现了人类重塑自身、了解自身的一种强烈愿望。自古以来,有不少科学家和杰出工匠都曾制造出具有人类特点或可模拟动物特征的机器人,那时的机器人是现代机器人的雏形。

在我国,西周时代的能工巧匠就研制出了能歌善舞的伶人木偶,这是我国最早涉及机器人概念的创作。春秋后期,著名的木匠鲁班曾制造出一只木鸟(见图1-2-1),这只木鸟能在空中飞行三日而不落下,这既是我国机械方面的巨大成就,也体现了机器人概念的发展。

图 1-2-1 鲁班制造木鸟

"robot"(机器人)一词是 1921 年由捷克作家卡雷尔·卡佩克(Karel Capek)在他的讽刺剧《罗莎姆的万能机器人》中首先提出的。该剧中描述了一个与人类相似,但能不知疲倦工作的机器奴仆 Robot,此后,"robot"一词就被沿用下来,中文译成"机器人"。

1950 年,美国科幻作家艾萨克·阿西莫夫(Isaac Asimov)在他的科幻小说《我,机器人》中提出了"机器人三定律",该定律后来成为人工智能和机器人领域默认的研发原则。

现代工业机器人出现于 20 世纪中期,当时数字计算机已经出现,电子技术也有了长足的发展,在产业领域出现了受计算机控制的可编程的数控机床,与机器人技术相关的控制技术和零部件加工也已有了扎实的基础。同时,人类需要开发自动机械,替代人去从事一些恶劣环境下的作业。正是在这一背景下,工业机器人的研究与应用得到了快速发展。

以下列举了现代工业机器人发展史上的一些标志性事件:

(1) 1954 年,迪沃尔制造出世界上第一台可编程的机械手,并注册了专利。这种机械手能按照不同的程序从事不同的工作,因此具有通用性和灵活性。

(2) 1959 年,迪沃尔与恩格尔伯格合作创立了世界上第一家机器人制造公司——Unimation 公司,随后,他们联手制造出了第一台工业机器人。由于恩格尔伯格对工业机器人进行了富有成效的研发和宣传,他被称为"工业机器人之父",如图 1-2-2 所示。

(3) 1962 年,美国 AMF 公司生产出 VERSTRAN(意为万能搬运)机器人,与 Unimation 公司生产的 UNIMATE(意为万能伙伴)机器人一样成为真正商业化的工业机器人,并出口到世界各国,掀起了全世界对工业机器人的研究热潮。

(4) 1967 年,日本川崎重工业株式会社(简称川崎重工)和丰田汽车公司分别从美国购买了 UNIMATE 机器人和 VERSTRAN 机器人的生产许可证,日本从此开始了对工业机器人的研究和制造。20 世纪 60 年代后期,喷涂、弧焊机器人问世并逐步应用于工业生产。

（5）1968 年,美国斯坦福研究所公布了他们研发成功的机器人——SHAKEY 机器人,由此拉开了第三代工业机器人研发的序幕。SHAKEY 机器人带有视觉传感器,能根据人的指令发现并抓取积木,不过控制它的计算机有一个房间那么大。SHAKEY 机器人可以称为世界上的第一台智能机器人。

（6）1969 年,日本早稻田大学加藤一郎实验室研发出第一台以双脚走路的机器人,研发主导者加藤一郎长期致力于仿人机器人研究,被称为"仿人机器人之父"。此后,日本专家便致力于研

图 1-2-2　"工业机器人之父"——恩格尔伯格

发仿人机器人和娱乐机器人,后来,日本本田技研工业株式会社(简称本田公司)研制出 ASIMO 机器人,日本索尼公司也研制出 QRIO 机器人。

（7）1973 年,机器人和小型计算机第一次"携手合作",美国 Cincinnati Milacron 公司的 QRBO 机器人和 T^3 型机器人(见图 1-2-3)诞生了。

图 1-2-3　T^3 型机器人

（8）1979 年,美国 Unimation 公司推出通用工业机器人——PUMA 机器人(见图 1-2-4),这标志着工业机器人技术已经成熟。PUMA 机器人至今仍然工作在生产第一线,许多机器人技术的研究都以该工业机器人为模型和对象。

（9）1979 年,日本山梨大学牧野洋发明了平面关节(selective compliance assembly robot arm,SCARA)型机器人,该机器人此后在装配作业中得到了广泛应用。

（10）1980 年,工业机器人在日本开始普及。随后,工业机器人在日本得到了巨大发展,日本也因此而赢得了"机器人王国"的美称。

（11）1984 年,恩格尔伯格再次推出 HelpMate 机器人,这种机器人能在医院里为病人送饭、送药、送邮件。同年,恩格尔伯格还放言要让机器人擦地板、做饭、洗车及做安全检查。

（12）1996 年,本田公司推出仿人机器人 P2,使双足行走机器人的研究达到了一个新的水平,随后,许多国际著名企业争相研制代表自己公司形象的仿人机器人,以展示公司的科研实力。

图 1-2-4　PUMA 机器人

　　(13) 1998 年,丹麦乐高公司推出机器人 Mind Storms 套件,让机器人制造变得跟搭积木一样相对简单又能任意拼装,使机器人开始走入个人世界。

　　(14) 1999 年,日本索尼公司推出机器狗爱宝(AIBO),当即销售一空,从此娱乐机器人迈进普通家庭。

　　(15) 2002 年,美国 iRobot 公司推出了吸尘机器人 Roomba,它是目前世界上销量最大、商业化最成功的家用机器人。

　　(16) 2006 年,微软公司推出 Microsoft Robotics Studio 机器人开发平台,从此,机器人模块化、平台统一化的趋势越来越明显。比尔·盖茨预言,家用机器人很快将席卷全球。

　　(17) 2009 年,丹麦优傲机器人公司(UNIVERSAL ROBOTS)推出了第一台轻量型的UR5 机器人(见图 1-2-5),它是一款六轴串联的革命性工业机器人产品,质量为 18 kg,负载高达 5 kg,工作半径为 85 cm,适合中小企业选用。UR5 机器人拥有轻便灵活、易于编程、高效节能、成本低和投资回报快等优点,其另一显著优势是不需安全围栏即可直接与人协同工作,一旦人与该机器人接触并产生大于或等于 150 N 的力,该机器人就自动停止工作。

　　(18) 2012 年,多家著名机器人厂商开发出双臂协作机器人。例如,ABB 公司开发的双臂工业机器人(见图 1-2-6),能够满足电子消费品行业对柔性和灵活制造的需求,也将逐渐应用于更广泛的市场领域;又如,Rethink Robotics 公司推出 Baxter 双臂工业机器人,其示教过程简易,能安全和谐地与人协同工作。在未来的工业生产中,双臂工业机器人将会发挥越来越重要的作用。

图 1-2-5　UR5 机器人

图 1-2-6　ABB 双臂工业机器人

◀ 1.3 工业机器人的生产应用 ▶

目前,工业机器人及其成套设备已广泛应用于各个行业领域,如汽车及汽车零部件制造行业、机械加工行业、电子电气行业、橡胶及塑料工业、食品工业、木材与家具制造行业等,在工业生产中,搬运机器人、码垛机器人、焊接机器人、喷涂机器人及装配机器人等都已被大量采用。工业机器人在不同行业中的具体应用如表1-3-1所示。

表 1-3-1 工业机器人在不同行业中的具体应用

行 业	具 体 应 用
汽车及其零部件制造	弧焊、点焊、搬运、装配、冲压、喷涂、切割(激光切割、等离子切割)等
电子电气	搬运、洁净装配、自动传输、打磨、真空封装、检测、拾取等
化工、纺织	搬运、包装、码垛、称重、切割、检测、上下料等
机械基础件制造	工件搬运、装配、检测、焊接、铸件去毛刺、研磨、切割(激光切割、等离子切割)、包装、码垛、自动传送等
电力、核电	布线、高压检查、核反应堆检修、拆卸等
食品、饮料	包装(真空包装)、搬运等
塑料、橡胶	上下料、去毛边等
冶金、钢铁	钢和合金锭搬运、码垛、铸件去毛刺、浇口切割等
家电、家具制造	装配、搬运、打磨、抛光、喷漆、玻璃制品切割、雕刻等
海洋勘探	深水勘探、海底维修与建造等
航空航天	空间站检修、飞行器修复、资料收集等
军事	防爆、排雷、兵器搬运、放射性检测等

当今近50%的工业机器人集中使用在汽车领域,主要进行搬运、码垛、焊接、喷涂和装配等作业,因此,下面着重介绍这几类工业机器人的应用情况。

1.3.1 搬运

工业机器人的搬运作业是指工业机器人握持工件,使工件从一个加工位置移动到另一个加工位置。搬运机器人(transfer robot,见图1-3-1)上可安装不同的末端执行器(如机械手爪、真空吸盘、电磁吸盘等)以完成不同形状和状态的工件搬运,从而大大减轻人类繁重的体力劳动。通过编程控制,可以让多台搬运机器人配合各道工序中不同设备的工作时间,实现流水线作业的最优化。搬运机器人具有定位准确、工作节拍可调、工作空间大、性能优良、运行平稳及维修方便等优点。目前,世界上使用的搬运机器人已超过10万台,广泛应用于机床上下料自动搬运、自动装配流水线、码垛搬运、集装箱搬运等。

1.3.2 码垛

码垛机器人(见图1-3-2)是机电一体化高新技术产品,它可满足中低量的生产需要,也可按照要求的编组方式和层数,完成对料带、胶块、箱体等各种产品的码垛。码垛机器人替代人工搬

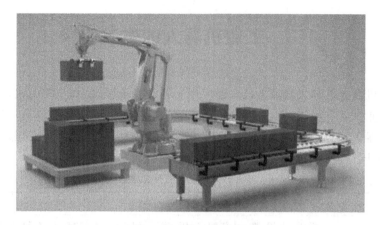

图 1-3-1　搬运机器人

图 1-3-2　码垛机器人

运、码垛,能迅速提高企业的生产效率和产量,同时能减少人工码垛造成的错误。码垛机器人可全天候作业,由此每年能节约大量的人力资源成本,达到减员增效的目的。码垛机器人广泛应用于化工、饮料、食品、塑料等生产领域,对箱装、罐装、瓶装等各种形式的包装成品的码垛作业都适用。

1.3.3　焊接

　　焊接机器人(welding robot)是具有三个或三个以上可自由编程的轴,并能将焊接工具按要求送到预定空间位置,按要求轨迹及速度移动焊接工具的机器,它包括点焊机器人、弧焊机器人、激光焊接机器人等。焊接是目前工业机器人最大的应用领域(如工程机械、汽车制造、电力建设、钢结构等)。焊接机器人能在恶劣的环境下连续工作并提供稳定的焊接质量,提高工作效率,减轻工人的劳动强度。采用焊接机器人是焊接自动化的革命性进步,突破了采用刚性自动化焊接设备(焊接专机)的传统焊接方式,开拓了一种柔性自动化生产方式,实现了焊接机器人在工作于一条生产线的同时自动生产若干种焊件的功能。通常使用的焊接机器人有点焊机器人和弧焊机器人两种。

　　1. 点焊机器人

　　点焊机器人(见图 1-3-3)是用于点焊自动作业的工业机器人。点焊机器人由机器人本体、计算机控制系统、示教器和点焊系统几个部分组成。为了适应灵活动作的工作要求,点焊机器人通常采用关节型工业机器人的基本设计,一般具有腰转、大臂转、小臂转、腕转、腕摆及腕捻六个自由度,其驱动方式有液压驱动和电气驱动两种,其中电气驱动具有保养和维修简便、能耗低、速度高、精度高、安全性好等优点,因此应用较为广泛。点焊机器人按照示教程序规定的动作、顺序和参数进行点焊作业,其过程是完全自动的,并且具有与外部设备通信的接口,可以通过此类接口接收上一级主控与管理计算机的控制命令并按照命令进行工作。

图 1-3-3　点焊机器人

　　点焊机器人的典型应用领域是汽车工业。一般装配一台汽车车体需要完成 3 000～4 000 个焊点,而其中的 60% 是由点焊机器人完成的。在某些大批量汽车生产线上,服役的点焊机器人甚至高达 150 台。汽车工业引入点焊机器人已取得明显效益:改善多品种混流生产的柔性;提高焊接质量;提高生产率;把工人从恶劣的作业环境中解放出来。今天,点焊机器人已经成为汽车生产行业的支柱,其在汽车装配生产线上的大量应用大大提高了汽车装配焊接的效率和质量,同时,点焊机器人又具有柔性焊接的特点,即只要改变程序,就可在同一条生产线上对不同车型的车体进行装配焊接。

2. 弧焊机器人

　　弧焊机器人(见图 1-3-4)一般由示教器、控制器、机器人本体及自动送丝装置、焊接电源等部分组成,它可以在计算机的控制下实现连续轨迹控制和点位控制,还可以利用直线插补和圆弧插补功能,焊接由直线及圆弧所组成的空间焊缝。弧焊机器人作业主要有熔化极焊接和非熔化极焊接两种,具有可长期进行焊接作业以及保证焊接作业高效率、高质量和高稳定性等特点。随着机器人技术的发展,弧焊机器人正向着智能化的方向发展。

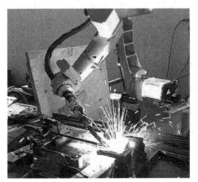

图 1-3-4　弧焊机器人

1.3.4　喷涂

喷涂机器人(见图 1-3-5)是可进行自动喷涂的工业机器人。喷涂机器人主要由机器人本体、计算机和相应的控制系统组成,液压驱动的喷涂机器人还包括液压油源,如油泵、油箱和电动机等。喷涂机器人作业包括全方位的喷涂和涂装,为制造业用户提供一个完整的涂装自动化解决方案,它多采用五自由度或六自由度关节型结构,手臂有较大的运动空间,并可按复杂的轨迹运动,其腕部一般有两至三个自由度,可灵活运动。

较先进的喷涂机器人腕部采用柔性手腕,既可向各个方向弯曲,又可转动,其类似人的手腕,能方便地通过较小的孔伸入工件内部,喷涂工件内表面。喷涂机器人的优点包括:动作速度快,具有更大的灵活性;防爆性能好;可将喷涂错误减小到最小;具有高速、性能优良的最大化吞吐量;具有超长的系统运行时间;可通过手把手示教或点位示数来实现示教,示教方式灵活。

喷涂机器人一般采用液压驱动。

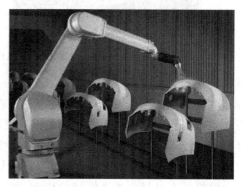

图 1-3-5　喷涂机器人

喷涂机器人涂装工作站或生产线充分利用了喷涂机器人灵活、稳定、高效的特点,适用于生产量大、产品型号多、表面形状不规则的工件外表面涂装,广泛应用于汽车及汽车零配件(如发动机、保险杠、变速箱、弹簧、板簧、塑料件、驾驶室等)制造、铁路(如客车、机车、油罐车等)、家电(如电视机、冰箱、洗衣机等)、建材(如洁具等)、机械(如电动机减速器等)等行业。

1.3.5　装配

装配机器人(见图 1-3-6)是柔性自动化系统的核心设备,由机器人操作机、控制器、末端执行器和传感系统组成。其中,机器人操作机的结构类型有水平关节型、直角坐标型、多关节型和圆柱坐标型等;控制器一般采用多 CPU 或多级计算机系统,实现运动控制和运动编程;末端执行器为适应不同的装配对象而被设计成各种手爪;传感系统用于获取装配机器人与环境和装配对象之间相互作用的信息。与一般的工业机器人相比,装配机器人具有效率高、精度高、柔性好、可不间断工作、工作范围小、能与其他系统配套使用等特点,主要应用于各种电器的制造行业及流水线产品的组装作业。

综上所述,在工业生产中应用工业机器人,可以方便、迅速地改变作业内容或操作方式,以满足变化的生产要求,如改变焊缝轨迹,改变涂装位置,变更装配部件或位置等。随着工业生产线对柔性生产的要求越来越高,企业对各种工业机器人的需求也会越来越强烈。

图 1-3-6　装配机器人

1.4　工业机器人的发展趋势

1.4.1　国际地位

工业机器人作为智能制造技术研发的关键,是世界制造大国争先抢占的第三次工业革命的制高点。无论是美国的"先进制造伙伴计划"、德国的"工业 4.0 计划",还是我国的《中国制造2025》,都将工业机器人列为产业转型升级和智能制造的重点方向。工业机器人技术的竞争,上升到国家产业战略的层面。工业机器人技术竞争的结果,必然对世界制造业的格局产生重大影响,乃至重塑整个现代工业。

1. 日本

2014 年,日本独立行政法人新能源·产业技术综合开发机构(NEDO)公布了《机器人白皮书》,旨在提高机器人技术,提出充分运用机器人技术来解决人口减少等社会问题,其中预测,医疗、护理等服务行业中机器人将进一步普及,2020 年机器人市场规模预计为 2014 年的 3 倍以上,达到约 2.8 万亿日元(在当时约合 1 700 亿元人民币)。

2015 年 1 月,日本机器人革命推进小组发布了"机器人新战略",拟通过实施"五年行动计划"和"六大重要举措"达成"三大战略目标",使日本实现机器人革命,以应对日益突出的社会人口老龄化、劳动人口减少、自然灾害频发等问题,提升日本制造业的国际竞争力,获取其在大数据时代的全球化竞争优势。

2. 德国

2012 年,德国推行了以"智能工厂"为中心的"工业 4.0 计划",该计划提出,通过智能人机交互传感器,人类可借助物联网对下一代工业机器人进行远程管理。这种工业机器人还将具备生产间隙的网络唤醒模式,以解决使用中的高能耗问题,促进制造业绿色升级。

3. 美国

2011 年 6 月,奥巴马宣布启动"先进制造伙伴计划",明确提出通过发展工业机器人提振美国制造业。根据该计划,美国将投资 28 亿美元,重点开发基于移动互联技术的第三代智能工业机器人。

相比在德国高达 25％ 的应用比例,工业机器人在美国制造业中的应用比例相对较低,仅为 11％。值得注意的是,迅速发展的智能工业机器人市场也吸引了许多创新型企业。以谷歌为代表的美国互联网公司也开始进军机器人研究领域,试图融合虚拟网络能力和现实运动能力,推动机器人向智能化方向发展。2013 年,谷歌强势收购多家科技公司,初步实现在视觉系统、强度、结构关节与手臂、人机交互、滚轮与移动装置等智能机器人的多个关键领域的业务部署。

4. 韩国

2014 年 7 月,韩国贸易、工业和能源部在韩国科技中心举办了机器人产业政策会议,并宣布了第二个智能机器人开发五年计划,侧重于通过技术与其他产业(如制造业和服务业)的融合实现智能机器人开发与应用的扩张。韩国政府拟通过四个策略推动作为战略工业产业的机器人产业发展:①开展机器人研究与开发,建设综合能力;②扩大各行业对机器人的需求;③构建开放的机器人产业生态系统;④公私联合投资 26 亿美元,加快建设机器人的融合网络。

5. 欧洲联盟

2014 年 6 月初,欧洲联盟(简称欧盟)正式宣布欧盟委员会和欧洲机器人协会下属 180 个公司及研发机构共同启动全球最大的民用机器人研发计划“SPARC”。根据该计划,到 2020 年,欧盟委员会将投资 7 亿欧元、欧洲机器人协会将投资 21 亿欧元推动机器人研发。该计划的实施大幅推动了机器人的科研项目建设、成果转换等。

“SPARC”计划主要的研发内容包括机器人在制造业、农业、健康、交通、安全等各领域的应用。欧盟委员会预计,该计划将在欧洲创造 24 万个就业岗位,使欧洲机器人行业年产值增长至 600 亿欧元,全球市场份额占比将提高至 42％。

6. 英国

2014 年 7 月,英国政府发布首个官方机器人战略“RAS 2020”,并提供财政支持,确保其机器人产业能够和全球领先的国家竞争,英国技术战略委员会已经拨款 6.85 亿美元作为 2015 年的发展基金,其中,2.57 亿美元将用于发展机器人和自主系统(robotic and autonomous systems,RAS)。英国政府希望通过“RAS 2020”战略,使英国机器人产业能够在 2025 年获得届时估值约 1 200 亿美元的全球机器人市场 10％的市场份额。

7. 中国

2015 年 12 月,中华人民共和国工业和信息化部召开专题会议,审议由装备工业司组织编制的《机器人产业“十三五”发展规划》(以下简称《规划》)。《规划》提出 2006—2020 五年中国机器人产业的主要发展方向,将重点推进工业机器人在轮胎、陶瓷等原材料行业、民用爆炸物品行业等危险作业行业,锻造铸造等金属工业行业,以及国防军工领域的应用;《规划》也对服务型机器人行业的发展进行了顶层设计,家庭辅助类机器人将以更高的性价比解放人类双手。这一产业发展规划和《中国制造 2025》重点领域技术路线图(简称路线图)一起构成 2015—2025 年我国机器人产业的发展蓝图。

1.4.2 发展模式

在工业机器人产业化的过程中,形成了三种不同的发展模式,即日本模式、欧洲模式和美国模式。日本模式是,机器人制造厂商首先以开发新型机器人和批量生产优质产品为主要目标,然后由其子公司或社会上的工程公司来设计制造各行业所需要的机器人成套系统,并完成交钥匙工程;欧洲模式是,机器人的生产和用户所需要的系统设计与制造,全部由机器人制造厂商自己完成;美国模式则是采购与成套设计相结合——美国国内基本上不生产普通的工业机器人,企业需要机器人时,通常由工程公司利用进口的机器人自行设计、制造配套的外围设备,完成交钥匙工程。

目前,中国工业机器人产业化的模式与美国模式接近,即本身生产的机器人较少,众多企业集中于研发机器人系统集成。这是由于工业机器人关键零部件的核心技术掌握在 ABB、KUKA 等几家国际巨头手中,以及机器人本体生产成本过高所致。中国工程院在 2003 年 12 月完成并公开的《〈我国制造业焊接生产现状与发展战略研究〉总结报告》中认为,我国应从美国模式着手,在条件成熟后逐步向日本模式靠近。

1.4.3 品牌介绍

工业机器人是集机械、电子、计算机等多学科先进技术于一体的现代制造业重要的自动化装备。目前,在全球范围内,工业机器人技术日趋成熟,已经成为一种标准设备而得到业界的广泛应用,从而也形成了一批较有影响力的工业机器人品牌。

自 1969 年美国通用汽车公司用 21 台工业机器人组成焊接轿车车身的自动生产线后,各工业发达国家都非常重视研制和应用工业机器人,进而也相继产生了一批在国际上较有影响力的著名的工业机器人公司。这些公司目前在中国的工业机器人市场也处于领先地位,主要分为日系和欧系两种,具体来说,又可分成"四大"和"四小"两个阵营:"四大"即 ABB(瑞士)、FANUC(日本)、YASKAWA(日本)和 KUKA(德国);"四小"即日本的 OTC、Panasonic、NACHI(不二越)和 Kawasaki(川崎)。其中,FANUC、YASKAWA 与 ABB 这 3 家企业的机器人在全球的销量均突破了 20 万台,KUKA 机器人的销量也突破了 15 万台。

我国国内工业机器人产业增长的势头也非常强劲,涌现出一批工业机器人厂商,如中国科学院沈阳自动化研究所投资组建的沈阳新松机器人自动化股份有限公司,以及具有自主知识产权的苗疆(武汉)机器人科技有限公司等。

以上工业机器人公司中,ABB、KUKA、FANUC 和 YASKAWA 并称工业机器人"四大家族"。

以下为国内外工业机器人的部分品牌(生产厂商)及其特征。

1. ABB(瑞士)

ABB 总部位于瑞士苏黎世,是目前世界最大的机器人制造企业。1974 年,ABB 成功研发出全球第一台全电动微型处理器控制的工业机器人 IRB6,主要应用于工件的取放和物料的搬运。1975 年后,ABB 持续发力,又生产出了全球第一台焊接机器人。直至 1980 年兼并TRALLFA 喷涂机器人,ABB 在产品结构上趋于完备。

20 世纪末,为了更好地扩张与发展,ABB 进军中国市场,于 1999 年成立上海 ABB 工程有限公司(简称上海 ABB)。上海 ABB 是 ABB 在华工业机器人以及系统业务(机器人)、仪器仪表(自动化产品)、变电站自动化系统(电力系统)和集成分析系统(工程自动化)的主要生产基地。

ABB 生产的工业机器人(ABB 机器人,见图 1-4-1)主要应用于焊接、装配、铸造、密封涂胶、材料处理、包装、水切割等领域。

图 1-4-1　ABB 机器人

2. KUKA(德国)

KUKA(库卡)成立于 1898 年,是具有百年历史的知名企业,最初主要专注于室内及城市照明,但不久之后,KUKA 就开始涉足其他领域(焊接工具及设备、大型容器等),1966 年更是成为欧洲市政车辆制造的市场领导者。1973 年,KUKA 研发出世界上首台拥有六个机电驱动轴的工业机器人——FAMULUS 机器人。到了 1995 年,KUKA 机器人技术脱离焊接及机器人独立。现今,KUKA 专注于向工业生产过程提供先进的自动化解决方案。

库卡机器人(上海)有限公司是 KUKA 在德国以外开设的首家工厂,主要生产 KUKA 研发的工业机器人和控制台,应用于汽车焊接及组建等工序,其产量占据了 KUKA 全球生产总量的三分之一。

KUKA 机器人主要产品包括 SCARA(四轴)及六轴工业机器人、货盘堆垛机器人、作业机器人、架装式机器人、冲压连线机器人、焊接机器人、净室机器人、机器人系统和单元。典型的 KUKA 机器人如图 1-4-2 所示。

图 1-4-2　KUKA 机器人

3．NACHI(日本)

NACHI总工厂在日本富山,公司成立于1928年,除了做精密机械、刀具、轴承、油压机等外,机器人(见图1-4-3)也是它的重点部分。它起先为日本丰田汽车生产线机器人的专供厂商,专门做大型的搬运机器人、点焊机器人、弧焊机器人、涂胶机器人、无尘室用LCD玻璃板传输机器人、半导体晶片传输机器人、高温等恶劣环境专用机器人、和精密机器配套的机器人及机械手臂等。NACHI生产的机器人的控制器由原来的AR到AW再到WX,控制操作已经完全中文化,编程示教简单。

NACHI是从原材料产品到机床的全方位综合制造型企业,可以进行机械加工,有工业机器人、功能零部件等丰富的产品,且产品的应用领域十分广泛,如航天工业、轨道交通、汽车制造等。NACHI着眼全球,从欧美市场扩展到中国市场,并将开发东南亚市场。

4．YASKAWA(日本)

日本YASKAWA(安川电机)具有近百年的历史,自1977年研制出第一台全电动工业机器人以来,已有40余年的机器人研发、生产经验,旗下拥有MOTOMAN(美国、瑞典、德国)以及Synectics Solutions(美国)。到20世纪80年代末,YASKAWA生产了约13万台机器人产品,其产量超过了同期其他机器人制造企业。1999年,YASKAWA在中国上海独资筹建了安川电机(中国)有限公司,主要负责安川变频器、伺服电动机、控制器、机器人、各类系统工程设备、附件等机电一体化产品在中国的销售及服务。

图 1-4-3　NACHI机器人

随着业务范围和企业规模的不断扩大,YASKAWA在上海设立了中国总部,在北京、广州、成都等重要城市设立了分部,组成了一个强大而全面的服务网络。

YASKAWA核心的工业机器人产品包括点焊机器人、弧焊机器人、喷涂和处理机器人、LCD玻璃板传输机器人和半导体晶片传输机器人等。YASKAWA机器人如图1-4-4所示。

5．FANUC(日本)

FANUC(发那科)致力于数控设备和伺服系统的研制和生产,1972年从日本富士通公司的计算机控制部门独立出来,包括两大主要业务:一是工业机器人;二是工厂自动化。2004年,FANUC营业总收入为2 648亿日元,其中,工业机器人(包括铸模机产品)销售收入为1 367亿日元,占总收入的51.6%。

FANUC最新开发的工业机器人产品如下:

(1) R-2000A系列多功能智能机器人,具有独特的视觉和压力传感器功能,可以将随意堆放的工件捡起,并完成装配。

(2) Y4400LDiA高功率LD YAG激光机器人,拥有4.4千瓦LD YAG激光振荡器,具有更高的效率和可靠性。

FANUC专门研究数控系统,是世界上唯一一家由机器人来做机器人且提供集成视觉系统的机器人企业。FANUC机器人产品系列多达240种,广泛应用在装配、搬运、焊接、铸造、喷涂、码垛等不同生产环节。典型的FANUC机器人如图1-4-5所示。

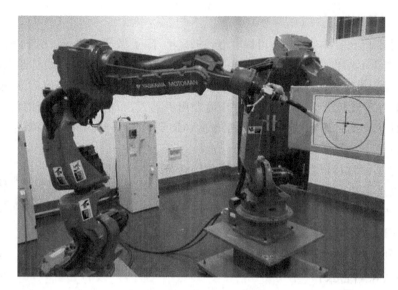

图 1-4-4 YASKAWA 机器人

6. KAWASAKI(日本)

KAWASAKI 在物流生产线上提供了多种多样的机器人产品,在饮料、食品、肥料、太阳能等多个领域都有非常可观的销量。KAWASAKI 的码垛、搬运机器人等种类繁多,它针对客户工厂的不同状况和不同需求提供最适合的机器人。公司内部有展示用喷涂机器人、焊接机器人,以及试验用喷房等,能够为客户提供各种相关服务。典型的 KAWASAKI 机器人如图 1-4-6 所示。

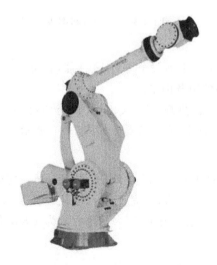

图 1-4-5 FANUC 机器人

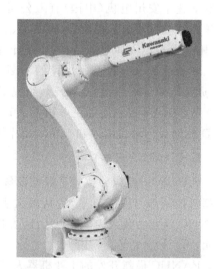

图 1-4-6 KAWASAKI 机器人

7. 史陶比尔(瑞士)

史陶比尔(Staubli)制造生产精密机械电子产品,如纺织机械、工业接头和工业机器人,其系列齐全的轻、中、重负载机器人、四轴 SCARA 机器人、六轴机器人、特殊机器人,适用于众多行业,应用广泛。目前史陶比尔生产的工业机器人(见图 1-4-7)具有速度快、精度高、灵活性好和用户环境好的优点。

8. 柯马(意大利)

柯马研发出的全系列机器人产品,负载范围最小可至 6 千克,最大可达 800 千克。柯马最新一代 SMART 系列机器人具有针对点焊、弧焊、搬运、压机自动连线、铸造、涂胶、组装和切割的 SMART 自动化应用方案的技术核心。柯马以其不断创新的技术,成为提供机器人自动化集成解决方案的佼佼者。柯马机器人如图 1-4-8 所示。

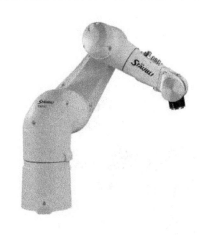

图 1-4-7　史陶比尔生产的工业机器人　　　　　图 1-4-8　柯马机器人

9. 新松(中国沈阳)

沈阳新松机器人自动化股份有限公司(简称新松)是以中国科学院沈阳自动化研究所为主发起人并由其投资组建的高技术公司,是机器人技术国家工程研究中心、"国家高技术研究发展计划"(简称"863 计划")智能机器人主题产业化基地及成果产业化基地。该公司是国内率先通过 1SO9001 质量保证体系认证的机器人企业,并在《福布斯》(中文版)上发布的"2005 年中国企业潜力 100 排行榜"上名列第 48 位。其产品包括 RH6 弧焊机器人、RD120 点焊机器人以及水切割、激光加工、排险、浇筑等特种机器人。

新松是以机器人及自动化技术为核心,致力于数字化高端装备制造的高技术公司,在工业机器人、智能物流、自动化成套装备、智能服务机器人等领域呈产业群组化发展。该公司以工业机器人技术为核心,拥有大型自动化成套装备与多种产品类别,广泛应用于汽车整车及汽车零部件、工程机械、轨道交通、低压电器等行业。新松机器人如图 1-4-9 所示。

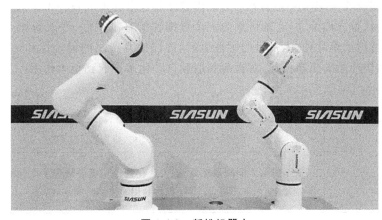

图 1-4-9　新松机器人

10. 苗疆（中国武汉）

苗疆（武汉）机器人科技有限公司是一家真正自主研发、自主生产、自主设计的公司,同时拥有 1 450 m² 的标准化厂房。该公司立足于工业机器人实验教学装备研发,服务于中小型自动化企业改造,在教学装备上全部自主研发,具备自有知识产权,目前所研发的相关设备本体及教学模组都来自企业实际应用,在满足教学需求的同时又能保证实训教学安全。目前,该公司共研发教学装备智能制造单元 2 套、工业机器人 5 款、教学模组 10 余款,申请专利 40 余项。

该公司坚持走产、学、研一体化发展的路线,为中、高职院校提供专业共建的优质教育产品和人才培养解决方案,打造极具特色的智能制造和工业自动化人才培养平台。

苗疆机器人如图 1-4-10 所示。

图 1-4-10　苗疆机器人

1.4.4　应用价值

工业机器人的使用不仅能将工人从繁重或有害的体力劳动中解放出来,解决当前劳动力短缺问题,而且能够提高生产效率和产品质量,增强企业整体竞争力。参与生产的工业机器人通常是可移动的,代替或协助人类完成为人类提供服务和安全保障的各种工作。工业机器人并不仅是简单意义上代替人的劳动,它还可作为一个可编程的高度柔性、开放的加工单元集成到先进制造系统中,适用于多品种、大批量的柔性生产,可以提升产品的稳定性和一致性,在提高生产效率的同时加快产品的更新换代,对提高制造业自动化水平起到很大作用。工业机器人的优点如表 1-4-1 所示。

表 1-4-1　工业机器人的优点

优　点	内　容
提高劳动生产率	工业机器人能高强度地、持久地在各种环境中从事重复性的劳动,改善劳动条件,减少人工用量,提高设备的利用率

优　　点	内　　容
提高产品稳定性	工业机器人动作准确性、一致性高,可以降低制造过程中的废品率,降低工人误操作带来的残次零件风险等
实现柔性制造	工业机器人具有高度的柔性,可实现多品种、大批量的生产
具有较强的通用性	工业机器人具有较强的通用性,与一般的自动化设备相比,有更广泛的使用范围
缩短产品更新周期	工业机器人具有更强且可控的生产能力,可加快产品的更新换代,提高企业竞争力

◀ 1.5　机器人的分类 ▶

1.5.1　按发展程度分类

按从低到高的发展程度,可将机器人分为以下四类。

1. 第一代机器人

第一代机器人是指只能以示教再现方式工作的工业机器人。

2. 第二代机器人

第二代机器人带有一些可感知环境的装置,可通过反馈控制使其在一定程度上适应环境的变化。

3. 第三代机器人

第三代机器人是智能机器人,它具有多种感知功能,可进行复杂的逻辑推理、判断及决策,可在作业环境中独立行动,具有发现问题并自主地解决问题的能力。这类机器人具有高度的适应性和自治能力。

4. 第四代机器人

第四代机器人为情感型机器人,它具有与人类相似的情感。具有情感是机器人发展的最高层次,使机器人具有情感也是机器人研究人员的梦想。

1.5.2　按控制方式分类

按控制方式可将机器人分为操作机器人、程序机器人、示教再现机器人、数控机器人和智能机器人等。

1. 操作机器人

操作机器人(operating robot)是指人可在一定距离处直接操纵其进行作业的机器人。通常采用主从方式实现对操作机器人的遥控操作。

2. 程序机器人

程序机器人(sequence control robot)可按预先给定的程序、条件、位置等信息进行作业,其在工作过程中的动作顺序是固定的。

3. 示教再现机器人

示教再现机器人(playback robot)的工作原理是,由人操纵此类机器人执行任务,并记录下这些动作,此类机器人进行作业时按照记录下的动作信息重复执行同样的动作。示教再现机器人的出现标志着工业机器人开始被广泛应用。示教再现方式目前仍然是工业机器人控制的主流方式。

4. 数控机器人

数控机器人(numerical control robot)动作的信息由编制的计算机程序提供,此类机器人依据动作信息进行作业。

5. 智能机器人

智能机器人(intelligent robot)具有感知和理解外部环境信息的能力,即使工作环境发生变化,也能够成功地完成作业任务。

实际应用中的工业机器人多是这些类型的组合。

1.5.3　按应用分类

按机器人的应用可将机器人分为三大类——产业用机器人、极限作业机器人和服务型机器人。

1. 产业用机器人

按照服务产业种类的不同,产业用机器人又可分为工业机器人、农业机器人、林业机器人和医疗机器人等,本书所涉及的主要是工业机器人。

按照用途的不同,产业用机器人还可分为搬运机器人、焊接机器人、装配机器人、喷涂机器人、检测机器人等。

2. 极限作业机器人

极限作业机器人是指应用于人们难以进入的极限环境(如核电站、宇宙空间、海底等特殊环境)完成作业任务的机器人。

3. 服务型机器人

服务型机器人是指用于非制造业、服务于人类的各种先进机器人,包括娱乐机器人、福利机器人、保安机器人等。目前,服务型机器人发展速度很快,此类机器人代表着机器人的研究和发展方向。

1.5.4　按驱动方式分类

按机器人的驱动方式可将机器人分为气压驱动式机器人、液压驱动式机器人和电力驱动式机器人。

1. 气压驱动式机器人

气压驱动式(气动式)机器人以压缩空气来驱动其执行机构。这种驱动方式的优点是空气来源方便,动作迅速,结构简单,造价低;缺点是空气具有可压缩性,致使此类机器人工作速度的稳定性较差。因气源压力一般只有 60 MPa 左右,故此类机器人适用于抓举能力要求较小的场合。

2. 液压驱动式机器人

相对于气压驱动,液压驱动式机器人具有大得多的抓举能力,抓举质量可高达上百千克。液压驱动式机器人结构紧凑,传动平稳且动作灵敏,但对密封性的要求较高,且不宜在高温或低温的场合工作,适用于制造精度要求较高的场合,成本较高。

3. 电力驱动式机器人

目前,越来越多的机器人采用电力驱动方式,这不仅是因为电动机可供选择的品种众多,更因为电力驱动式机器人有多种灵活的控制方法。

电力驱动是利用各种电动机产生的力或力矩,直接或经过减速机构驱动机器人,以获得所需的位置、速度和加速度。电力驱动具有无污染、易于控制、运动精度高、成本低、驱动效率高等优点,其应用范围最为广泛。

电力驱动式机器人又可分为步进电动机驱动式机器人、直流伺服电动机驱动式机器人和无刷伺服电动机驱动式机器人等。

◀ **思考与练习** ▶

1. 什么是工业机器人?
2. 工业机器人"四大家族"是哪些?
3. 工业机器人的应用领域有哪些?
4. 工业机器人的优点有哪些?
5. 工业机器人按驱动方式可以分为哪几类?

第 2 章
工业机器人的机械系统

◀ 2.1 基　座 ▶

基座是工业机器人的基础部分,起支承作用,可分为固定式和移动式两种。立柱式、机座式和屈伸式工业机器人的基座大多是固定式的;但随着海洋科学、原子能工业及宇宙空间事业的发展,具有智能的移动式基座的工业机器人是工业机器人的发展方向。

2.1.1　固定式基座

具有固定式基座的工业机器人,其基座既可直接连接在地面基础上,也可固定在机身上。图 2-1-1 所示为 PUMA-262(垂直多关节)型机器人的构件及转轴,其基座内腔内安置了立柱回转(第一关节)的二级减速传动齿轮。

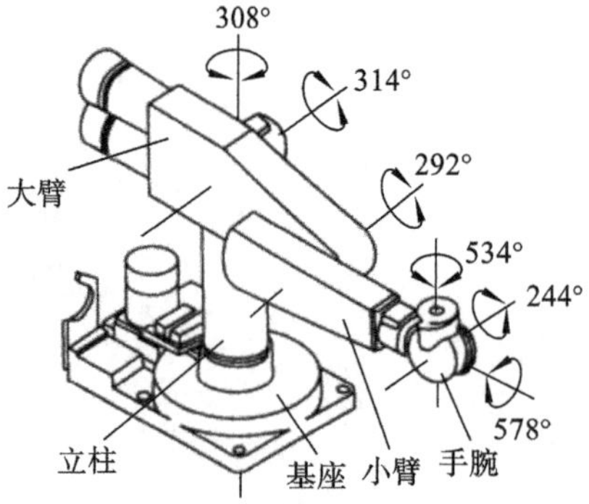

图 2-1-1　PUMA-262 型机器人的构件及转轴

2.1.2　移动式基座

移动式基座(行走机构)是行走式工业机器人的重要执行部件,它由行走的驱动装置、传动机构、位置检测元件、传感器电缆及管路等组成。它一方面支承工业机器人的机身、手臂和手部,因而必须具有足够的刚度和稳定性;另一方面还根据作业任务的要求,带动工业机器人在更广阔的空间内运动。

行走机构按其运动轨迹,可分为固定轨迹式和无固定轨迹式。

1. 固定轨迹式行走机构

固定轨迹式行走机构主要用于横梁式工业机器人,此类机器人的机身设计成横梁式,用于悬挂手臂部件,这是工厂中采用的工业机器人的常见形式。具有固定轨迹式行走机构的工业机器人的运动形式大多为直移式。它具有占地面积小、能有效利用空间、直观等优点,横梁可设计成固定式或移动式。一般情况下,横梁可安装在厂房原有建筑的柱梁或有关设备上,也可专门在地面架设。

采用双臂悬挂式结构形式的固定轨迹式行走机构大多是为 1 台主机上、下料服务的,1 个臂用于上料,另 1 个臂用于下料,这种形式可以减少辅助时间,缩短动作循环周期,有利于提高生产率。双臂在横梁上的具体配置形式,视工件的类型、工件在机床上的位置和夹紧方式、料道与机床间相对位置及运动形式不同而异。轴类工件的轴向尺寸较大时,工业机器人上、下料时移动的距离亦将增加,此时则将横梁架于机床上空,采用的双臂悬挂工业机器人如图 2-1-2 所示,臂的配置也有不同的形式。

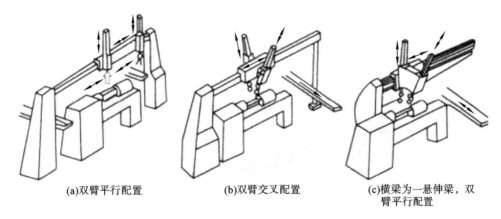

(a)双臂平行配置   (b)双臂交叉配置   (c)横梁为一悬伸梁,双臂平行配置

图 2-1-2　轴类工件抓取用双臂悬挂工业机器人

图 2-1-2(a)所示为双臂平行配置的工业机器人。双臂与横梁在同一平面内,上料道与下料道分别设在机床两端。为了使双臂能同时动作,缩短辅助时间,两臂间的距离应与料道至机床两顶尖间中点的距离相同,且两臂应同步地沿横梁移动。

图 2-1-2(b)所示为双臂交叉配置的工业机器人。两臂交叉配置在横梁的两侧,并垂直于横梁轴线。两臂轴线交于机床中心。两臂交错伸缩进行上、下料,并同时沿横梁移动,移动的行程与双臂平行配置的工业机器人相同。这种配置形式采用同一料道,缩短了横梁长度,且由于两臂位于横梁两侧,可减少横梁的扭转变形。

图 2-1-2(c)所示为横梁为悬伸梁、双臂交叉配置的工业机器人。一般采用等强度铸造横梁,受力比较合理。其双臂行程较图 2-1-2(a)和图 2-1-2(b)所示的工业机器人更短。由于受结构限制,双臂必须位于横梁的同一侧。

2. 无固定轨迹式行走机构

无固定轨迹式行走机构按其结构特点,可分为轮式行走机构、履带式行走机构和关节式行走机构。在行走过程中,前两者与地面连续接触,其形态为运行车式,多用于野外、较大型作业场所,应用得较多也较成熟;后者与地面为间断接触,为人类(或动物)的腿脚式,该类行走机构正在发展和完善中。

1) 轮式行走机构

在相对平坦的地面上,用车轮移动方式行走是相当优越的。采用轮式行走机构的工业机器人如图 2-1-3 所示。

图 2-1-3 所示的工业机器人主要由以下几个部分组成:

(1) 1 台车轮驱动的自动引导车,作为该机器人的移动式基座。

(2) 1 台可编程的具有 6 个自由度的工业机器人。

(3) 转台,用于放置和运输工件的托盘。

(4) 自动引导车和工业机器人的单元控制器、蓄电池和辅助定位装置等。

如此配置的工业机器人可用在机床上、下料,机床间工件或工具的传送、接收等。采用轮式行走机构的工业机器人是自动化生产由单元生产向柔性生产线乃至向无人车间发展的重要设备之一。轮式行走机构也是用于遥控工业机器人移动的一种基本载体。

2) 履带式行走机构

在野外或海底工作时,轮式行走机构遇到松软地面可能陷车,故宜采用履带式行走机构。履带式行走机构是轮式行走机构的拓展,履带本身起着给车轮连续铺路的作用。

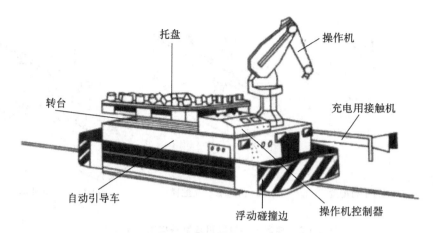

图 2-1-3　采用轮式行走机构的工业机器人

图 2-1-4 所示为典型的采用履带式行走机构的工业机器人。它像一辆小型坦克,其主要操作设备是安装在转塔上的抓重为 200 kg 的六自由度机器人手臂。在手臂的肘关节处附有一个承载量为 400 kg 的吊钩,作为辅助起重设备。履带式行走机构中左、右两条履带的驱动轮位于行走方向前方,由直流电动机通过齿轮减速器装置驱动。底盘的支承轮悬挂在扭力杆上,在行驶过程中可以减少因颠簸而引起的振动,而在进行操作时可将弹簧悬挂系统锁紧以保持稳定。底盘上装有蓄电池组,作为该机器人的直流电源。该机器人的主要观测设备大都装在位于转塔上的云台上。此云台可以左右摆动和俯仰,以扫描前方的半个球面的视野,必要时还可以向左横移一半的距离。

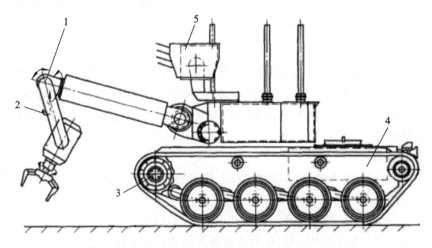

图 2-1-4　典型的采用履带式行走机构的工业机器人
1—肘关节;2—吊钩;3—驱动轮;4—蓄电池组;5—云台

装在云台上的观察设备有:①2 台用来观察操作状况的主体电视摄像机;②1 台用作远距离定向观察、带有变焦镜头的平面电视摄像机;③4 盏探照灯,分别用于远距离照明和宽射束照明;④2 台立体放音器,用来传输附近声响;⑤必要时,还可装上 1～2 架小型电影摄影机(立体摄影)或者 1 架 16 nm 电影摄影机。

此外,转塔前方有 1 台剂量率探测器和 1 台环境温度探测器,用来对带有放射性的环境进行监测。

履带式行走机构和轮式行走机构相比,有以下优点:

（1）支承面积大，接地比压小，适合松软或泥泞场地作业，下陷度小，滚动阻力小，通过性能较好。

（2）越野机动性好，爬坡、越沟等性能优越。

（3）履带支承面上有履齿，不易打滑，牵引附着性能好，有利于发挥较大的牵引力。

同时，履带式行走机构存在结构复杂、重量大、运动惯性大、减振功能差、零件易损坏等不足。

3）关节式行走机构

与运行车式（轮式及履带式）行走机构相比，关节式（步行式）行走机构（见图 2-1-5）有以下优点：

第一，可以在高低不平的地段上行走。

第二，由于脚具有主动性，行走时身体不随地面晃动。

第三，在柔软的地面上运动，效率并未显著降低。因为脚在软地行走时，地面的变形是离散的，至多损失踏一个坑的能量，而且脚还可以利用地面下沉产生推力，即脚的运动能量变成地面弹性体的位能储存，当腿前进时，这个位能又释放出来，因而可以减少关节式行走机构动能的损失。如果能设法减轻拔脚的阻力，那么关节式行走机构就会以较高的效率向前运动。

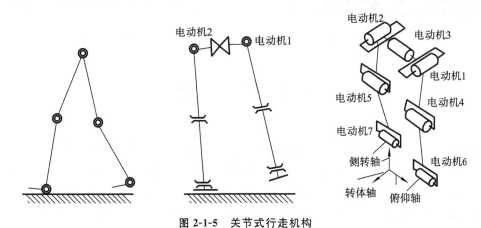

图 2-1-5 关节式行走机构

（1）静步行和动步行。

所谓静步行是指采用关节式行走机构的工业机器人在步行过程中始终满足静力学条件，即重心总是落在支持于地面上的几只脚所围成的多边形内。所谓动步行则是指此类机器人在步行过程中重心不总是落在支持于地面上的几只脚所围成的多边形内，有时落在对应的多边形外。动步行恰恰将这种重心超出多边形而向前产生倾倒的分力作为步行的动力，因此，动步行比静步行的速度快，消耗能量少，但动步行时必须根据此类机器人的动停来进行控制。

（2）脚数的选择。

关节式行走机构脚数的选择，目前意见各异，因为采用这种机构的工业机器人不仅需要能定到指定地点，而且要能站稳并进行操作。若不增大脚接地的面积，则在不平的地方行动困难，所以须选 3 只以上的脚，但考虑到驱动系统所提供的输出功率与重量比，又不能太多地增加执行机构的重量。综合上述因素，静步行应当以四脚式为好。因为四脚式不但脚数少，而且节约总的自由度，提高速度、引入动步行也比较容易。

ASIMO(advanced step innovative mobility)机器人是最出色的采用关节式行走机构的机器人代表，是日本本田技研工业株式会社开发的目前世界上最先进的步行机器人，也是目前世界上唯一一种能够上、下楼梯,慢速奔跑的双足机器人,如图 2-1-6 所示。虽然其他公司也有类似的双足机器人,但是没有能在步态仿真度上面达到 ASIMO 机器人水准的。ASIMO 机器人的智能也同样出色,它具有语音识别功能、人脸识别功能,人们甚至可以使用手势来与它进行交流。不仅如此,ASIMO 机器人的手臂还能够开灯、开门、拿东西、托盘子甚至推车(见图 2-1-7)。

图 2-1-6　ASIMO 机器人

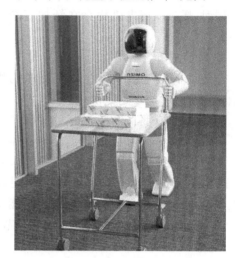

图 2-1-7　ASIMO 机器人在推车

◀ 2.2　手　臂 ▶

　　手臂部件(简称臂部)是工业机器人的主要执行部件,它的作用是支撑腕部和手部,并带动它们在空间运动。工业机器人的手臂由大臂、小臂(或多臂)组成。手臂的驱动方式主要有液压驱动、气压驱动和电动驱动三种形式,其中电动驱动形式最为通用。工业机器人手臂一般有三个自由度,即手臂的伸缩、左右回转和升降(或俯仰)。工业机器人的臂部主要包括臂杆以及与其伸缩、屈伸或自转等运动有关的构件,如传动机构、驱动装置、导向定位装置、支撑连线和位置检测元件等,此外,还有与腕部或手臂的运动和支撑等有关的构件、配管配线等。

　　手臂的各种运动通常由驱动机构和各种传动机构来实现,因此,它不仅承受被抓取工件的重量,而且承受末端执行器、手腕和手臂自身的重量。手臂的结构、工作范围、灵活性、抓重大小(即臂力)和定位精度都直接影响工业机器人的工作性能,所以臂部的结构形式必须根据工业机器人的运动形式、抓取重量、动作自由度、运动精度等因素来确定。手臂特性如下:

　　(1)刚度要求高。为防止臂部在运动过程中产生过大的变形,手臂的断面形状要合理选择。工字形断面弯曲刚度一般比圆形断面的大,空心管的弯曲刚度和扭转刚度都比实心轴的大得多,所以常用钢管做臂杆及导向杆,用工字钢和槽钢做支承板。

　　(2)导向性要好。为防止手臂在直线运动中沿运动轴线发生相对转动,应设置导向装置,或设计方形、花键形等形式的臂杆。

　　(3)重量要轻。为提高工业机器人的运动速度,要尽量减小臂部运动部分的重量,以减小整个手臂对回转轴的转动惯量。

　　(4)运动要平稳,定位精度要高。由于臂部运动速度越高,惯性力引起的定位前的冲击力也就越大,这样运动不平稳,定位精度也不高。因此,除了臂部设计上要力求结构紧凑、重量轻外,同时要采用一定形式的缓冲措施。

2.2.1 臂部的分类

臂部按运动和布局、驱动方式、传动和导向装置,可分为伸缩型臂部结构、转动伸缩型臂部结构、驱伸型臂部结构、其他专用的机械传动臂部结构等几类。

臂部按手臂的结构形式,可分为单臂式臂部结构(见图 2-2-1)、双臂式臂部结构(见图2-2-2)和悬挂式臂部结构(见图 2-2-3)三类。

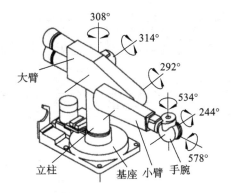

图 2-2-1 单臂式臂部结构

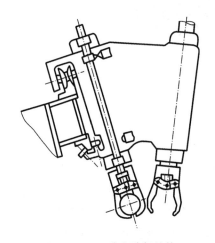

图 2-2-2 双臂式臂部结构

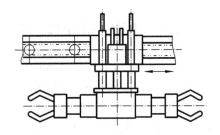

图 2-2-3 悬挂式臂部结构

臂部按手臂的运动形式,可分为直线运动型臂部结构、回转运动型臂部结构和复合运动型臂部结构三类。直线运动是指手臂的伸缩、升降及横向(或纵向)移动。回转运动是指手臂的左右回转、上下摆动(即俯仰)。复合运动是指直线运动和回转运动的组合、两直线运动的组合或两回转运动的组合。

2.2.2 手臂直线运动机构

工业机器人手臂的伸缩、升降及横向(或纵向)移动均属于直线运动,而实现手臂往复直线运动的机构形式较多,常用的有活塞液压(气)缸、活塞缸和齿轮齿条机构、丝杠螺母机构及活塞缸和连杆机构等。

手臂的往复直线运动可采用液压或气压驱动的活塞液压(气)缸。由于活塞液压(气)缸体积小、重量轻,其在工业机器人手臂结构中应用比较多。其应用之一——双导向杆手臂的伸缩结构如图 2-2-4 所示。手臂和手腕通过连接板安装在升降液压缸的上端。当双作用液压缸的两腔分别通入压力油时,推动活塞杆(即手臂)作往复直线运动;导向杆在导向套内移动,以防手臂伸缩式的转动(并兼作手腕回转缸及手部的夹紧液压缸用的输油管道)。手臂的伸缩液压缸安装在两根导向杆之间,由导向杆承受弯曲作用,活塞杆只受拉压作用,故此结构受力简单,传动平稳,外形整齐美观,结构紧凑。

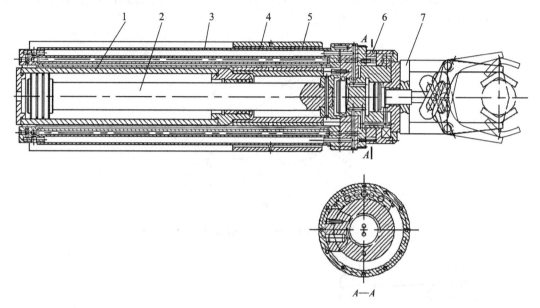

图 2-2-4　双导向杆手臂的伸缩结构

1—双作用液压缸;2—活塞杆;3—导向杆;4—导向套;5—支承座;6—手腕回转缸;7—手部

2.2.3　手臂左右回转运动机构

实现工业机器人手臂左右回转运动的机构形式是多种多样的,常用的有叶片式回转缸、齿轮传动机构、链轮传动机构、连杆机构等。下面以齿轮传动机构中的活塞缸和齿轮齿条机构为例来说明手臂的左右回转。齿轮齿条机构是通过齿条的往复移动,带动与手臂连接的齿轮作往复回转运动,即实现手臂的左右回转运动。带动齿条往复运动的活塞缸可以由压力油或压缩气体驱动。手臂升降和左右回转运动的结构如图 2-2-5 所示。活塞液压缸两腔分别进压力油,推动齿条活塞作往复运动,与齿条啮合的齿轮即作往复回转运动。由于齿轮、手臂升降缸体、连接板均用螺钉连接成一体,连接板又与手臂固连,从而实现手臂的左右回转运动。升降液压缸的活塞杆通过连接盖与机座连接而固定不动,缸体沿导向套上下移动,因升降液压缸外部装有导向套,故此结构刚性好,传动平稳。

2.2.4　手臂俯仰运动机构

工业机器人手臂的俯仰运动一般采用活塞液压缸与连杆机构来实现。手臂的俯仰运动(结构如图 2-2-6 所示)用的活塞缸位于手臂的下方,其活塞杆和手臂用铰链连接,缸体采用尾部耳环或中部销轴等方式与立柱连接。铰接活塞缸实现手臂俯仰运动的结构示意图如图 2-2-7 所示,即采用铰链活塞缸和连杆机构,使小臂相对于大臂、大臂相对于立柱实现俯仰运动。

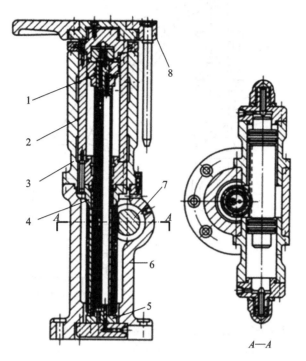

图 2-2-5 手臂升降和左右回转运动的结构

1—活塞杆；2—升降缸体；3—导向套；4—齿轮；5—连接盖；6—机座；7—齿条；8—连接板

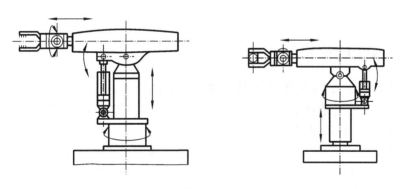

图 2-2-6 手臂俯仰运动的结构

2.2.5 手臂复合运动机构

手臂复合运动机构多用于动作程序固定不变的专用工业机器人，它不仅使工业机器人的传动结构简单，而且可简化驱动系统和控制系统，并使工业机器人传动准确、工作可靠，因而在生产中应用得比较多。除使手臂实现复合运动外，手臂复合运动机构也能实现手腕和手臂组成的复合运动。

手臂和手腕组成的复合运动可以由动力部件（如活塞缸、回转缸、齿条活塞缸等）与常用机构（如凹槽机构、连杆机构、齿轮机构等）按照手臂的运动轨迹（即路线）和手臂或手腕的动作要求进行组合。

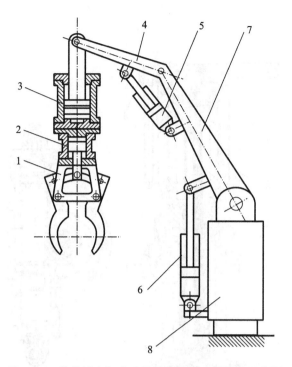

图 2-2-7　铰接活塞缸实现手臂俯仰运动的结构示意图
1—手臂；2—夹紧缸；3—升降缸；4—小臂；5、6—铰接活塞缸；7—大臂；8—立柱

◀ 2.3　手　腕 ▶

2.3.1　腕部的作用和自由度

工业机器人的手腕部件(腕部)是连接手部与臂部的部件，起支承手部的作用。工业机器人一般要具有六个自由度才能使手部(末端执行器)到达目标位置和处于期望的姿态，工业机器人腕部的自由度主要用来实现所期望的姿态。

为了使手部能朝向空间任意方向，要求腕部能实现绕空间三个坐标轴 X、Y、Z 的转动，即具有回转(翻转)、俯仰和偏转三个自由度，如图 2-3-1 所示。通常，把手腕的回转称为 roll，用 R 表示；把手腕的俯仰称为 pitch，用 P 表示；把手腕的偏转称为 yaw，用 Y 表示。

2.3.2　手腕的分类

手腕的分类主要有两种方式——按自由度数目分类和按驱动方式分类。

1. 按自由度数目分类

手腕按自由度数目可分为单自由度手腕、二自由度手腕、三自由度手腕等。

1) 单自由度手腕

单自由度手腕如图 2-3-2 所示，其中包括三种关节：第一种是翻转(roll)关节，又称 R 关节，它使手臂纵轴线和手腕关节轴线构成共轴线形式，这种 R 关节旋转角度大，可达到 360°以上；第二种是弯曲(bend)关节，也称为 B 关节，关节轴线与前、后两个连接件的轴线相垂直，这种 B

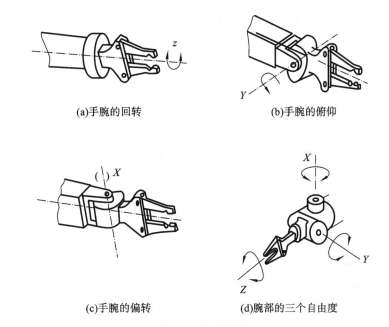

(a)手腕的回转　　　　　　　(b)手腕的俯仰

(c)手腕的偏转　　　　(d)腕部的三个自由度

图 2-3-1　腕部的自由度

关节因为受到结构上的干涉,旋转角度小,方向角大大受限;第三种是移动(translate)关节,也称为 T 关节。

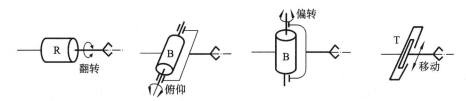

图 2-3-2　单自由度手腕

2) 二自由度手腕

二自由度手腕如图 2-3-3 所示。二自由度手腕可以是由一个 B 关节和一个 R 关节组成的 BR 手腕(见图 2-3-3(a)),也可以是由两个 B 关节组成的 BB 手腕(见图 2-3-3(b)),但是不能由两个 R 关节组成 RR 手腕(见图 2-3-4),因为两个 R 关节共轴线,所以退化了一个自由度,实际只构成单自由度手腕。二自由度手腕中最常用的是 BR 手腕。

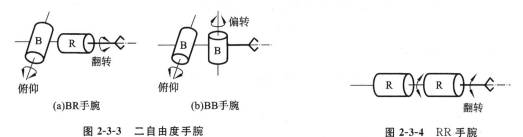

(a)BR手腕　　　　　(b)BB手腕

图 2-3-3　二自由度手腕　　　　　　图 2-3-4　RR 手腕

3) 三自由度手腕

三自由度手腕可以是由 B 关节和 R 关节组成的多种形式的手腕,但在实际应用中,常用的只有 BBR、BRR、RRR 和 RBR 四种形式,如图 2-3-5 所示。图 2-3-5(a)所示是通常见到的 BBR 手腕,其手部具有俯仰(P)、偏转(Y)和翻转(R)运动,即 RPY 运动。图 2-3-5(b)所示是一个 B

关节和两个 R 关节组成的 BRR 手腕,为了不使自由度退化,使手部产生 RPY 运动,第一个 *R* 关节必须进行偏置。图 2-3-5(c)所示是三个 R 关节组成的 RRR 手腕,它也可以实现手部 RPY 运动。

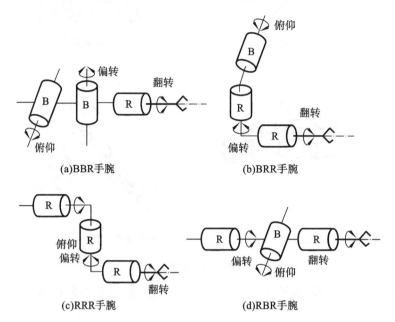

图 2-3-5　三自由度手腕

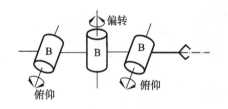

图 2-3-6　BBB 手腕

关于 BBB 手腕(见图 2-3-6),很明显,它已退化为二自由度手腕,只有 PY 运动,因此实际上不采用这种手腕。

此外,B 关节和 R 关节排列的次序不同,也会产生不同的效果,同时产生其他形式的三自由度手腕。为了使手腕结构紧凑,通常把两个 B 关节安装在一个十字接头上,这对于 BBR 手腕来说,大大减小了手腕纵向尺寸。

PUMA-262 型机器人的手腕采用的是 RRR 结构形式,MOTOMAN SV3 型机器人的手腕采用的是 RBR 结构形式。

RRR 结构形式的手腕主要用于喷涂作业;RBR 结构形式的手腕具有三条轴线相交于一点的结构特点,又称欧拉手腕,运动学的求解简单,是一种主流的工业机器人手腕结构。

2. 按驱动方式分类

手腕按驱动方式可分为直接驱动手腕和远距离传动手腕两类。

1)直接驱动手腕

图 2-3-7 所示为一种液压直接驱动 BBR 手腕,设计紧凑巧妙。M_1、M_2、M_3 是液压马达,直接驱动手腕的偏转、俯仰和翻转三个自由度轴。

2)远距离传动手腕

图 2-3-8 所示为一种远距离传动 RBR 手腕。Ⅲ的转动使整个手腕翻转,即 R 关节(第一个关节)运动;Ⅱ的转动使手腕获得俯仰运动,即 B 关节(第二个关节)运动;Ⅰ的转动使 R 关节(第三个关节)运动。由此,该 RBR 手腕便在三个自由度轴上输出 RPY 运动。这种远距离传动

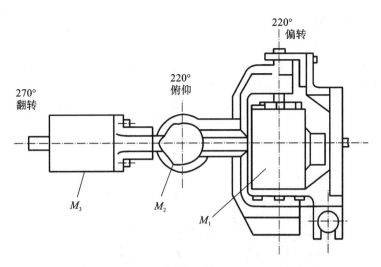

图 2-3-7 液压直接驱动 BBR 手腕

的好处是,可以把尺寸、重量都较大的驱动源放在远离手腕处,有时放在手臂的后端作平衡重量用,这不仅减轻了手腕的整体重量,而且改善了工业机器人整体结构的平衡性。

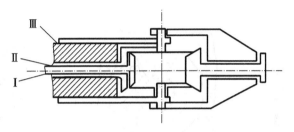

图 2-3-8 远距离传动 RBR 手腕

2.3.3 手腕的典型结构

1. 单自由度回转运动手腕结构

单自由度回转运动手腕由回转油缸或气缸直接驱动以实现腕部回转运动。图 2-3-9 所示是采用回转油缸直接驱动的单自由度回转运动手腕结构。这种手腕具有结构紧凑、体积小、运动灵活、响应快、精度高等优点,但其回转角度受限制,一般小于 270°。

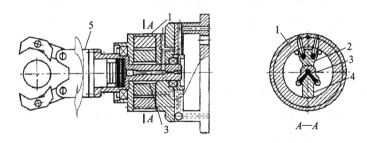

图 2-3-9 采用回转油缸直接驱动的单自由度回转运动手腕结构
1—回转油缸;2—定片;3—腕回转轴;4—动片;5—手腕

2. 二自由度手腕结构

1) 双回转油缸驱动的手腕结构

图 2-3-10 所示是采用两个轴线互相垂直的回转油缸的二自由度手腕结构。$V—V$ 剖面所示为腕部摆动回转油缸,工作时,动片带动摆动回转油缸使整个腕部绕固定中心轴摆动。$L—L$ 剖面所示为腕部回转油缸,工作时,回转轴带动回转中心轴,实现腕部的回转运动。

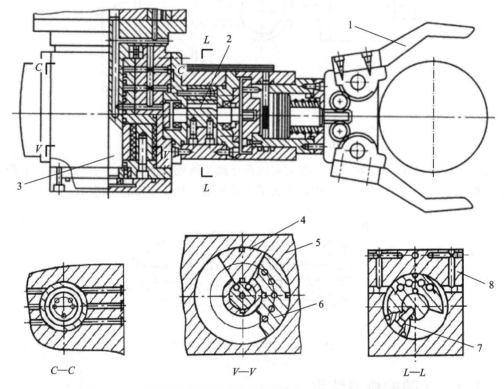

图 2-3-10　采用两个轴线互相垂直的回转油缸的二自由度手腕结构

1—手爪;2—回转中心轴;3—固定中心轴;4—定片;5—摆动回转油缸;6—动片;7—回转轴;8—回转油缸

2) 齿轮传动二自由度手腕结构

图 2-3-11 所示为二自由度手腕采用齿轮传动机构实现手腕回转和俯仰运动的原理。手腕的回转运动由传动轴 S 传递,轴 S 驱动锥齿轮 1 回转,并带动锥齿轮 2、3、4 转动,因手腕与锥齿轮 4 为一体,从而实现手部绕轴 C 的回转运动;手腕的俯仰运动由传动轴 B 传递,轴 B 驱动锥齿轮 5 回转,并带动锥齿轮 6 绕轴 A 回转,因手腕的壳体与传动轴 A 用销子连接为一体,从而实现手腕的俯仰运动。

3. 三自由度手腕结构

1) 液压直接驱动三自由度手腕结构

采用液压直接驱动手腕结构的关键是要设计和加工出尺寸小、重量轻而驱动力矩大、驱动特性好的驱动电动机或液压驱动马达。

2) 齿轮链轮传动三自由度手腕结构

图 2-3-12 所示为三自由度手腕采用齿轮链轮传动实现偏转、俯仰和回转三个自由度运动的原理。齿轮链轮传动三自由度手腕在齿轮传动二自由度手腕的基础上增加了一个 360° 偏转运动。其工作原理如下:当油缸中的活塞左右移动时,通过链条、链轮、锥齿轮 1 和 2 带动花键

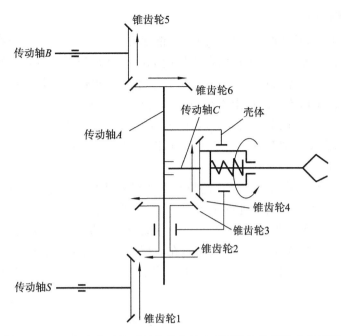

图 2-3-11　二自由度手腕采用齿轮传动实现回转和俯仰运动的原理

轴转动,而花键轴 T 与行星架连成一体,因而也就带动行星架作偏转运动,即为手腕所增加的 360°偏转运动。增加了花键轴 T 的偏转运动,将诱使手腕产生附加俯仰和附加回转运动。这两个诱导运动产生的原因是:当传动轴 B 和花键轴不动时,双联圆柱齿轮 1、2 是相对不动的,行星架的回转运动势必引起圆柱齿轮 3 绕双联圆柱齿轮 1、圆柱齿轮 2 绕双联圆柱齿轮 2 转动,圆柱齿轮 3 的自转通过锥齿轮 7~10 传递到摆动轴,引起手腕的诱导俯仰运动;圆柱齿轮 2 的自转通过锥齿轮 3~6 传递到手部夹紧缸的壳体,使手腕作诱导回转运动,同样,当 S 轴、T 轴不动时,B 轴的转动也会诱使手部夹紧缸的壳体作附加回转运动。

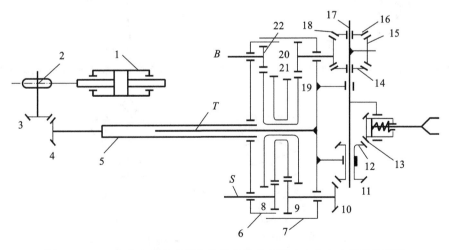

图 2-3-12　三自由度手腕采用齿轮链轮传动实现三个自由度运动的原理

1—油缸;2—链轮;3,4—锥齿轮 1,2;5—花键轴;6—腕架;7—行星架;
8,9—圆柱齿轮 1,2;10~16—锥齿轮 3~9;17—摆动轴;18—锥齿轮 10;
19—双联圆柱齿轮 1;20—圆柱齿轮 3;21—双联圆柱齿轮 2;22—圆柱齿轮 4

4. 柔顺性手腕结构

在精密装配作业中,被装配工件之间的配合精度要求相当高,由于被装配工件具有不一致性,工件的定位夹具、工业机器人手爪的定位精度无法满足装配要求时,会导致装配困难,因而此种装配作业就对工业机器人提出了柔顺性装配要求。柔顺性装配技术有两种。一种是从检测、控制的角度出发,采取不同的搜索方法,实现边校正边装配;有的工业机器人手爪上还配有检测元件(见图 2-3-13),如视觉传感器、力觉传感器等,这就是所谓的主动柔顺装配。另一种是从结构的角度出发,在手腕部配置一个柔顺环节,以满足柔顺装配的需要,这种柔顺性装配技术被称为被动柔顺装配。

图 2-3-14 所示是具有移动和摆动浮动机构的柔顺性手腕。水平(移动)浮动机构由平面、钢球和弹簧构成,可在两个方向上进行浮动;摆动浮动机构由上、下球面和弹簧构成,可实现两个方向上的摆动。在装配作业中,如遇夹具定位不准或工业机器人手爪定位不准时,柔顺性手腕可自行校正。其动作过程如图 2-3-15 所示,在装配(插入)工件局部被卡住时,工件将会受到阻力,促使柔顺性手腕起作用,使手爪有一个微小的修正量,工件便能顺利装配(插入)。

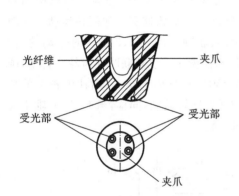

图 2-3-13　配有检测元件的手爪

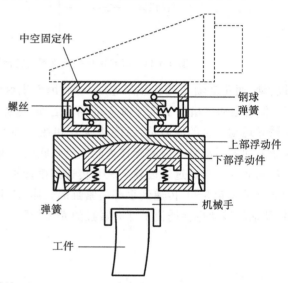

图 2-3-14　具有移动和摆动浮动机构的柔顺性手腕

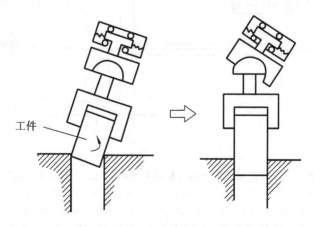

图 2-3-15　柔顺性手腕自行校正动作过程

◀ 2.4 末端执行器 ▶

用在工业上的机器人的机械手一般称为末端执行器或末端操作器,它是工业机器人直接用于抓取和握紧专用工具进行操作的部件,具有模仿人手动作的功能,并安装于工业机器人手臂的前端。该机械手能根据电脑发出的命令执行相应的动作,它不仅是一个执行命令的机构,还具有识别的功能,也就是"感觉"。为了使工业机器人机械手具有触觉,可在其手掌和手指上装设带有弹性触点的元件;如果要使其感知冷暖,则可以装上热敏元件。在各指节的连接轴上装设精巧的电位器,可使工业机器人把手指的弯曲角度转换成外形弯曲信息。把外形弯曲信息和各指节产生的接触信息一起输入计算机,通过计算,就能迅速判断机械手所抓的物体的形状和大小。

1966 年,美国海军就是用装有钳形人工指的机器人"科沃"把因飞机失事掉入西班牙近海的一颗氢弹从 750 m 深的海底捞上来的。1967 年,美国飞船"探测者三号"曾把一台遥控操作的机器人送上月球,该机器人在控制下可以在 2 m² 左右的范围内挖掘月球表面 0.4 m 深处的土壤样品,并且放在指定的位置;它还能对样品进行初步分析,如确定土壤的硬度、重量等,从而为"阿波罗"载人飞船登月充当了开路先锋。

现在,工业机器人已经具有了灵巧的指、腕、肘和肩胛关节,能灵活自如地伸缩摆动机械手,手腕也会转动弯曲,通过手指上的传感器,还能感觉出抓握工件的重量,可以说已经具备了人手的许多功能。由于被握工件的形状、尺寸、重量、材质及表面状态等不同,工业机器人的末端执行器也是多种多样的,大致可分为以下几类:

(1) 夹钳式末端执行器。

(2) 吸附式末端执行器。

(3) 专用末端执行器及换接器。

(4) 仿生多指灵巧手。

(5) 其他手。

2.4.1 夹钳式末端执行器

夹钳式末端执行器与人手相似,是工业机器人广为应用的一种手部形式。它一般由手指(手爪)、传动机构、驱动机构及连接与支承元件组成,如图 2-4-1 所示。

夹钳式末端执行器按照手指的运动类型可以分为平移型和回转型,按照夹持方式可以分为外夹式和内撑式,按照驱动方式可以分为电动(电磁)式、液压式和气动式以及它们的组合形式。

1. 手指(手爪)

手指(手爪)是直接与工件接触的部件。手部松开和夹紧工件,就是通过手指的张开与闭合来实现的。工业机器人的手部一般有两个手指,有的有三个、四个或五个手指,其结构形式常取决于被夹持工件的形状和特性。

指端是手指上直接与工件接触的部位,其结构形状取决于工件形状。常用的手指有以下类型:

(1) V 形指,又分为固定 V 形指、滚柱 V 形指和自定位式 V 形指。固定 V 形指如图 2-4-2(a)所示,它适用于夹持圆柱形工件,特点是夹具平稳可靠,夹持误差小。用两个滚轮代替

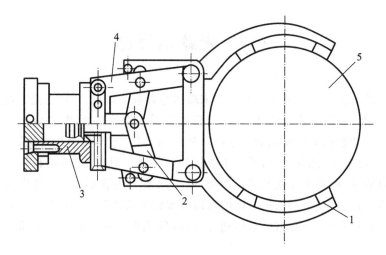

图 2-4-1 夹钳式末端执行器的组成
1—手指(手爪);2—传动机构;3—驱动机构;4—支架;5—工件

固定 V 形指的两个工作面就成了滚柱 V 形指,如图 2-4-2(b)所示,它能快速夹持旋转中的圆柱体。图 2-4-2(c)所示为自定位式(可浮动的)V 形指,有自定位能力,与工件接触好,但浮动件是机构中的不稳定因素,在夹紧时和运动过程中受到的外力必须由固定支承来承受,且浮动件应设计成可自锁的浮动件。

(a)固定V形指   (b)滚柱V形指   (c)自定位式V形指

图 2-4-2 V 形指端形状

(2)平面指,如图 2-4-3 所示,一般用于夹持方形工件(具有两个平行平面)、方形板或细小棒料。

(3)长指和尖指,如图 2-4-4 所示,一般用于夹持小型或柔性工件。长指用于夹持炽热的工件,以避免热辐射对手部传动机构的影响;尖指用于夹持位于狭窄工作场地的细小工件,以避免和周围障碍物相碰。

(4)特形指,如图 2-4-5 所示,用于夹持形状不规则的工件。应设计出与工件形状相适应的专用特形指,才能夹持特定的工件。

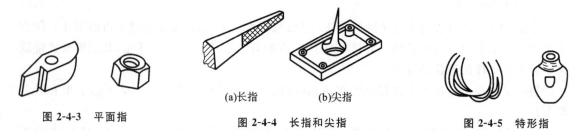

图 2-4-3 平面指

(a)长指   (b)尖指

图 2-4-4 长指和尖指

图 2-4-5 特形指

指面的类型常有光滑指面、齿形指面和柔性指面等。光滑指面平整光滑,用来夹持已加工工件,避免已加工工件的表面受损;齿形指面刻有齿纹,可增加夹持工件的摩擦力,以确保夹紧且牢靠,多用来夹持表面粗糙的毛坯或半成品;柔性指面内镶橡胶、泡沫、石棉等,有增加摩擦力、保护工件表面、隔热等作用,一般用于夹持已加工工件、炽热件,也适用于夹持薄壁件和脆性工件。

2. 传动机构

传动机构是向手指传递运动和动力,以实现夹紧和松开动作的机构。该机构根据手指开合的动作特点,可分为回转型和平移型。回转型又分为单支点回转和多支点回转。根据手爪夹紧是摆动还是平动,回转型还可分为摆动回转型和平动回转型。

1) 回转型传动机构

夹钳式末端执行器中用得较多的是回转型末端执行器,其手指是一对杠杆,一般与斜楔、滑槽、连杆、齿轮、蜗轮蜗杆或螺杆等机构组成复合式杠杆传动机构(回转型传动机构),用以改变传动比和运动方向等。

(1) 斜楔式杠杆回转型传动机构,如图 2-4-6 所示。图 2-4-6(a)所示为单作用斜楔式回转型传动机构。斜楔向下运动,克服弹簧拉力,使杠杆手指装着滚子的一端向外撑开,从而夹紧工件;斜楔向上运动,则在弹簧拉力作用下使手指松开。手指与斜楔通过滚子接触,可以减小摩擦力,提高机械效率。有时为了简化,也可让手指与斜楔直接接触,如图 2-4-6(b)所示。

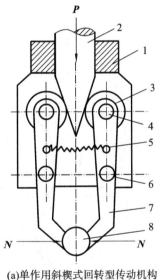

(a)单作用斜楔式回转型传动机构　　　(b)简化型斜楔式回转型传动机构

图 2-4-6　斜楔式杠杆回转型传动机构

1—壳体;2—斜楔驱动杆;3—滚子;4—圆柱销;5—拉簧;6—铰销;7—手指;8—工件

(2) 滑槽式杠杆回转型传动机构,如图 2-4-7 所示。杠杆型手指的一端装有 V 形指,另一端则开有长滑槽。驱动杆上的圆柱销套在滑槽内,当驱动连杆同圆柱销一起作往复运动时,即可拨动两个手指各绕其支点(铰销)作相对回转运动,从而实现手指的夹紧与松开动作。

(3) 双支点连杆式回转型传动机构,如图 2-4-8 所示。驱动杆末端与连杆由铰销铰接,当驱动杆作直线往复运动时,则通过连杆推动两个手指绕各自支点作回转运动,从而使得手指松开或夹紧。

(4) 齿轮齿条直接传动的齿轮杠杆式回转型传动机构,如图 2-4-9 所示。驱动杆末端制成双面齿条,与扇齿轮相啮合,而扇齿轮与手指固连在一起,可绕支点回转。驱动力推动齿条作直

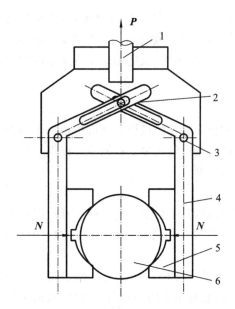

图 2-4-7　滑槽式杠杆回转型传动机构

1—驱动杆;2—圆柱销;3—铰销;
4—杠杆型手指;5—V 形指;6—工件

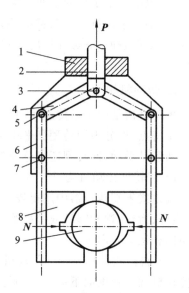

图 2-4-8　双支点连杆式回转型传动机构

1—壳体;2—驱动杆;3—铰销;4—连杆;
5、7—圆柱销;6—手指;8—V 形指;9—工件

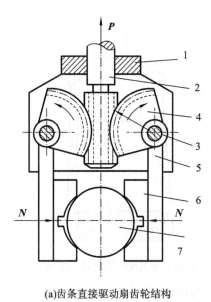

(a)齿条直接驱动扇齿轮结构

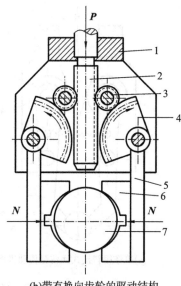

(b)带有换向齿轮的驱动结构

图 2-4-9　齿轮齿条直接传动的齿轮杠杆式回转型传动机的

1—壳体;2—驱动杆;3—中间齿轮;4—扇齿轮;5—手指;6—V 形指;7—工件

线往复运动,即可带动扇齿轮回转,从而使手指松开或闭合。

2)平移型传动机构

平移型夹钳式末端执行器是通过手指的指面作直线往复运动或平面移动来实现张开或闭合动作的,常用于夹持具有平行平面的工件。平移型传动机构结构较复杂,不如回转型传动机构应用广泛。

(1)直线往复运动型传动机构。可实现直线往复运动的平移型传动机构很多,常用的有斜楔式平移型传动机构(见图 2-4-10(a))、连杆杠杆式平移型传动机构(见图 2-4-10(b))及螺旋斜楔式平移型传动机构(见图 2-4-10(c))等。它们既可是双指型的,也可是三指(或多指)型的;既可自动定心,也可非自动定心。

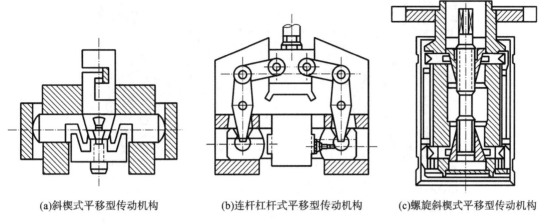

(a)斜楔式平移型传动机构　　　(b)连杆杠杆式平移型传动机构　　　(c)螺旋斜楔式平移型传动机构

图 2-4-10　直线往复运动型传动机构

(2)平面平行移动型传动机构。几种平面平行移动型传动机构如图 2-4-11 所示,它们的共同点是:都采用平行四边形的铰链机构—双曲柄铰链四连杆机构,以实现手指平移。其差别在于分别采用齿条齿轮式、蜗轮蜗杆式、连杆斜滑槽式的传动方法。

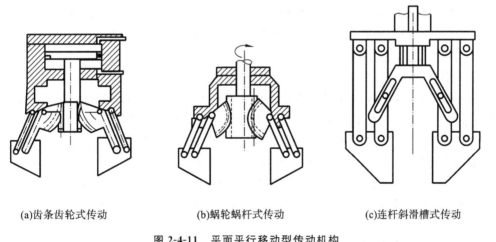

(a)齿条齿轮式传动　　　　　(b)蜗轮蜗杆式传动　　　　　(c)连杆斜滑槽式传动

图 2-4-11　平面平行移动型传动机构

2.4.2　吸附式末端执行器

吸附式末端执行器靠吸附力取料,根据吸附力的不同,可分为气吸附式末端执行器和磁吸附式末端执行器两种。吸附式末端执行器取料适用于平面大、易碎(玻璃、磁盘)、微小的物体,使用面较广。

1. 气吸附式末端执行器

气吸附式末端执行器是利用吸盘内的压力和大气压之间的压力差而工作的,按形成压力差的方法,可分为真空吸附式末端执行器、气流负压吸附式末端执行器、挤压排气吸附式末端执行器等。图 2-4-12 所示为电子玻璃生产线,一块块巨幅玻璃从主线成型、打磨、下片,被一只只灵活的气吸附式机械手装进了玻璃固定架。

图 2-4-12　电子玻璃生产线

气吸附式末端执行器与夹钳式末端执行器相比,具有结构简单、重量轻、吸附力分布均匀等优点,对于薄片状物体(如板材、纸张、玻璃等)的搬运更具有优越性。它广泛应用于非金属材料或不可有剩磁的材料的吸附,但要求物体表面较平整光滑,无孔、无凹槽。

1) 真空吸附式末端执行器

真空吸附式末端执行器如图 2-4-13 所示。其真空是利用真空泵产生的,真空度较高。其主要零件为碟形橡胶吸盘,通过固定环安装在支承杆上。支承杆由螺母固定在基板上。取料时,碟形橡胶吸盘与物体表面接触,橡胶吸盘的边缘既起到密封作用,又起到缓冲作用;然后真空抽气,吸盘内腔形成真空,实施吸附取料。放料时,管路接通大气,失去真空,物体放下。真空吸附式末端执行器有时还用于取放难以抓取的微小零件,如图 2-4-14 所示。为避免在取放料时产生撞击,有的真空吸附式末端执行器还在支承杆上配有弹簧,以起到缓冲作用;为了更好地适应物体吸附面的倾斜状况,有的真空吸附式末端执行器在橡胶吸盘背面设计有球铰链。常见

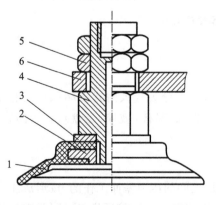

图 2-4-13　真空吸附式末端执行器

1—碟形橡胶吸盘;2—固定环;3—垫片;

4—支承杆;5—螺母;6—基板

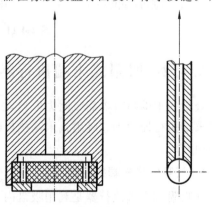

图 2-4-14　取放微小零件的真空吸附

式末端执行器

的真空吸附式末端执行器如图 2-4-15 所示。

采用真空吸附式末端执行器取料可靠,吸附力大,但需要有真空系统,成本较高。

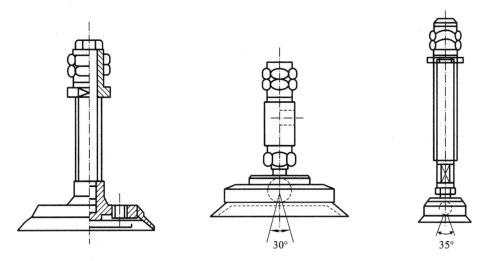

图 2-4-15　常见的真空吸附式末端执行器

2) 气流负压吸附式末端执行器

气流负压吸附式末端执行器结构简图如图 2-4-16(a)所示,其真空发生器利用伯努利效应来进行工作,工作原理如图 2-4-16(b)所示。当压缩空气刚通入时,由于喷嘴的开始一段是逐渐收缩的,气流速度逐渐增加;当管路截面收缩到最小时,气流速度达到临界速度;然后喷嘴管路的截面逐渐增加,与橡胶吸盘相连的吸气口处具有很大的气流速度,而其出口处的气压低于吸盘腔内的气压,于是腔内的气体被高速气流带走而形成负压,完成取物动作。当需要释放物体时,切断压缩空气即可。

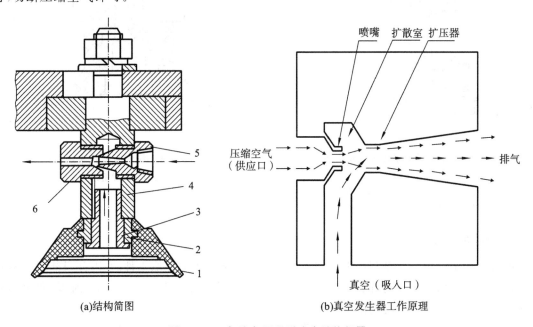

(a)结构简图　　　　　　　　(b)真空发生器工作原理

图 2-4-16　气流负压吸附式末端执行器

1—橡胶吸盘;2—芯套;3—透气螺钉;4—支承杆;5—喷嘴;6—喷嘴套

气流负压吸附式末端执行器需要压缩空气,由于工厂里较易取得压缩空气,且成本较低,故气流负压吸附式末端执行器在工厂中用得较多。

气流负压吸附式末端执行器的气路原理图如图 2-4-17 所示。当电磁阀得电时,压缩空气从真空发生器左侧进入并产生主射流,主射流卷吸周围静止的气体并与之一起向前流动,从真空发生器的右侧流出,于是在射流的周围形成了一个低压区,接收室内的气体被吸进来与其融合在一起流出,在接收室内及吸头(气爪)处形成负压,当负压达到一定值时,可将工件吸起来,此时压力开关可发出一个工件已被吸起的信号。当电磁阀失电时,无压缩空气进入真空发生器,不能形成负压,气爪将工件放下。

3)挤压排气吸附式末端执行器

挤压排气吸附式末端执行器如图 2-4-18 所示。其工作原理为:取料时橡胶吸盘压紧物体,橡胶吸盘变形,挤出腔内多余的空气,末端执行器上升,靠橡胶吸盘的恢复力形成负压,将物体吸起来;释放物体时,压下拉杆,使橡胶吸盘腔与大气相连通而失去负压,将物体放下。该末端执行器结构简单,但吸附力小,吸附状态不易长期保持。

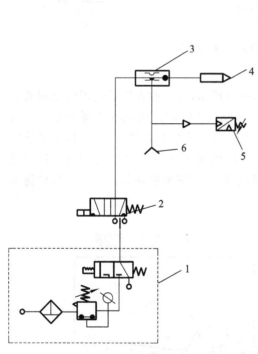

图 2-4-17 气流负压吸附式末端执行器
的气路原理图
1—气源;2—电磁阀;3—真空发生器;
4—消声器;5—压力开关;6—气爪

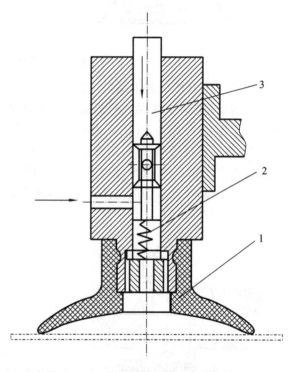

图 2-4-18 挤压排气吸附式末端执行器
1—橡胶吸盘;2—弹簧;3—拉杆

2. 磁吸附式末端执行器

磁吸附式末端执行器是利用电磁铁通电后产生的电磁吸力抓取工件的,因此只能对铁磁物体起作用,另外,对某些不允许有剩磁的工件要禁止使用磁吸附式末端执行器,所以,磁吸附式末端执行器的使用有一定的局限性。

磁吸附式末端执行器中的电磁铁工作原理如图 2-4-19(a)所示。线圈通电后,在铁芯内外产生磁场,磁力线穿过铁芯、空气隙和衔铁形成回路,衔铁受到电磁吸力 F 的作用被牢牢吸住。实际使用时,往往采用如图 2-4-19(b)所示的盘状电磁铁,其中衔铁是固定的,衔铁内用隔磁材料将磁力线切断,当衔铁接触铁磁工件时,工件被磁化形成磁力线回路,并受到电磁吸力的作用而被吸住。

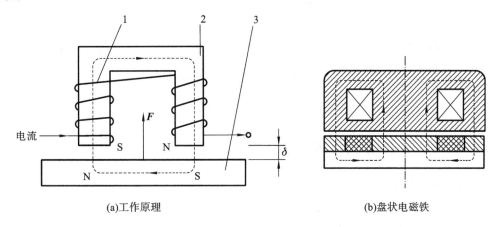

(a)工作原理   (b)盘状电磁铁

图 2-4-19 磁吸附式末端执行器中的电磁铁

1—线圈;2—铁芯;3—衔铁

图 2-4-20 所示为盘状磁吸附式末端执行器。铁芯和磁盘之间用黄铜焊料焊接并构成隔磁环,使铁芯成为内磁极,磁盘成为外磁极。由壳体的外圈,经磁盘、工件和铁芯,再到壳体内圈,形成闭合磁回路,以吸附工件。铁芯、磁盘和壳体均采用 8~10 号低碳钢制成,可减少剩磁,并在断电时不吸或少吸铁屑;盖为用黄铜或铝板制成的隔磁材料,用以压住线圈,防止工作过程中线圈活动;挡圈用以调整铁芯和壳体的轴向间隙,即磁路气隙 δ,在保证铁芯正常转动的情况下气隙尽可能小。气隙越小越好,气隙越大则电磁吸力越小,因此,一般取 $\delta=0.1\sim0.3$ mm。铁芯和磁盘一起装在轴承上,用以实现在不停车的情况下自动上下料。

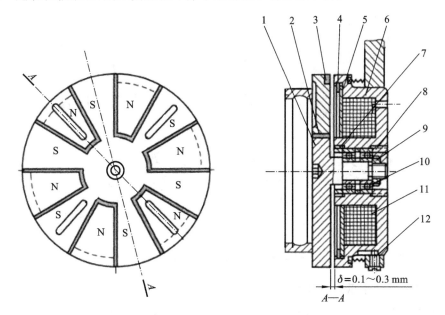

图 2-4-20 盘状磁吸附式末端执行器

1—铁芯;2—隔磁环;3—磁盘;4—卡环;5—盖;6—壳体;

7、8—挡圈;9—螺母;10—轴承;11—线圈;12—螺钉

图 2-4-21 所示为几种电磁式吸盘。

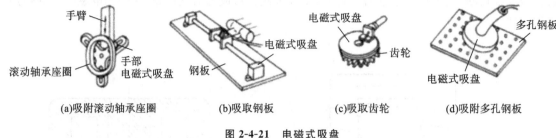

(a)吸附滚动轴承座圈   (b)吸取钢板   (c)吸取齿轮   (d)吸附多孔钢板

图 2-4-21 电磁式吸盘

2.4.3 专用末端执行器及换接器

1. 专用末端执行器

工业机器人是一种通用性很强的自动化设备,可根据作业要求,配上各种专用的末端执行器,完成各种动作。例如,在通用工业机器人上安装焊枪,它就成为一台焊接机器人;安装拧螺母机,它则成为一台装配机器人。目前有许多由专用电动、气动工具改型而成的末端执行器,如拧螺母机、焊枪、电磨头、电铣头、抛光头、激光切割机等,可供用户选用,使工业机器人能胜任各种工作。专用末端执行器示例如图 2-4-22 所示。

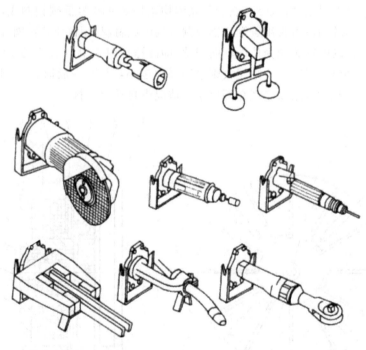

图 2-4-22 专用末端执行器示例

2. 换接器或自动手爪更换装置

一台通用的工业机器人,要在作业时能自动更换不同的末端执行器,就需要配置具有快速装卸功能的换接器。换接器由换接器插座和换接器插头两个部分组成,它们分别装在工业机器人腕部和末端执行器上,能够实现工业机器人对末端执行器的快速自动更换。

图 2-4-23 所示为装有电磁吸盘式换接器的工业机器人手腕。其电磁吸盘直径为 60 mm,质量为 1 kg,吸力为 1 100 N,换接器可接通电源、信号、压力气源和真空源,电接头有 18 芯,气

路接口有 5 路；为了保证连接位置精度，设置了 2 个定位销。在各末端执行器的端面装有换接器插座。换接器插座平时陈列于工具架上，需要使用时，工业机器人手腕上的换接器吸盘可从正面吸牢换接器插座，接通电源和气源，然后从侧面将末端执行器退出工具架，工业机器人便可进行作业。

专用末端执行器换接器的要求主要有：具备气源、电源及信号的快速连接与切换功能；能承受末端执行器的工作载荷；在失电、失气情况下，工业机器人停止工作时不会自行脱离；具有一定的换接精度等。

图 2-4-24 所示为气动换接器与末端执行器库。该换接器也分成两个部分：一部分装在工业机器人手腕上，称为换接器；另一部分装在末端执行器上，称为换接器配合端（配合器）。利用气动锁紧器将这两个部分连接。该换接器还具有位置指示灯，以显示电路、气路是否接通。

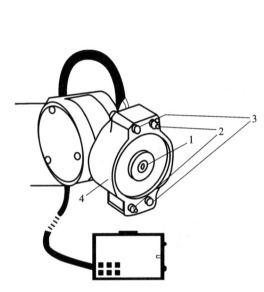

图 2-4-23 装有电磁吸盘式换接器的工业机器人手腕

1—气路接口；2—定位销；3—电接头；4—电磁吸盘

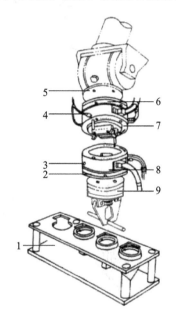

图 2-4-24 气动换接器与末端执行器库

1—末端执行器库；2—执行器过渡法兰；
3—位置指示灯；4—换接器气路；
5—连接法兰；6—过渡法兰；7—换接器；
8—换接器配合端；9—末端执行器

具体实施换接时，各种专用末端执行器放在工具架上，组成一个专用末端执行器库，如图 2-4-25 所示。

3. 多工位换接装置

某些工业机器人的作业任务相对较为集中，需要换接一定量的末端执行器又不必配备数量较多的末端执行器库，这时，可以在工业机器人手腕上设置一个多工位换接装置。例如，在工业机器人柔性装配线某个工位上，工业机器人要依次装配如垫圈、螺钉等几种零件，采用多工位换接装置，可以从几个供料处依次抓取几种零件，然后逐个进行装配，这样既可以减少使用专用的工业机器人，又可以避免通用的工业机器人频繁换接执行器，节省装配作业时间。

多工位换接装置如图 2-4-26 所示，就像数控加工中心的刀库一样，它可以有棱锥型和棱柱型两种。棱锥型多工位换接装置可保证手爪轴线和手腕轴线一致，受力较合理，但其传动机构较为复杂；棱柱型多工位换接装置传动机构较为简单，但其手爪轴线和手腕轴线不能保持一致，

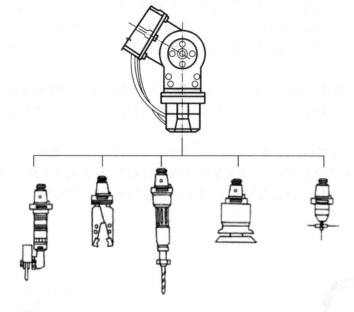

图 2-4-25　专用末端执行器库

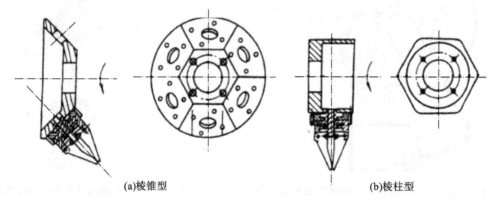

(a)棱锥型　　　　　　　　　　　　　　(b)棱柱型

图 2-4-26　多工位换接装置

受力不均。

2.4.4　仿生多指灵巧手

简单的夹钳式末端执行器不能适应物体外形变化,不能使物体表面承受比较均匀的夹持力,因此无法对复杂形状、不同材质的物体实施夹持和操作。要提高工业机器人手爪和手腕的操作能力、灵活性和快速反应能力,使工业机器人能像人手那样进行各种复杂的作业,如装配作业、维修作业、设备操作作业以及做出礼仪手势等,就必须使工业机器人有一个运动灵活、动作多样的灵巧手。

1. 柔性手

为了能对不同外形的物体实施抓取,并使物体表面受力比较均匀,人们研制出了柔性手。

图 2-4-27 所示为多关节柔性手。其每个手指由多个关节串联而成,手指传动部分由牵引钢丝绳及摩擦滚轮组成,每个手指由两根钢丝绳牵引,一侧为握紧,另一侧为放松。驱动方式可采用电动机或液压、气动元件驱动。柔性手可抓取凹凸不平的物体并使物体受力较为均匀。

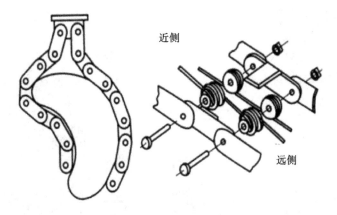

图 2-4-27 多关节柔性手

图 2-4-28 所示为用柔性材料做成的柔性手。该柔性材料于一端固定,另一端为自由端,即双管合一的柔性管状手爪。当一侧管内充气或充液,另一侧管内抽气或抽液时,形成压力差,柔性手就向抽空侧弯曲。此种柔性手适用于抓取轻型、圆形物体,如圆形玻璃器皿等。

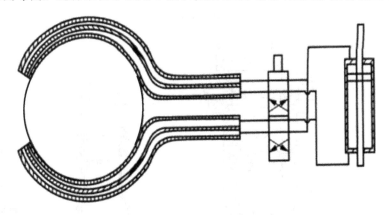

图 2-4-28 用柔性材料做成的柔性手

2. 多指灵巧手

工业机器人手爪和手腕最完美的形式是模仿人手的多指灵巧手,如图 2-4-29 所示。多指灵巧手有多个手指,每个手指有 3 个回转关节,每一个关节的自由度都是独立控制的,因此,它可以模仿人手指能完成的各种复杂动作,如拧螺钉、弹钢琴、做出礼仪手势等。在手部配置触觉、力觉、视觉、温度传感器,将会使多指灵巧手达到更完美的程度。多指灵巧手的应用前景十分广泛,可在各种极限环境下完成人无法完成的操作,如核工业领域、宇宙空间作业,在高温、高压、高真空环境下作业等。

2.4.5 其他手

1. 弹性力手爪

弹性力手爪的特点是其夹持物体的抓力是由弹性元件提供的,不需要专门的驱动装置,在抓取物体时需要一定的压力,而在卸料时,则需要一定的拉力。

图 2-4-30 所示为几种弹性力手爪的结构示意图。单活动指弹性手爪有一个固定爪,另一个活动爪靠压簧提供抓力,活动爪绕轴回转,空手时其回转角度由接触平面限制。抓物时,活

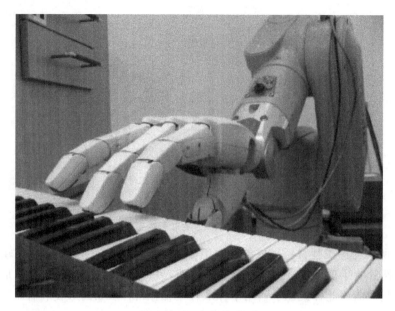

图 2-4-29　多指灵巧手

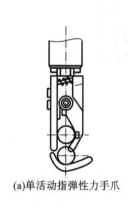
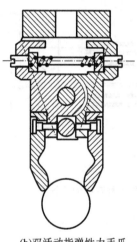

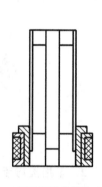

(a)单活动指弹性力手爪　　(b)双活动指弹性力手爪　　(c)双手指板弹簧手爪　　(d)四手指板弹簧手爪

图 2-4-30　弹性力手爪的结构示意图

动爪在推力作用下张开,靠爪上的凹槽和弹性力抓取物体;卸料时,固定物体的侧面,手爪用力拔出即可。双活动指弹性力手爪是具有 2 个活动爪的弹性力手爪。压簧的两端分别推动两个杠杆活动爪绕轴摆动,销轴保证两爪闭合时有一定的距离,并在抓取物体时接触反力产生手爪张开力矩。双手指板弹簧手爪是用 2 片板弹簧做成的手爪。四手指板弹簧手爪是用 4 片板弹簧做成的内卡式手爪,用于电表线圈的抓取。

2. 摆动式手爪

摆动式手爪的特点是,在手爪的开合过程中,手爪是绕固定轴摆动的,这种手爪结构简单,使用范围较广,适合用于圆柱表面物体的抓取。

连杆摆动式手爪工作时,活塞杆移动并通过连杆带动手爪围绕同一轴摆动,完成开合动作。

摆动式手爪自重式手部结构要求工件对手指的作用力方向在手指回转轴垂直线的外侧,使手指趋向闭合,依靠工件本身的重量来夹紧工件,工件越重,握力越大。该手部结构手指的开合动作由铰接活塞油缸来实现,适用于传输垂直上升或水平移动的重型工件。

摆动式手爪弹簧外卡式手部结构工作时,手指的夹放动作是依靠机械手臂的水平移动而实现的。当顶杆与工件端面相接触时,压缩弹簧,并推动拉杆向右移动,使手指绕支承轴回转而夹紧工件。卸料时,手指与卸料槽口相接触,使手指张开,顶杆在弹簧的作用下将工件推入卸料槽内。这种手部结构适用于抓取轻小环形工件,如轴承内座圈等。

3. 勾托式手部

勾托式手部可分为无驱动装置和有驱动装置两种类型。勾托式手部的结构示意图如图2-4-31所示。勾托式手部并不靠夹紧力来夹持工件,而是利用工件本身的重量,通过手指对工件的勾、托、捧等动作来托持工件。应用勾托方式可降低对驱动力的要求,甚至可以省略手部驱动装置,简化手部结构。该手部结构适用于在水平面内和垂直面内搬运大型笨重的工件或结构粗大而质量较轻且易变形的物体。

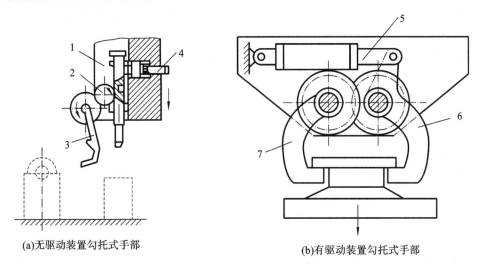

(a)无驱动装置勾托式手部　　　　　(b)有驱动装置勾托式手部

图 2-4-31　勾托式手部的结构示意图
1—齿条;2—齿轮;3—手指;4—销;5—驱动油缸;6,7—杠杆手指

◀ 2.5　传动机构:齿轮减速器 ▶

选用减速器时,应根据工作机的选用条件、技术参数、原动机的性能、经济性等因素,比较不同类型、品种减速器的外廓尺寸、传动效率、承载能力、质量、价格等,选择最适合的减速器。与减速器相接的工作机载荷状态比较复杂,对减速器的影响很大,是减速器参数计算及选用的重要因素。减速器的载荷状态即工作机(从动机)的载荷状态,通常分为三类:①均匀载荷;②中等冲击载荷;③强冲击载荷。

工业机器人的传动常采用齿轮减速器。

齿轮减速器(见图2-5-1)是原动机和工作机之间的独立的闭式传动装置,用来降低转速和增大转矩,以满足工作需要,在某些场合也用来增速(称为增速器)。齿轮减速器广泛应用于大型矿山、钢铁、化工、港口、环保等领域,K、R系列减速器组合能得到更大传动比。

齿轮减速器是减速电动机和大型减速器的结合,不需联轴器和适配器,结构紧凑。其负载分布在行星齿轮上,因而承载能力比一般斜齿轮减速器高;可满足小空间高扭矩输出的需要。

图 2-5-1　齿轮减速器

其主要特点有：

(1) 具有可靠的工业用齿轮传递元件；

(2) 可靠结构与多种输入相结合，可适应特殊的使用要求；

(3) 有高的传递功率的能力，且结构紧凑，齿轮结构根据模块设计原理确定；

(4) 易于使用和维护，可根据技术和工程情况配置和选择材料；

(5) 转矩范围从 360 000 N・m 到 1 200 000 N・m。

2.5.1　行星减速器

1. 概述与原理

行星围绕恒星转动，顾名思义，行星减速器(见图 2-5-2)就是有三个行星齿轮围绕一个太阳齿轮旋转的减速器。随着行星减速器行业的不断飞速发展，越来越多的行业运用了行星减速器，也有越来越多的企业在行星减速器行业内发展壮大。行星减速器是一种用途广泛的工业产品，其性能可与其他军品级减速器产品相媲美，却有着工业级产品的价格，被广泛应用于工业场合。

行星减速器主要产品有 P 系列行星齿轮减速器，K 系列斜齿轮-螺旋伞齿轮减速器，T 系列螺旋伞齿轮转向器，R 系列硬齿面斜齿轮减速器，F 系列平行轴斜齿轮减速器，S 系列斜齿轮-蜗轮蜗杆减速器，H、B 系列硬齿面工业齿轮箱；MB 系列无级变速器，NMRV 系列蜗轮蜗杆减速器以及各系列非标减速器等。

图 2-5-2　行星减速器

行星减速器是一种动力传达机构，它利用齿轮进行速度转换，将电动机的回转数降低到所要的回转数，并得到较大转矩。行星减速器传动轴上齿数少的齿轮啮合输出轴上的大齿轮以达到减速的目的，一般会由几对齿轮按相同原理啮合来达到理想的减速效果。大小齿轮的齿数之比就是传动比。

2. 性能特点

以 P 系列行星齿轮减速器为例。

主要参数如下：

(1) 减速比：减速器的传动比，输入转速与输出转速的比值。

(2) 级数：行星齿轮的套数。有时一套行星齿轮无法满足较大传动比的要求，需要二套或三套来满足用户对较大传动比的要求。因为增加了行星齿轮的数量，所以二级或三级减速器的长度会有所增加，效率会有所下降。

(3) 满载效率：在最大负载情况下（故障时停止输出扭矩）减速器的传输效率。

(4) 平均寿命：减速器在额定负载下、最高输入转速时的连续工作时间。

(5) 额定扭矩：减速器的一个标准参数。在此参数值下，当输出转速为 100 转/分钟时，减速器的寿命为平均寿命。超过此参数值，减速器平均寿命会减少。当输出扭矩超过两倍该参数值时，减速器会发生故障。

(6) 润滑方式：无须润滑。此类减速器为全密封方式，故在整个使用期内无须添加润滑脂。

(7) 回程间隙：将输出端固定，输入端按顺时针和逆时针方向旋转，使输出端产生的扭矩在 "$(0.98 \sim 1.02) \times$ 额定扭矩" 范围内时，减速器输入端产生的一个微小的角位移，单位是分，$1' = (1/60)°$。

P 系列行星齿轮减速器减速比为 $25 \sim 4\,000$ r/min（与 R、K 系列减速器组合可达到更大传动比）；输出转矩高至 $2\,600\,000$ N·m；电动机功率为 $0.4 \sim 12\,934$ kW。P 系列行星齿轮减速器有超过 27 种规格可供选择，包括 $2 \sim 3$ 级行星齿轮，可以与不同种类的一级齿轮结合。一级齿轮轮齿可以是斜齿、锥齿或斜齿和直齿的结合。高加工精度和对行星齿轮保持架进行有限元分析优化了行星齿轮和其他接触部分表面的负载分布。P 系列行星齿轮减速器采用模块化设计，可根据用户要求进行变化组合。该系列减速器采用渐开线行星齿轮传动，合理利用齿轮内外啮合、功率分流；箱体采用球墨铸铁，大大提高了箱体的刚性及抗震性；齿轮均采用渗碳淬火处理，得到高硬耐磨表面，齿轮热处理后全部磨齿，降低了噪声，提高了减速器的效率和使用寿命。因此，P 系列行星齿轮减速器具有重量轻、体积小、传动比范围大、效率高、运转平稳、噪声低、适应性强等特点。

3. 应用

行星减速器体积小，重量轻，承载能力高，使用寿命长，运转平稳，噪声低，具有功率分流、多齿啮合的特性，最大输入功率可达 104 kW，适用于起重运输、冶金、矿山、石油化工、建筑、轻工纺织、医疗器械、兵器和航空航天等领域。

2.5.2 摆线针轮减速器

1. 概述及原理

摆线针轮减速器（见图 2-5-3）是一种应用一齿差行星齿轮传动，采用摆线针齿啮合的新颖传动装置。

摆线针轮减速器可分为三部分，即输入部分、减速部分和输出部分。在其输入轴上装有一个错位 180° 的双偏心套，在偏心套上装有两个称为转臂的滚柱轴承，形成 H 形机构。两个摆线齿轮的中心孔即为偏心套上转臂轴承的滚道，并由摆线齿轮与针齿轮上一组环形排列的针齿相啮合，以组成齿差为一齿的内啮合减速机构。为了减小摩擦，在传动比小的摆线针轮减速器中，

图 2-5-3 摆线针轮减速器

针齿上带有针齿套。

当输入轴带着偏心套转动一周时,由于摆线齿轮上齿廓曲线的特点及其受针齿轮上针齿限制之故,摆线齿轮的运动成为既有公转又有自转的平面运动。在输入轴正转一周时,偏心套亦转动一周,摆线齿轮于相反方向转过一个齿从而得以减速,再借助 W 形输出机构,将摆线齿轮的低速自转运动通过销轴传递给输出轴,从而获得较低的输出转速。摆线针轮减速器结构如图 2-5-4 所示。

输入轴   针齿壳   摆线齿轮 偏心套、轴承   输出轴   后盖

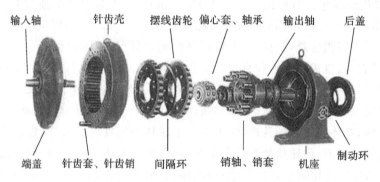

端盖   针齿套、针齿销   间隔环   销轴、销套   机座   制动环

图 2-5-4 摆线针轮减速器结构

2. 特点

摆线针轮减速器具有以下特点:

(1) 单级传动能达到 87 的减速比和 90% 以上的效率,如果采用多级传动,减速比更大。单级传动减速比为 9~87,双级传动减速比为 121~5 133,多级组合可达数万。针齿啮合属套式滚动摩擦,啮合表面无相对滑动,故单级传动减速效率达 94%。

(2) 结构紧凑,体积小。采用了行星齿轮传动原理,输入轴与输出轴在同一轴心线上,使该类型减速器获得了尽可能小的尺寸。与同功率的其他减速器相比,摆线针轮减速器的体积(重量)小 1/3 以上。

(3) 运转平稳,噪声低。摆线针齿啮合齿数较多,重叠系数大以及具有机件平衡的机理,使振动和噪声被限制在最小范围。该类型减速器各种规格噪声都较小。

(4) 使用可靠,寿命长。因主要零件采用轴承钢材料,经淬火处理获得了高硬度(HRC 58~62),并且部分传动接触采用了滚动摩擦,摩擦系数小,磨损极小,所以该类型减速器经久耐用,寿命长。

(5) 设计合理,维修方便,容易分解安装。具有最少的零件个数以及仅需简单润滑,使摆线

针轮减速器深受用户的喜爱与信赖。

3. 应用

摆线针轮减速器采用摆线针齿啮合、行星齿轮式传动原理,所以通常也叫行星摆线针轮减速器。摆线针轮减速器可以广泛应用于石油、环保、化工、运输、纺织、制药、食品、印刷、起重、矿山、冶金、建筑等行业,可作为驱动或减速装置,有卧式、立式、双轴型和直联型等装配方式。其独特的平稳结构在许多情况下可替代普通圆柱齿轮减速器及蜗轮蜗杆减速器,因此,摆线针轮减速器在各个行业和领域被广泛使用,受到广大用户的欢迎。

2.5.3 谐波齿轮减速器

1. 概述

谐波齿轮减速器(见图 2-5-5)由固定的内齿刚轮、柔轮和使柔轮发生径向变形的谐波发生器组成,是齿轮减速器中的一种新型传动机构。它利用柔轮产生可控制的弹性变形波,引起刚轮与柔轮齿间相对错齿来传递动力和运动。这种传动与一般的齿轮传动具有本质上的差别,在啮合理论、集合计算和结构设计方面具有特殊性。谐波齿轮减速器具有高精度、高承载力等优点,和普通减速器相比,由于其使用的材料要少 50%,其体积及重量至少减少 1/3。

谐波发生器　柔轮　　刚轮

图 2-5-5　谐波齿轮减速器

1) 刚轮

刚轮是一个圆周上加工有连接孔的刚性内齿圈,其齿数比柔轮略多(一般多 2 个或 4 个)。当刚轮固定、柔轮旋转时,刚轮的连接孔用来连接安装座;当柔轮固定、刚轮旋转时,刚轮的连接孔可用来连接输出。为了减小体积,在薄型、超薄型或微型谐波齿轮减速器上,刚轮有时和减速器 CRB 轴承设计成一体,构成谐波齿轮减速器单元。

2) 柔轮

柔轮是一个可产生较大变形的薄壁金属弹性体,它既可被制成图 2-5-5 所示的水杯形,也可被制成礼帽形、薄饼形等。柔轮与刚轮啮合部位为薄壁外齿圈;水杯形柔轮底部是加工有连接孔的圆盘;外齿圈和底部间利用弹性膜片连接。当刚轮固定、柔轮旋转时,柔轮底部的安装孔可用来连接输出;当柔轮固定、刚轮旋转时,柔轮底部安装孔可用来固定柔轮。

3) 谐波发生器

谐波发生器一般由凸轮和滚珠轴承构成。谐波发生器的内侧是一个椭圆形的凸轮,凸轮的外圆上套有一个能弹性变形的薄壁滚珠轴承;轴承的内圈固定在凸轮上,外圈与柔轮内侧接触。凸轮装入轴承内圈后,轴承将产生弹性变形成为椭圆形,并迫使柔轮外齿圈变成椭圆形,从而使椭圆长轴附近的柔轮齿与刚轮齿完全啮合,短轴附近的柔轮齿与刚轮齿完全脱开。当凸轮连输入轴旋转时,柔轮齿与刚轮齿的啮合位置可不断变化。

2. 传动原理

在谐波齿轮减速器未装配前,柔轮及其内孔呈圆形。谐波发生器装入柔轮的内孔后,由于谐波发生器的长度略大于柔轮的内孔直径,柔轮被撑成椭圆形,迫使柔轮齿在椭圆长轴方向与固定的刚轮齿完全啮合,在椭圆短轴方向完全脱开,其余各处的齿视柔轮回转位置的不同,或处于啮入状态,或处于啮出状态。由于刚轮固定,谐波发生器逆时针转动时,柔轮作顺时针转动。当谐波发生器连续回转时,柔轮在椭圆长轴和短轴处的啮入和啮出状态随之不断变化,柔轮齿由啮入转向啮合,由啮合转向啮出,由啮出转向脱开,如此往复循环,迫使柔轮连续转动。

谐波齿轮减速器变速原理如图 2-5-6 所示。

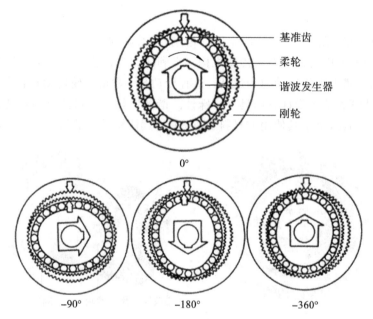

图 2-5-6　谐波齿轮减速器变速原理

假设旋转开始时,谐波发生器椭圆长轴位于 0°位置,这时,柔轮基准齿和刚轮 0°位置的齿完全啮合。当谐波发生器在输入轴的驱动下产生顺时针旋转时,椭圆长轴也将顺时针回转,使柔轮和刚轮啮合的齿顺时针移动。

减速器刚轮固定、柔轮旋转时,因为柔轮和刚轮的齿形完全相同,但柔轮齿数少于刚轮齿数(如相差 2 个齿),所以,当椭圆长轴的啮合位置到达刚轮-90°位置时,由于柔轮、刚轮所转过的齿数必须相同,柔轮转过的角度将大于刚轮。如相差 2 个齿,柔轮上的基准齿将逆时针偏离刚轮 0°基准位置 0.5 个齿;当椭圆长轴达到刚轮-180°位置时,柔轮上基准齿将逆时针偏离刚轮 0°基准位置 1 个齿;当椭圆长轴绕柔轮回转一周后,柔轮的基准齿将逆时针偏离刚轮 0°位置一个齿数差(2 个齿)。

这就是说,当刚轮固定,谐波发生器连接输入轴,柔轮连接输出轴时,如谐波发生器绕柔轮顺时针旋转 1 转(-360°),柔轮将相对于固定的刚轮逆时针转过一个齿数差(2 个齿)。因此,假设谐波减速器的柔轮齿数为 Z_f,刚轮齿数为 Z_c,柔轮输出和谐波发生器输入间的传动比

$$i_1 = \frac{Z_f - Z_c}{Z_f}$$

同样,如谐波齿轮减速器柔轮固定,刚轮旋转,当谐波发生器绕柔轮顺时针旋转 1 转

(－360°)时,由于柔轮和刚轮所啮合的齿数必须相同,而柔轮又被固定,刚轮的基准齿将顺时针偏离柔轮一个齿差,其偏移的角度

$$\theta = \frac{Z_c - Z_f}{Z_c} \times 360°$$

因此,当柔轮固定,谐波发生器连接输入轴,刚轮作为输出轴时,其传动比

$$i_2 = \frac{Z_c - Z_f}{Z_c}$$

这就是谐波齿轮减速器的减速原理。

相反,如果谐波齿轮减速器的刚轮被固定,柔轮连接输入轴,谐波发生器作为输出轴,则柔轮旋转时,将迫使谐波发生器的椭圆长轴快速回转,起到增速的作用。同样,当谐波齿轮减速器的柔轮被固定,刚轮连接输入轴,谐波发生器作为输出轴时,刚轮的回转也可迫使谐波发生器的椭圆长轴快速回转,起到增速的作用。这就是谐波齿轮减速器用作增速器时的增速原理。

谐波齿轮减速器的传动方式按其机械波的数目可分为单波传动、双波传动及三波传动,其中最常用的是双波传动。在谐波齿轮传动中,刚轮与柔轮的齿数差应等于机械波数目的整数倍,通常取其等于机械波数目。

3. 特点

1) 优点

谐波齿轮减速器具有以下优点:

(1) 传动比大。单级谐波齿轮传动比为70～320,在某些装置中可达到1 000,多级谐波齿轮传动比可达30 000以上。它不仅可用于减速,也可用于增速。

(2) 承载能力高。这是因为谐波齿轮传动中同时啮合的齿数多,双波传动同时啮合的齿数可达总齿数的30%以上,而且此类减速器的柔轮采用了高强度材料,齿与齿之间是面接触。

(3) 传动精度高。这是因为谐波齿轮传动中同时啮合的齿数多,误差平均化,即多齿啮合对误差有相互补偿作用。在齿轮精度等级相同的情况下,此类减速器的传动误差只有普通圆柱齿轮传动误差的1/4左右。同时,可采用微量改变谐波发生器的半径来增加柔轮的变形使齿隙很小,甚至做到无侧隙啮合,故谐波齿轮减速器传动空程小,适用于反向传动。

(4) 传动效率高,运动平稳。因为柔轮齿在传动过程中作均匀的径向移动,即使输入速度很高,轮齿的相对滑移速度仍是极低的(为普通渐开线齿轮传动的百分之一),所以,轮齿磨损小,效率高(可达69%～96%)。又因为啮入和啮出时,齿轮的两侧都参加工作,所以无冲击现象,运动平稳。

(5) 结构简单,零件数少,安装方便。此类减速器仅有三个基本构件,且输入轴与输出轴同轴线,所以结构简单,安装方便。

(6) 体积小,重量轻。与一般减速器比较,输出力矩相同时,谐波齿轮减速器的体积可减小2/3,重量可减轻1/2。

(7) 可向密闭空间传递运动。利用柔轮的柔性特点,谐波齿轮减速器可向密闭空间传动,这一可贵优点是现有其他减速器所不具备的。

2) 缺点

谐波齿轮减速器具有以下缺点:

(1) 柔轮会周期性地发生变形,因而产生交变应力,使减速器易疲劳而造成破坏。

(2) 转动惯量和起动力矩大,不宜用于小功率的跟踪传动。

(3) 不能用于传动比小于35的场合。

（4）采用自由变形波的谐波传动,其瞬时传动比不是常数。

（5）散热条件差。

4. 应用

谐波齿轮减速器在航空航天、能源、航海、仿生机械、军械、矿山冶金、石油化工、纺织、农业以及医疗等方面得到日益广泛的应用,特别是在高动态性能的伺服系统中,更能显示谐波齿轮传动的优越性。此类减速器传递的功率可从几十瓦到几万瓦,但大功率的谐波齿轮传动多用于短期工作场合。

2.5.4 RV 减速器

1. 概述

RV 传动的概念最早是在 20 世纪 80 年代初由日本帝人制机株式会社（今纳博特斯克株式会社）首次提出的,当时,由于市场对机器人运动精度要求不断增高,该公司着手开发研制了可以用于增强机器人性能、提高其运动精度的减速装置,并起名为"RV 传动"。根据库氏分类方法,该传动属 2K-V 型行星齿轮传动。直到 1986 年,该公司 RV 减速器的研究才有了突破性进展,之后迅速实现了商业化生产。从那以后,该公司就一直致力于 RV 减速器的研究,特别是近几年,更是把研究的重点放在了 RV 减速器传动精度的提高上,同时也研究了 RV 减速器动态特性作用规律。到目前为止,日本住友重机械工业株式会社（住友公司）作为国际上制造摆线针轮减速器的最大规模的企业之一,基本上已经垄断了国外摆线减速器的市场,特别是 20 世纪 90 年代以来,该公司先后推出了 200 系列、RV 系列、FA 高精传动系列、FT 传动系列等减速装置,这些减速器产品传动比范围大,单级传动比最小为 6,最大可达 119;应用的范围广阔,既适用于通用传动又适用于专业机器人传动。2000 年以后,日本住友公司又推出了 6000 系列,其单级规格减速器有 38 种之多,同时还增加了减速器的型号,扩展了电动机容量的组合,给用户以更多的选择。

RV 减速器（见图 2-5-7）是旋转矢量（rotary vector）减速器的简称,它是在传统行星减速器、摆线针轮减速器的基础上发展而来的一种新型传动装置。与谐波齿轮减速器一样,RV 减速器实际上既可用于减速也可用于增速,但由于其传动比很大（通常为 30～260）,在工业机器人、数控机床等产品上应用时,一般较少用于增速。

图 2-5-7　RV 减速器

RV 减速器的结构比谐波齿轮减速器复杂得多,其内部通常有 2 级减速机构,由于传动链较长,减速器间隙较大,传动精度通常不及谐波齿轮减速器。此外,RV 减速器的生产制造成本也相对较高,维护修理较困难,因此,在工业机器人领域,它多用于工业机器人机身的腰、上臂、下臂等大惯量、高转矩输出关节的回转减速,大型搬运和装配工业机器人的手腕有时也采用 RV 减速器传动。

2. 结构

RV 减速器由芯轴、端盖、针轮、输出法兰、行星齿轮、曲轴组件、RV 齿轮等构成,如图 2-5-8 所示。

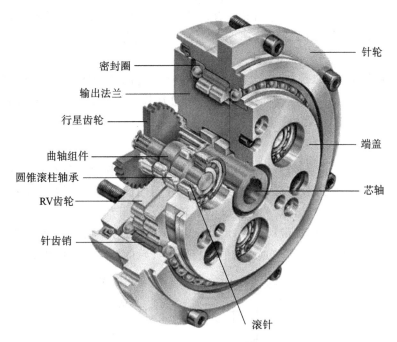

图 2-5-8 RV 减速器的构成

RV 减速器的径向结构可分为 3 层,由外向内依次为针轮层、RV 齿轮层(包括端盖、输出法兰和曲轴组件)、芯轴层;每一层均可独立旋转。

1) 针轮层

外层的针轮实际上是一个内齿圈,其内侧加工有针齿;外侧加工有法兰和安装孔,可用于减速器的安装固定。针齿和 RV 齿轮间安装有针齿销,当 RV 齿轮摆动时,针齿销可推动针轮相对于输出法兰缓慢旋转。

2) RV 齿轮层

中间的 RV 齿轮层是 RV 减速器的核心,它由 RV 齿轮、端盖、输出法兰和曲轴组件等组成,RV 齿轮、端盖、输出法兰均为中空结构,其内孔用来安装芯轴。曲轴组件的数量与 RV 减速器规格有关,小规格 RV 减速器一般布置 2 组,中、大规格 RV 减速器布置 3 组。

输出法兰的内侧是加工有 2～3 个曲轴安装缺口的连接段,端盖和输出法兰(亦称输出轴)利用连接段的定位销、螺钉连成一体。端盖和法兰的中间安装有两个可自由摆动的 RV 齿轮,这两个 RV 齿轮可在曲轴偏心轴的驱动下进行对称摆动,故又称摆线轮。

驱动 RV 齿轮摆动的曲轴安装在输出法兰的安装缺口上,由于曲轴的径向载荷较大,其前后端均需要采用圆锥滚柱轴承进行支承,前支承轴承安装在端盖上,后支承轴承安装在输出法兰上。

曲轴组件用于驱动 RV 齿轮摆动,它通常有 2～3 组,并在圆周上呈对称分布。曲轴组件由曲轴、前后支承轴承、滚针等组成。曲轴的中间部位是 2 段驱动 RV 齿轮摆动的偏心轴,偏心轴位于输出法兰的缺口上;偏心轴的外圆上安装有驱动 RV 齿轮摆动的滚针。当曲轴旋转时,这 2 段偏心轴将分别驱动 2 个 RV 齿轮进行 180°对称摆动。曲轴的旋转通过后端的行星齿轮驱动,它与曲轴一般为花键连接。

3)芯轴层

芯轴安装在 RV 齿轮、端盖、输出法兰的中空内腔,其形状与减速器传动比有关:传动比较大时,芯轴直接加工成齿轮轴;传动比较小时,芯轴是一根后端安装齿轮的花键轴。芯轴上的齿轮称为太阳齿轮,它和曲轴上的行星齿轮啮合。芯轴旋转时,可通过行星齿轮同时驱动 2~3 组曲轴旋转,带动 RV 齿轮摆动。RV 减速器用于减速时,芯轴一般连接输入驱动轴,故又称输入轴。

因此,RV 减速器具有二级变速:太阳齿轮和行星齿轮间的变速是 RV 减速器的第一级变速,称为正齿轮变速;由 RV 齿轮摆动所产生的、通过针齿销推动针轮的缓慢旋转,是 RV 减速器的第二级变速,称为差动齿轮变速。

3. 传动原理

图 2-5-9 所示为 RV 减速器传动原理。它由第一级渐开线圆柱齿轮行星减速机构和第二级摆线针轮行星减速机构两部分组成。渐开线行星齿轮与曲柄轴连成一体,作为摆线针轮传动部分的输入。如果渐开线行星齿轮沿顺时针方向旋转,那么渐开线行星齿轮在公转的同时还会沿逆时针方向自转,并通过曲柄轴带动摆线针轮作偏心运动。此时,摆线针轮在沿其轴线公转的同时,还会沿顺时针方向自转,同时通过曲柄轴将摆线针轮的转动等速传递给输出机构。

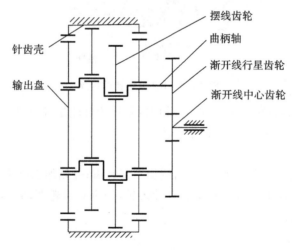

图 2-5-9　RV 减速器传动原理

4. 特点及应用

RV 减速器是在摆线针轮传动机构的基础上发展起来的一种新型的传动机构。它具有体积小、重量轻、传动比范围大、传动效率高等优点,被广泛应用于工业机器人、机床、医疗检测设备、卫星接收系统等领域。它比摆线针轮减速器体积小,且具有较大的过载能力,在工业机器人的传动机构中,已经在很大程度上逐渐取代了单纯摆线针轮减速器和谐波齿轮减速器。RV 减速器作为新型传动机构,从结构上看,其基本特点可概括如下:

(1)传动比大。通过改变第一级减速装置中齿轮的齿数,就可以方便地获得范围较大的传动比,其常用的传动比范围为 57~192。

(2)结构紧凑。传动机构置于行星齿轮架的两个支承主轴承的内侧,可使传动的轴向尺寸大大缩小。

（3）使用寿命长。采用两级减速机构,低速级的摆线针轮传动公转速度减小,传动更加平稳,转臂轴承个数增多,且内外环相对转速下降,可延长其使用寿命。

（4）刚性大,抗冲击性能好。输出机构采用两端支承结构,比一般摆线针轮减速器的输出机构(悬臂梁结构)刚性大,抗冲击性能好。

（5）传动效率高。因为除了针轮齿销支承部件外,其余部件均为滚动轴承支承,所以此类减速器传动效率很高。

（6）只要设计中考虑周到,就可以获得很高的传动精度。

◀ 思考与练习 ▶

1. 工业机器人机械系统由哪些部分组成?
2. 常见工业机器人的基座有哪几种类型?
3. 工业机器人的手臂部件有几种类型?
4. 工业机器人的手腕部件所起的作用是什么?
5. 工业机器人的末端执行器可分为哪几类?
6. 工业机器人的传动机构常用的有哪几种?试说明其各自的适用场合及传动精度特征。

第 3 章

工业机器人的控制技术

◀ 3.1 控制基础 ▶

3.1.1 控制系统的特点

工业机器人一般采用空间开链结构,其各个关节的运动是独立的,为了实现末端点的运动轨迹,需要协调多关节的运动,因此,其控制系统要比普通的控制系统复杂得多。

工业机器人的控制系统具有以下几个特点:

(1)与结构运动学及动力学密切相关。工业机器人手爪的状态可以用坐标进行描述,且应根据需要选择不同的参考坐标系并做适当的坐标变换。在对工业机器人进行控制时,经常要求解运动学正问题和逆问题,除此之外还要考虑惯性力、外力(包括重力)、科里奥利力、向心力的影响。

(2)多变量。一个简单的工业机器人也至少有 3~5 个自由度;比较复杂的机器人有十几个甚至几十个自由度。每个自由度一般包含一个伺服机构,所有的自由度必须协调起来,组成一个多变量控制系统。

(3)由计算机控制。把多个独立的伺服系统有机地协调起来,使其按照人的意志行动,甚至赋予工业机器人一定的智能,这个任务只能由计算机来完成。因此,工业机器人控制系统必须是一个计算机控制系统。

(4)描述工业机器人状态和运动的数学模型是一个非线性模型,随着状态的不同和外力的变化,其参数也在变化,各变量之间还存在耦合,因此,仅仅利用位置闭环是不够的,还要利用速度甚至加速度闭环。工业机器人控制系统中经常使用重力补偿、前馈控制、解耦或自适应控制等方法。

(5)工业机器人的动作往往可以通过不同的方式和路径来完成,因此存在一个"最优"的问题。较高级的工业机器人可以用人工智能的方法,用计算机建立起庞大的信息库,借助信息库进行控制、决策、管理和操作。利用传感器和模式识别,工业机器人可获得对象及环境的工况,按照给定的指标要求,自动选择最佳的控制规律。

(6)本体与操作对象的相互关系是首要的。传统的自动机械以自身的动作为重点,而工业机器人的控制系统更关注本体与操作对象相互间的关系。无论以多么高的精度控制手臂,若不能夹持并移动物体到达目的位置,控制工业机器人就失去了意义。

总体而言,工业机器人控制系统是一个与运动学和动力学原理密切相关的、有耦合的、非线性的多变量控制系统。由于它的特殊性,经典控制理论和现代控制理论都不能照搬使用。根据实际工作情况的不同,可以采用各种不同的控制方式,从简单的编程自动化、微处理机控制到小型计算机控制等。

3.1.2 控制方式

工业机器人的控制方式没有统一的分类标准。按运动坐标来分,有关节坐标空间运动控制和直角坐标空间运动控制;按控制系统对工作环境变化的适应程度来分,有程序控制、适应性控制和人工智能控制;按同时控制的工业机器人数目来分,可分为单控和群控。其中,工业机器人的人工智能控制是指通过传感器获得周围环境的信息,并根据自身内部的知识库做出相应的决策。采用人工智能控制技术,可使工业机器人具有较强的环境适应性和自学能力。人工智能控制技术的发展有赖于人工神经网络、基因算法、遗传算法、专家系统等人工智能的迅速发展。

除此以外,通常还按控制量的不同,将工业机器人控制方式分为位置控制、速度控制、力(力矩)控制(包括力位混合控制)三类。

1. 位置控制

工业机器人位置控制又分为点位控制和连续轨迹控制两类,如图 3-1-1 所示。

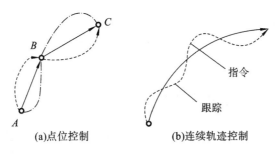

(a)点位控制　　　　(b)连续轨迹控制

图 3-1-1　位置控制

1)点位控制

点位控制的特点是仅控制离散点上工业机器人手爪(或工具)的位姿轨迹,要求尽快而无超调地实现相邻点之间的运动,但对相邻点之间的运动轨迹一般不做具体规定。例如,在印制电路板上安插元件以及点焊、搬运和上下料等都属于点位控制式工作。点位控制的主要技术指标是定位精度和完成运动所需的时间。一般来说,这种方式比较简单,但是要达到 $2\sim3\ \mu m$ 的定位精度也是相当困难的。

2)连续轨迹控制

连续轨迹控制的特点是连续控制工业机器人手爪(或工具)的位姿轨迹。在弧焊、喷涂、切割等工作中,要求工业机器人末端执行器按照示教的轨迹运动,适用此控制方式。此控制方式类似于控制原理中的跟踪系统,又称为轨迹伺服控制。连续轨迹控制的技术指标是轨迹精度和平稳性。在弧焊、喷涂、切割等工作中应用的工业机器人均采用此控制方式。

2. 速度控制

对工业机器人的运动控制来说,在位置控制的同时,有时还要进行速度控制。例如,在连续轨迹控制方式下,工业机器人按预定的指令,控制运动部件的速度,实行加、减速,以满足运动平稳、定位准确的要求。为了实现这一要求,工业机器人的行程要遵循一定的速度-时间曲线,如图 3-1-2 所示。由于工业机器人是一种工作情况(行程负载)多变、惯性负载大的运动机械,要处理好快速与平稳的矛盾,必须控制启动加速和停止前的减速定位这两个过渡性运动区段。

3. 力(力矩)控制

在完成装配、抓放物体等工作时,工业机器人除了要准确定位之外,还要使用适度的力(力

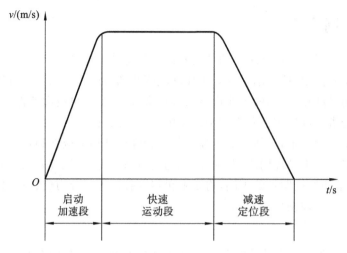

图 3-1-2　工业机器人行程的速度-时间曲线

矩)进行工作,这时就要采用力(力矩)控制方式。这种控制方式的原理与位置控制方式的原理基本相同,只不过输入量和反馈量由位置信号转变为力(力矩)信号,因此工业机器人系统中必须有力(力矩)传感器。

3.1.3　系统结构和工作原理

工业机器人系统通常分为机器人本体和控制系统两大部分。控制系统的主要作用是根据用户的指令对机器人本体进行操作和控制,完成要求的各种动作。控制系统的性能在很大程度上决定了工业机器人系统的性能。一个良好的控制器要有灵活、方便的操作方式及多种形式的运动控制,要能安全可靠地运行。构成工业机器人系统的要素主要有机器人硬件系统及操作控制软件、输入/输出设备(I/O设备)及装置、驱动器、传感器等,它们之间的关系如图 3-1-3 所示。

图 3-1-3　工业机器人系统的要素及其关系

1. 控制系统的硬件部分

1)基本组成

工业机器人控制系统的硬件部分组成如图 3-1-4 所示。

(1)控制计算机:控制系统的调度指挥机构,一般为微型机、微处理器,有 32 位、64 位等类型,如奔腾系列 CPU 及其他 CPU。

(2)示教器:用于示教工业机器人的工作轨迹和参数设定,以及实现所有人机交互操作,拥有自己独立的 CPU 以及存储单元,与控制计算机之间以串行通信方式实现信息交互。

(3)操作面板:由各种操作按键、状态指示灯构成,只完成基本功能操作。

(4)硬盘和软盘(磁盘存储):存储工业机器人工作程序的外围存储器。

(5)数字和模拟量输入/输出:各种状态和控制命令的输入或输出。

(6)打印机接口:记录需要输出的各种信息。

(7)传感器接口:用于信息的自动检测,实现工业机器人柔性控制,一般为力觉、触觉和视觉传感器接口。

（8）轴控制器：完成工业机器人各关节位置、速度和加速度控制，如大臂伺服控制器、手腕伺服控制器等。

（9）辅助设备控制器：用于控制和工业机器人配合的辅助设备，如手爪变位器等。

（10）通信接口：实现工业机器人和其他设备的信息交换，一般有串行接口、并行接口等。

（11）网络接口：分为 ethernet 接口和 fieldbus 接口。ethernet 接口可通过以太网实现单台或数台工业机器人与个人计算机的直接通信，数据传输速率高达 10 MB/s，可直接在个人计算机上用 Windows 库函数进行应用程序编程之后，通过支持 TCP/IP 通信协议的 ethernet 接口将数据及程序装入各个工业机器人的控制器中；fieldbus 接口支持多种流行的现场总线规格，如 devicenet、AB remote I/O、interbus-S、PROFIBUS-DP、M-NET 等。

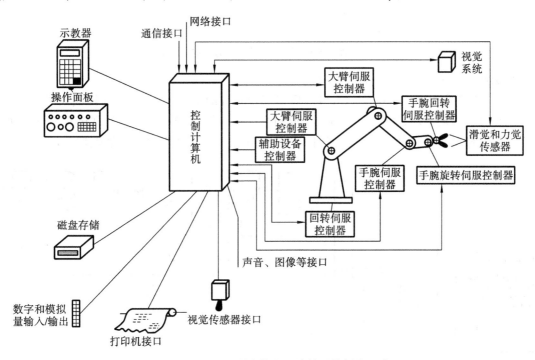

图 3-1-4　工业机器人控制系统的硬件部分组成

2）基本结构

工业机器人控制系统按其基本结构通常分为以下三种，即集中控制系统、主从控制系统和分散控制系统。现在大部分工业机器人都采用两级计算机控制。第一级计算机担负系统监控、作业管理和实时插补任务，由于运算工作量大、数据多，所以大都采用 16 位以上的计算机。第一级运算结果作为目标指令传输到第二级计算机，经过计算处理后传输到各执行元件。

（1）集中控制系统。集中控制系统用一台计算机实现全部控制功能，结构简单，成本低，但实时性差，功能难以扩展，在早期的机器人中常采用这种结构，其构成如图 3-1-5 所示。基于计算机的集中控制系统，充分利用了计算机资源开放性的特点，可以实现很好的开放性；多种控制卡、传感器设备等都可以通过标准 PCI 插槽或通过标准串口、并口集成到控制系统中。集中控制系统的优点是，硬件成本较低，便于信息的采集和分析，易于实现系统的最优控制，整体性与协调性较好，硬件扩展较为方便；其缺点也显而易见——系统控制缺乏灵活性，控制危险容易集中，一旦出现故障，其影响面广，后果严重。工业机器人对实时性要求很高，而此类系统进行大量数据计算，会降低系统实时性，且其对多任务的响应能力也会与系统的实时性相冲突；此外，

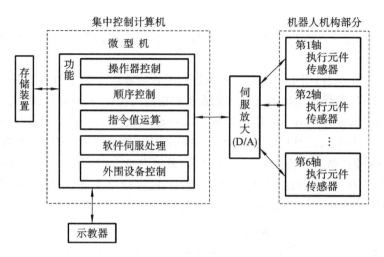

图 3-1-5　集中控制系统的构成

此类系统连线复杂,会降低系统的可靠性。

(2) 主从控制系统:采用主、从两级处理器实现系统的全部控制功能,其构成如图 3-1-6 所示。主计算机实现管理、坐标变换、轨迹生成和系统自诊断等,通过计算机实现所有关节的动作控制。主从控制系统实时性较好,适用于高精度、高速度控制,但其系统扩展性较差,维修困难。

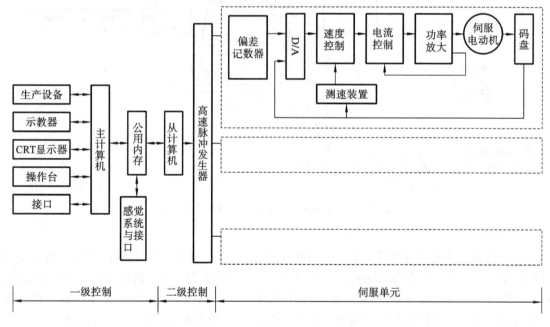

图 3-1-6　主从控制系统的构成

(3) 分散控制系统:按系统的性质和方式将系统控制分成几个模块,每一个模块各有不同的控制任务和控制策略,各模块之间可以是主从关系,也可以是平等关系。这种方式实时性好,易于实现高速、高精度控制,易于扩展,可实现智能控制,是目前流行的方式,其构成如图 3-1-7 所示,主要思想是"分散控制,集中管理",即此类系统对其总体目标和任务可以进行综合协调和分配,通过子系统的协调工作来完成任务控制,整个系统在功能、逻辑和物理等方面都是分散的,所以分散控制系统又称为集散控制系统或分布式控制系统。在这种控制系统结构中,子系统是由控制器和不同被控对象或设备构成的,各个子系统之间通过网络等相互通信。分散控制

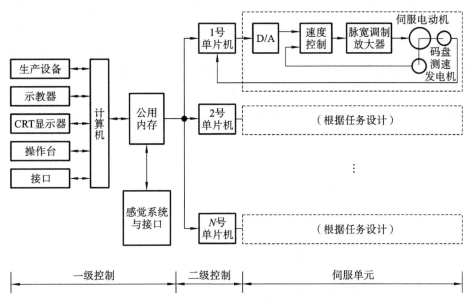

图 3-1-7　分散控制系统的构成

结构提供了一个开放、实时、精确的工业机器人控制系统。分散控制系统常采用两级控制方式。

2. 控制系统的软件部分

软件部分主要指控制软件,包括运动轨迹规划算法和关节伺服控制算法与相应的动作程序。控制软件可以用多种计算机语言来编制,但许多工业机器人的控制比较复杂,编程工作的劳动强度较大,编写的程序可读性也较差,因此,人们通过使通用语言模块化,开发了很多工业机器人的专用语言。把工业机器人的专用语言与工业机器人系统相融合,是当前工业机器人发展的主流。

3. 控制系统的基本功能

控制系统是工业机器人的重要组成部分,可以使工业机器人完成特定的工作任务,其基本功能如下:

(1) 记忆功能,记忆的内容包括存储作业顺序、运动路径、运动方式、运动速度和与生产工艺有关的信息。

(2) 示教功能,可实现示教的方式包括离线编程、在线示教、间接示教,其中,在线示教包括示教器示教和导引示教两种。

(3) 与外围设备联系功能,联系的通道包括输入/输出接口、通信接口、网络接口、同步接口等。

(4) 坐标设置功能,可设置关节坐标系、绝对用户自定义坐标系等。

(5) 人机互动接口功能,人机互动的接口包括示教器、操作面板、显示器等。

(6) 传感器接口功能,可实现位置检测、视觉、触觉、力觉传感器等接口功能。

(7) 位置伺服功能,包括实现工业机器人多轴联动、运动控制、速度和加速度控制、动态补偿等。

(8) 故障诊断及安全保护功能,包括运行时系统状态监视、故障状态下的安全保护和故障自诊断。

下面以 PUMA-562 机器人为例,来说明工业机器人的系统结构和工作原理。

PUMA 机器人是美国 Unimation 公司于 20 世纪 70 年代末推出的商品化工业机器人。PUMA 机器人有 200、500、700 等多个系列的产品。每个系列的工业机器人产品都有腰旋转、肩旋转和肘旋转 3 个基本轴,加上手腕的回转、弯曲和旋转轴,构成六自由度的开链式机构。PUMA 机器人的外形结构如图 3-1-8 所示。它是一种典型的多关节型工业机器人,其控制系统采用计算机分级控制结构,使用 VAL 机器人编程语言。由于 PUMA 机器人具有速度快、精度高、灵活精巧、编程控制容易等优点以及 VAL 语言系统功能完善,它在工业生产、实验室研究中得到了广泛的应用。

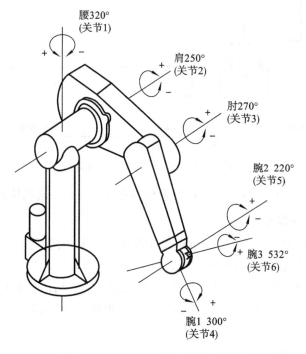

腰320°
(关节1)

肩250°
(关节2)

肘270°
(关节3)

腕2 220°
(关节5)

腕3 532°
(关节6)

腕1 300°
(关节4)

图 3-1-8 PUMA 机器人的外形结构

PUMA-562 机器人控制器原理如图 3-1-9 所示。图 3-1-9 中除 I/O 设备和伺服电动机外,其余各部件均安装在控制柜内。PUMA-562 机器人控制系统为多 CPU 两级控制结构,上位计算机配有 64 KB RAM 内存、2 块串口接口板、1 块 I/O 并行接口板、1 块与下位计算机通信的 A 接口板。上位计算机系统采用 Q-Bus 总线作为系统总线。

与上位计算机连接的 I/O 设备有 CRT 显示器和键盘、示教器、磁盘(软盘)驱动器,通过串口板还可接入视觉传感器、高层监控计算机、实时路径修正控制计算机。

A、B 接口板是上、下位计算机通信的桥梁。上位计算机经过 A、B 接口板向下位计算机发送命令和读取下位计算机信息。A 接口板插在上位计算机的 Q-Bus 总线上,B 接口板插在下位机的 J-Bus 总线上,A、B 接口板之间通过扁平信号电缆通信。B 接口板上有一个 A/D 转换器,用于读取 B 接口板传递的各关节电位器信息;电位器用于各关节绝对位置的定位。

PUMA-562 下位计算机控制系统如图 3-1-10 所示。下位计算机系统由 6 块以 6503CPU 为核心的单片机组成,每块单片机负责一个关节的驱动,构成 6 个独立的数字伺服控制回路。下位计算机及 B 接口板、手臂信号板插在专门设计的 J-Bus 总线上。下位计算机的每块单板机上都有一个 D/A 转换器,其输出分别接到 6 块功率放大器板的输入端。功率放大器板输出与 6 台直流伺服电动机相接,用于检测位置的光电码盘与电动机同轴旋转,6 路码盘反馈信号经手臂信号板滤波处理后,由 J-Bus 通道送往各数字伺服板。用于检测各关节绝对位置的电位器滑

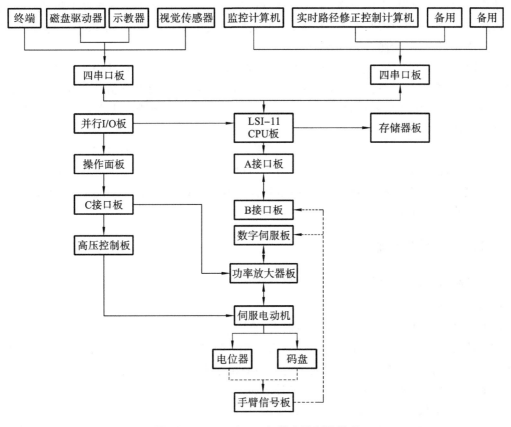

图 3-1-9 PUMA-562 机器人控制器原理

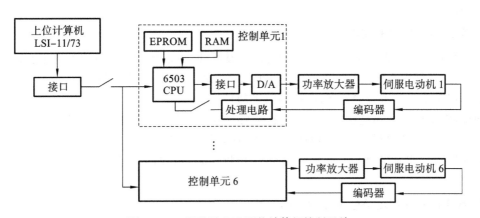

图 3-1-10 PUMA-562 下位计算机控制系统

动臂装在齿轮轴上。电位器信号经由手臂信号板 J-Bus 通道,被送往 B 接口板。

PUMA-562 机器人控制器硬件还包括 1 块 C 接口板、1 块高压控制板和 6 块功率放大器板,这几块板插在另外的一个专门设计的功率放大器总线(power AMP bus)上。C 接口板用于手臂电源和电动机制动的控制信号传递、故障检测、制动控制。高压控制板提供电动机所需的电压,还控制手爪开闭电磁阀。

PUMA-562 控制系统软件分为上位计算机软件和下位计算机软件两部分。上位计算机软件为系统编程软件,下位计算机软件为伺服软件。

系统编程软件提供软件系统的各种定义、命令、语言及其编译系统。系统编程软件针对各种运动形式的轨迹规划、坐标变换,完成以 28 ms 为时间间隔的轨迹插补点的计算、与下位计算机的信息交换、执行用户编写的 VAL 语言、工业机器人作业控制程序、示教器信息处理、工业机器人点位标定、故障检测及异常保护等。

PUMA-562 控制系统下位计算机软件驻留在下位单片机的 EPROM 中。从图 3-1-10 中可以看到,下位计算机的关节控制器是各自独立的,即各单片机之间没有信息交换。上位计算机每隔 28 ms 向 6 块单片机发送轨迹设定点信息,6503CPU(微处理器)计算关节误差,以 0.875 ms 的周期伺服控制各关节的运动。

和一般工业机器人一样,PUMA 机器人采用了独立关节的 PID 伺服控制。由于机器人的非线性特点,即惯性力、关节间的耦连及重力均与机器人的位姿(或位姿和速度)有关,都是变化的,但伺服系统的反馈系数是确定不变的,这种控制方法难以保证在工业机器人高速、变速或变载荷情况下的运动精度。

3.1.4 控制策略

工业机器人的控制策略较多,这里介绍一些常见的。

1. 重力补偿

在工业机器人(特别是关节型工业机器人)系统中,手臂的自重相对于关节点会产生一个力矩,这个力矩的大小随手臂所处的空间位置而变化。显然这个力矩对控制系统来说是不利的,但这个力矩的变化是有规律的,可以通过传感器测出手臂的转角,再利用三角函数和坐标变换计算出来。如果在伺服系统的控制量中实时地加入一个抵消重力影响的量,那么控制系统就会大为简化;如果机械结构是平衡的,则不必补偿。力矩的计算要在自然坐标系中进行,重力补偿可以是对各个关节独立进行的(称为单级补偿),也可以同时考虑其他关节的重力进行补偿(称为多级补偿)。

2. 前馈控制和超前控制

在连续轨迹控制方式中,根据事先给定的运动规律,可以从给定信号中提取速度、加速度信号,把它们加在伺服系统的适当部位上,以消除系统的速度和加速度跟踪误差,这就是前馈控制。前馈控制不影响系统的稳定性,控制效果却是显著的。

同样,由于运动规律是已知的,可以根据某一时刻的位置与速度,估计下一时刻的位置误差,并把这个估计量加到下一时刻的控制量中,这就是超前控制。

超前控制与前馈控制的区别在于:前者是指将控制量在时间上提前;后者是指控制信号的流向是向前的。

3. 耦合惯量加速度补偿及摩擦力的补偿

在一般情况下,只要外关节的伺服带宽大于内关节的伺服带宽,就可以把各关节的伺服系统看成是独立的,这样处理可以使控制问题大为简化,仅需考虑怎样把工作任务分配给各伺服系统。然而,对于高速、高精度运动的工业机器人,必须考虑一个关节运动会引起另一个关节的等效转动惯量的变化,也就是耦合惯量问题。要解决耦合惯量问题则需要对工业机器人进行加速度补偿。

对于高精度运动的工业机器人,还要考虑摩擦力的补偿。由于静摩擦与动摩擦的差别很大,系统启动时刻和启动后的摩擦力补偿量是不同的,摩擦力的大小可以通过实验测得。

4. 传感器位置反馈

在点位控制方式中,单靠提高伺服系统的性能来保证精度要求有时是比较困难的,但是,可以在程序控制的基础上,用一个位置传感器进一步消除误差,这一传感器可以是简易的,感知范围也可以较小。这种控制系统虽然硬件上有所增加,但软件的工作量却可以大大减少。这种系统被称为传感器闭环系统或大环伺服系统。

5. 记忆—修正控制

在连续轨迹控制方式中,可以利用计算机的记忆和计算功能,记忆前一次的运动误差,改进后一次的控制量。经过若干次记忆—修正可以"逼近"理想轨迹,这种控制系统被称为记忆—修正控制系统,它适用于重复操作的场合。

6. 触觉控制

工业机器人的触觉可以判断物体的有无,也可以判断物体的形状。判断物体有无的触觉可以用于控制动作的启、停;判断物体形状的触觉可以用于选择零件,改变行进路线等。人们还经常利用滑觉(切向力传感器)来自动改变工业机器人夹持器的握力,使物体不致滑落,同时又不至于破坏物体。触觉控制可以使工业机器人具有某种程度的适应性,可进行触觉控制的工业机器人可视作具有一种初级的"智能"。

7. 听觉控制

有的工业机器人可以根据人的口头命令给出回答或执行任务,这是利用了声音识别系统。该系统首先提取所收到的声音信号的特征,如幅度、过零率、音调周期、线性预测系数、声道共振峰等特性,然后与事先存储在计算机内的"标准模板"进行比较。这种系统可以识别特定人的有限词汇,较高级的声音识别系统还可以用句法分析的手段识别较多的语言内容。

8. 视觉控制

利用视觉系统可以获取大量外界信息,但由于计算机容量及处理速度的限制,所处理的信息往往是有限的。工业机器人系统常用视觉系统判断物体形状和物体之间的关系,或测量距离、选择运动路径等。无论是光导摄像管,还是电荷耦合器件,都只能获取二维图像信息;为获取三维视觉信息,可以使用两台或多台摄像机,也可以从光源上想办法,如使用结构光。获得的信息用模式识别的办法进行处理。由于视觉系统结果复杂、价格昂贵,一般只用于比较高级的工业机器人。在其他情况(一般等级)下,可以考虑使用简易视觉系统。光源不仅限于普通光,还可以使用激光、红外线、X 光、超声波等。

9. 最佳切换时间控制

对于高速运动的工业机器人,除选择最佳路径之外,还普遍采用最短时间控制,即所谓"砰砰"控制。简单地说,就是分两步控制机械臂的动作:先是以最大能力加速,然后以最大能力减速,中间选择一个最佳切换时间。这样可以保证工业机器人运动速度最快。

10. 自适应控制

很多情况下,工业机器人手臂的物理参数是变化的。例如,夹持不同的物体处于不同的姿态下,质量和惯性矩都是在变化的,运动方程式中的参数也在变化。工业机器人工作过程中还存在着未知的干扰。因此,实时地辨识系统参数并调整增益矩阵,才能保证跟踪目标的准确性——这就是典型的自适应控制问题。由于系统复杂,工作速度快,和一般的过程控制中的自适应控制相比,工业机器人工作过程中的自适应控制问题要复杂得多。

11. 解耦控制

工业机器人手臂的运动会对其他运动产生影响,即各自由度之间存在着耦合,某处的运动对另一处的运动有影响。在耦合较弱的情况下,可以把它当作一种干扰,在设计中留有余地就可以了;在耦合严重的情况下,必须考虑一些解耦措施,使各自由度运动相对独立。

12. 递阶控制

智能工业机器人具有视觉、触觉或听觉等多种传感器,自由度的数目往往较多,各传感器系统要对信息进行实时处理,各关节都要进行实时控制,它们既是并行的,又需要有机地协调起来,因此,控制必然是多层次的:每一层次都有独立的工作任务,并给下一层次提供控制指令和信息;下一层次又把自身的状态及执行结果反馈给上一层次。最低一层是各关节的伺服系统,最高一层是控制(主)计算机。某些"大系统控制理论"也可以用在工业机器人控制系统之中。

◀ 3.2 驱动器(驱动系统) ▶

电动机是工业机器人驱动系统中的执行元件。常用的电动机有直流电动机、交流电动机、步进电动机、伺服电动机和舵机。

3.2.1 直流电动机

1. 直流有刷电动机

1) 结构及原理

直流有刷电动机(见图 3-2-1)的定子(电动机固定部件)上安装有固定的主磁极和电刷,转子上安装有电枢绕组(通常情况下,一根绕成圈状的金属丝叫作螺线管,而在电动机中,绕在齿上的金属丝则叫作绕组、线圈或相)和换向器。

直流有刷电动机是内含电刷装置的将电能转换成机械能的旋转电动机。直流电源的电能通过电刷和换向器进入电枢绕组,产生电枢电流,电枢电流产生的磁场与主磁场相互作用产生电磁转矩,使电动机旋转带动负载。直流有刷电动机具有启动快、制动及时、可在大范围内平滑地调速、控制电路相对简单等特点。由于电刷和换向器的存在,直流有刷电动机的结构复杂,可靠性差,故障多,寿命短,换向火花易产生电磁干扰,维护工作量大。

图 3-2-1 直流有刷电动机

直流有刷电动机工作时,线圈和换向器旋转,磁钢和碳刷不转,线圈电流方向的交替变化是随电动机转动的换向器和电刷来完成的。在电动车行业,直流有刷电动机分高速有刷电动机和低速有刷电动机。

直流有刷电动机有定子和转子两大部分组成,定子上有磁极(绕组式或永磁式),转子有绕组,通电后,转子上也形成磁场(磁极)。定子和转子的磁极之间有一个夹角,在定子磁场和转子磁场(N 极和 S 极之间)的相互吸引下,电动机旋转。改变电刷的位置,就可以改变定子磁极与转子磁极夹角(假设以定子的磁极为夹角的一边,转子的磁极为夹角的另一边,由转子的磁极指向定子的磁极的方向就是电动机的旋转方向)的方向,从而改变电动机的旋转方向。直流有刷电动机结构如图 3-2-2 所示。

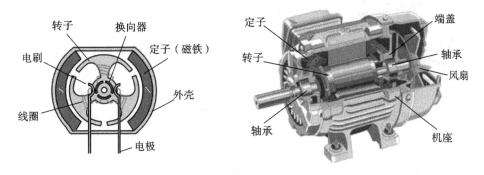

图 3-2-2　直流有刷电动机结构

2）种类

直流有刷电动机的类型根据电动机定子或外壳中磁场的产生方式来划分。根据直流有刷电动机的类型,定子磁场可以由永磁体(永磁体直流有刷电动机)或定子中的绕组产生。对于后一种情况,定子绕组与转子绕组可以是并行、串行或混合方式连接。采用这三种连接方式的直流有刷电动机分别称为并激直流有刷电动机、串激直流有刷电动机和复激直流有刷电动机。

（1）永磁体直流有刷电动机。永磁体直流有刷(permanent magnet brushed direct current,PMDC)电动机是世界上最常见的电动机。这类电动机使用永磁体产生定子磁场。PMDC 电动机中的永磁体通常也应用在分马力电动机中,这是因为永磁体比绕组定子具有更高的成本效益。PMDC 电动机的缺点是永磁体的磁性会随着时间的推移逐渐衰退。某些 PMDC 电动机的永磁体上还绕有绕组,以防止磁性丢失的情况发生。由 PMDC 电动机的性能曲线(电压与速度关系曲线)可推知电流与转矩呈线性关系,且定子磁场是恒定的,所以这类电动机对电压变化的响应非常快。

（2）并激直流有刷电动机。并激直流有刷(shunt-wound brushed direct current,SHWDC)电动机的励磁线圈与电枢并联,励磁线圈中的电流与电枢中的电流相互独立,因此,这类电动机具有卓越的速度控制能力。SHWDC 电动机通常用在需要输出功率≥5 马力(1 马力约等于3 677瓦)的应用中。在 SHWDC 电动机中,不会出现磁性丢失的问题,因此此类电动机通常比PMDC 电动机更加可靠。

（3）串激直流有刷电动机。串激直流有刷(series-wound brushed direct current,SWDC)电动机的励磁线圈与电枢串联。由于定子和电枢中的电流均随负载的增加而增加,这类电动机是大转矩应用的理想之选。SWDC 电动机的缺点是,它不能像 PMDC 电动机和 SHWDC 电动机那样对速度进行精确控制。

（4）复激直流有刷电动机。复激直流有刷(compound-wound direct current,CWDC)电动机是并激直流有刷电动机和串激直流有刷电动机的结合体。CWDC 电动机可产生串激和并激两种磁场,此类电动机综合了 SWDC 电动机和 SHWDC 电动机的性能,它具有比 SWDC 电动机更大的转矩,又能提供比 SHWDC 电动机更佳的速度控制。

2. 直流无刷电动机

直流无刷电动机(见图 3-2-3)由电动机主体和驱动器组成,是一种典型的机电一体化产品。

由于直流无刷电动机是以自控式运行的,所以不会像变频调速下重载启动的同步电动机那样在转子上另加启动绕组,也不会在负载突变时产生振荡和失步。

图 3-2-3　直流无刷电动机

直流无刷电动机由永磁体转子、多极定子绕组、位置传感器等组成。位置传感器按转子位置的变化,沿着一定次序对定子绕组的电流进行换流(即检测转子磁极相对定子绕组的位置,并在确定的位置产生位置传感信号,经信号转换电路处理后去控制功率开关电路,按一定的逻辑关系进行绕组电流切换)。定子绕组的工作电压由位置传感器输出控制的电子开关电路提供。

直流无刷电动机的定子绕组多做成三相对称星形接法,同三相异步电动机十分相似。电动机的转子上粘有已充磁的永磁体,为了检测电动机转子的极性,在电动机内装有位置传感器。驱动器由功率电子器件和集成电路等构成,其功能是:接受电动机的启动、停止、制动信号,以控制电动机的启动、停止和制动;接受位置传感器信号和正反转信号,用来控制逆变桥各功率管的通断,产生连续转矩;接受速度指令和速度反馈信号,用来控制和调整转速;提供保护和显示,等等。直流无刷电动机结构如图 3-2-4 所示。

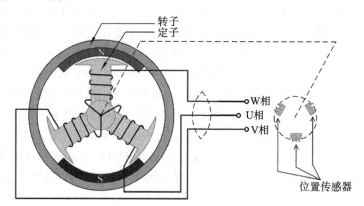

图 3-2-4　直流无刷电动机结构

位置传感器有磁敏式、光电式和电磁式三种类型。

采用磁敏式位置传感器的直流无刷电动机,其磁敏传感器件(如霍尔元件、磁敏二极管、磁敏三极管、磁敏电阻器或专用集成电路等)装在定子组件上,用来检测永磁体、转子旋转时产生的磁场变化。

采用光电式位置传感器的直流无刷电动机,在定子组件上按一定位置配置了光电传感器件,转子上装有遮光板,光源为发光二极管或小灯泡。转子旋转时,由于遮光板的作用,定子上的光敏元器件将会按一定频率间歇产生脉冲信号。

采用电磁式位置传感器的直流无刷电动机,是在定子组件上安装有电磁传感器部件(如耦合变压器、接近开关、LC 谐振电路等),当永磁体转子位置发生变化时,电磁效应将使电磁传感器产生高频调制信号(其幅值随转子位置而变化)。

直流无刷电动机是采用半导体开关器件来实现电子换向的,即用电子开关器件代替传统的接触式换向器和电刷。它具有可靠性高、无换向火花、机械噪声低等优点,广泛应用于高档录音设备、录像机、电子仪器及自动化办公设备中。

3. 直流有刷电动机与直流无刷电动机特点比较

1）直流有刷电动机特点

（1）摩擦大，损耗大。直流有刷电动机摩擦大、损耗大，使用一段时间以后，需要打开电动机来清理电动机的碳刷，费时费力。

（2）易发热，寿命短。直流有刷电动机的结构中电刷和换向器的接触电阻很大，导致电动机整体电阻较大，容易发热，而永磁体是热敏元件，如果温度太高，磁钢会退磁，从而使电动机性能下降，进而影响电动机的寿命。

（3）效率低，输出功率小。直流有刷电动机的发热问题，很大程度是因为电流在电动机内部电阻上做功了，电能有很大一部分转化为热能，又因为存在这样的电能损耗，所以直流有刷电动机的输出功率不大，效率也不高。

2）直流无刷电动机特点

（1）无电刷，低干扰。直流无刷电动机去除了电刷，最直接的变化就是没有了直流有刷电动机运转时产生的电火花，这样就极大减少了对遥控无线电设备的干扰。

（2）噪声小，运转顺畅。直流无刷电动机没有了电刷，运转时摩擦力大大减小，运行顺畅，噪声会小许多，这个优点对于模型运行稳定性是一个巨大的支持。

（3）寿命长，维护成本低。少了电刷，直流无刷电动机的磨损主要是在轴承上，从机械角度看，其几乎可当作一种免维护的电动机，只需在必要的时候做一些除尘维护即可。

3.2.2　交流电动机

交流电动机（见图 3-2-5）一般用于闭环控制系统，而步进电动机主要用于开环控制系统。交流电动机一般用于速度和位置精度要求不高的场合。

图 3-2-5　交流电动机

交流电动机的转子是永磁体，线圈绕在定子上，没有电刷。线圈中通交变电流，转子上装有码盘传感器，检测转子所处的位置，根据转子的位置，控制通电方向。由于线圈绕在定子上，可以通过外壳散热，交流电动机可做成大功率电动机。又因为此类电动机没有电刷，免维护，它是目前在工业机器人上应用最多的电动机。

和步进电动机相比，交流电动机有以下优点：

（1）实现了位置、速度和力矩的闭环控制，克服了步进电动机失步问题。

（2）高速性能好，一般额定转速能达到 2 000～3 000 r/min。

（3）抗过载能力强，能承受 3 倍于额定转矩的负载，对于有瞬间负载波动和要求快速启动的场合特别适用。

（4）低速运行平稳，低速运行时不会产生类似步进电动机的步进运行现象。

（5）电动机加减速的动态响应时间短，一般在几十毫秒之内。

（6）发热和噪声明显降低。

3.2.3 步进电动机

1. 概述

步进电动机（见图 3-2-6）是将电脉冲信号转变为角位移或线位移的开环控制电动机，是现代数字程序控制系统中的主要执行元件，应用极为广泛。在非超载的情况下，此类电动机的转速、停止的位置只取决于脉冲信号的频率和脉冲数，而不受负载变化的影响。当步进驱动器接收到一个脉冲信号，它就驱动步进电动机按设定的方向转动一个固定的角度，这一角度称为步距角。步进电动机的旋转是以固定的角度一步一步运行的。可以通过控制脉冲个数来控制角位移量，从而达到准确定位的目的；同时，可以通过控制脉冲频率来控制电动机转动的速度和加速度，从而达到调速的目的。

步进电动机相对于其他控制用途电动机的最大区别是，它接收数字控制信号、电脉冲信号并将其转化成与之相对应的角位移或直线位移，它本身就是一个完成数字模式转化的执行元件，而且它可开环位置控制，输入一个脉冲信号就得到一个规定的位置增量，这样形成的增量位置控制系统与传统的直流控制系统相比，其成本明显减低，几乎不必进行系统调整。步进电动机的角位移量与输入的脉冲个数严格成正比，而且在时间上与脉冲同步，因而只要控制脉冲的数量、频率和电动机绕组的相序，即可获得所需的转角、速度和方向。

图 3-2-6　步进电动机

作为一种控制用的特种电动机，步进电动机无法直接接到直流或交流电源上工作，必须使用专用的驱动电源步进电动机驱动器。在微电子技术，特别是计算机技术发展以前，控制器脉冲信号发生器完全由硬件实现，控制系统采用单独的元件或者集成电路组成控制回路，不仅调试安装复杂，要消耗大量元器件，而且一旦定型，要改变控制方案就一定要重新设计电路，这就使得人们需要针对不同的电动机开发不同的驱动器，开发难度和开发成本都很高，控制难度较大，限制了步进电动机的推广。

由于步进电动机是一个把电脉冲转换成离散的机械运动的装置,具有很好的数据控制特性,因此,计算机成为步进电动机的理想驱动源。随着微电子和计算机技术的发展,软硬件结合的控制方式成为主流,即通过程序产生控制脉冲,驱动硬件电路。单片机可以通过软件来控制步进电动机,更好地挖掘出电动机的潜力,因此,用单片机控制步进电动机已经成为一种必然的趋势,也符合数字化时代的趋势。

2. 主要分类

步进电动机从其结构形式上可分为反应式(variable reluctance,VR)步进电动机、永磁式(permanent magnet,PM)步进电动机、混合式步进电动机(hybrid step motor,HS motor)、单相步进电动机、平面步进电动机等多种类型,在我国所采用的步进电动机中以反应式步进电动机为主。步进电动机的运行性能与控制方式有密切的关系,步进电动机控制系统从其控制方式来看,可以分为以下三类,即开环控制系统、闭环控制系统和半闭环控制系统。半闭环控制系统在实际应用中一般归类于开环或闭环控制系统中。

1)反应式步进电动机

反应式步进电动机的定子上有绕组,转子由软磁材料组成。此类步进电动机结构简单,成本低,步距角小,可达 1.2°,但动态性能差,效率低,发热量大,可靠性难以保证。

2)永磁式步进电动机

永磁式步进电动机的转子用永磁材料制成,转子的极数与定子的极数相同。其特点是动态性能好,输出力矩大,但这种电动机精度差,步矩角大(一般为 7.5°或 15°)。

3)混合式步进电动机

混合式步进电动机综合了反应式步进电动机和永磁式步进电动机的优点,其定子上有多相绕组,转子采用永磁材料,转子和定子上均有多个小齿以提高步矩精度。其特点是输出力矩大,动态性能好,步距角小,但结构复杂,成本相对较高。

按定子上的绕组特征来分,混合式步进电动机共有两相、三相和五相等系列。最受欢迎的是两相混合式步进电动机,其原因是性价比高,配上半步驱动器和细分驱动器后效果良好。两相混合式步进电动机的基本步距角为 1.8°,配上半步驱动器后,步距角减少为 0.9°,配上细分驱动器后其步距角可细分至基本步距角的 1/256(0.007°)。由于摩擦力和制造精度等相关因素影响,实际控制精度略低。同一步进电动机可配不同的细分驱动器以改变精度和效果。

3. 原理

1)工作原理

通常电动机的转子为永磁体,当电流流过定子绕组时,定子绕组产生一矢量磁场。该磁场会带动转子旋转一角度,使得转子的磁场方向与定子的磁场方向一致。当定子的矢量磁场旋转一个角度时,转子也随着该磁场旋转一个角度。每输入一个电脉冲,电动机转动一个角度,即前进一步,它输出的角位移与输入的脉冲数成正比,转速与脉冲频率成正比。改变绕组通电的顺序,电动机就会反转。因此,可用控制脉冲数量、频率及电动机各相绕组的通电顺序来控制步进电动机的转动。步进电动机工作原理如图 3-2-7 所示。

2)发热原理

通常见到的各类电动机,内部都是有铁芯和绕组线圈的。绕组有电阻,通电会产生损耗,损耗与电流的平方和电阻成正比,这就是我们常说的铜损;如果电流不是标准的直流或正弦波,还会产生谐波损耗;铁芯有磁滞涡流效应,在交变磁场中也会产生损耗,其大小与材料、电流、频率、电压有关,这叫铁损。铜损和铁损都会以发热的形式表现出来,从而影响电动机的效率。步

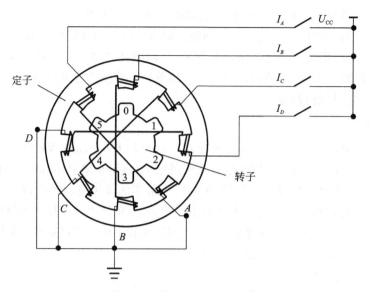

图 3-2-7   步进电动机工作原理

进电动机一般追求定位精度和力矩输出,效率比较低,电流一般比较大,且谐波成分高,电流交变的频率也随转速而变化,因而步进电动机普遍存在发热情况,且发热程度比一般交流电动机严重。

3) 加减速过程控制技术

步进电动机是由一组缠绕在定子齿槽上的线圈驱动的。

步进电动机在启动或加速时如果步进脉冲变化太快,转子由于惯性而跟不上电信号的变化,会产生堵转或失步;在停止或减速时由于同样原因则可能产生超步。为防止堵转、失步和超步,提高工作频率,要对步进电动机进行升降速控制。

步进电动机的转速取决于脉冲频率、转子齿数和拍数,其角速度与脉冲频率成正比,而且在时间上与脉冲同步,因而在转子齿数和运行拍数一定的情况下,只要控制脉冲频率即可获得所需速度。由于步进电动机是借助它的同步力矩而启动的,为了不发生失步,启动频率是不高的。特别是随着功率的增加,转子直径增大,惯量增大,启动频率和最高运行频率之间可能相差十倍之多。

步进电动机的启动频率特性使步进电动机启动时不能直接达到运行频率,而要有一个启动过程,即从一个低的转速逐渐升高到运行转速;停止时运行频率不能立即降为零,而要有一个高速逐渐降低到速度为零的过程。

步进电动机的输出力矩随着脉冲频率的上升而下降,启动频率越高,启动力矩就越小,带动负载的能力就越差,启动时会造成失步,而在停止时又会发生过冲。要使步进电动机快速地达到所要求的速度又不失步或过冲,其关键在于使加速过程中加速度所要求的力矩既能充分利用各个运行频率下步进电动机所提供的力矩,又不能超过这些力矩,因此,步进电动机的运行一般要经过加速、恒速、减速三个阶段,加减速过程要求时间尽量短,恒速运行时间尽量长。特别是在要求快速响应的工作中,从起点到终点运行的时间要求短,这就要求加速、减速的过程必须最短,而恒速时的速度最高。

国内外的科技工作者对步进电动机的速度控制技术进行了大量的研究,建立了多种加减速控制数学模型,如指数模型、线性模型等,并在此基础上设计开发了多种控制电路,改善了步进电动机的运动特性,推广了步进电动机的应用范围指数,针对步进电动机的加减速考虑了步进电动机固有的矩频特性,既能保证步进电动机在运动中不失步,又充分发挥了此类电动机的固有特性,缩短了加减速时间,但因此类电动机负载的变化,很难实现线性加减速(仅考虑电动机在负载能力范围的角速度与脉冲成正比这一关系,以及不因电源电压、负载环境的波动而变化的特性)。这种加速方法的加速度是恒定的,其缺点是未充分考虑步进电动机输出力矩随速度变化的特性,步进电动机在高速运行时会发生失步。

4. 特性

(1)一般步进电动机的精度为步距角的 $3\%\sim5\%$,且不累积。

(2)步进电动机外表允许的最高温度与其所使用的磁性材料相关。

步进电动机温度过高首先会使电动机的磁性材料退磁,从而导致力矩下降乃至失步,因此,此类电动机外表允许的最高温度应取决于不同电动机磁性材料的退磁点温度。一般来讲,磁性材料的退磁点温度在 130 ℃以上,有的甚至高达 200 ℃以上,所以,步进电动机外表温度在80~90 ℃完全正常。

(3)步进电动机的力矩会随转速的升高而下降。

当步进电动机转动时,其各相绕组的电感将形成一个反向电动势;转动频率越高,反向电动势越大。在反向电动势的作用下,步进电动机随转动频率(或速度)的增大而相电流减小,从而导致力矩下降。

(4)步进电动机低速时可以正常运转,但若高于一定速度就无法启动,并伴有啸叫声。

步进电动机有一个技术参数——空载启动频率,即步进电动机在空载情况下能够正常启动的脉冲频率。如果脉冲频率高于空载启动频率,步进电动机不能正常启动,可能发生失步或堵转。在有负载的情况下,启动频率应更低。如果要使步进电动机达到高速转动,脉冲频率应该有加速过程,即启动频率较低,然后按一定加速度升到所希望的高频(电动机转速也从低速升到高速)。

(5)步进电动机必须加驱动才可以运转,驱动信号必须为脉冲信号。没有脉冲信号的时候,步进电动机静止;如果加入适当的脉冲信号,电动机就会以一定的角度转动。转动的速度和脉冲的频率成正比。

(6)三相步进电动机的步进角度为 7.5°,一周为 360°,需要 48 个脉冲完成。

(7)步进电动机具有瞬间启动和急速停止的优越特性。

(8)改变脉冲的顺序,可以方便地改变转动的方向。

因此,打印机、绘图仪、工业机器人等设备都以步进电动机为动力核心。

3.2.4 伺服电动机

1. 概述

伺服电动机(servo motor,见图 3-2-8)是指在伺服系统中控制机械元件运转的电动机,是一种补助马达间接变速装置。

伺服电动机可使速度、位置的控制精度非常高,可以将电压信号转化为转矩和转速以驱动控制对象。伺服电动机转子转速受输入信号控制,并能快速反应,在自动控制系统中,可用作执行元件,且具有机电时间常数小、线性度高、始动电压小等特性,可把所收到的电信号转换成电动机轴上的角位移或角速度输出。其主要特点是,当信号电压为零时无自转现象,转速随着转矩的增加而匀速下降。

图 3-2-8 伺服电动机

2. 构成及原理

伺服系统(servo mechanism)是使物体的方位、状态等输出被控量能够跟随输入目标(或给定值)任意变化的自动控制系统。伺服电动机主要靠脉冲来定位,基本上可以这样理解,伺服电动机接收到 1 个脉冲,就会旋转 1 个脉冲对应的角度,从而实现位移;同时,伺服电动机本身具备发出脉冲的功能,所以伺服电动机每旋转一个角度,都会发出对应数量的脉冲,这样就和伺服电动机接收到的脉冲形成了呼应,或者叫闭环,如此一来,伺服系统就会知道发了多少脉冲给伺服电动机,同时又收了多少脉冲回来,从而能够很精确地控制此类电动机的转动,实现精确定位,定位精度可以达到 0.001 mm。

伺服电动机结构如图 3-2-9 所示。输入轴上装有玻璃制成的编码圆盘,圆盘上印刷有能够遮挡光线的黑色条纹,圆盘两侧有光源和受光元件,光源和受光元件中间有一个分度尺。圆盘转动时,编码圆盘上透明的地方光会通过,黑色条纹处光就会挡住。受光元件将光的有无转换为电信号后就成为脉冲(反馈脉冲)。编码圆盘上条纹的密度=伺服电动机的分辨率(即每转的脉冲数)。根据黑色条纹可以掌握编码圆盘的转动量,同时,表示转动量的条纹中还有表示转动方向的条纹及表示每转基准(零点)的条纹,此脉冲每转输出一次,反馈的信号叫作零点信号。根据这三种条纹,即可掌握圆盘(亦即伺服电动机)的位置、转动量和转动方向。

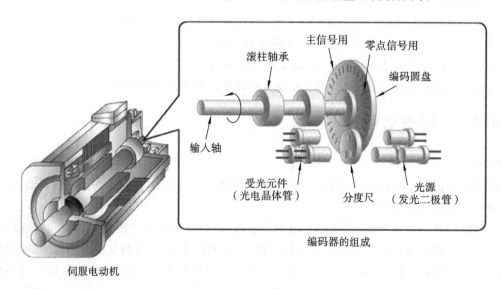

图 3-2-9 伺服电动机结构

3．分类

伺服电动机可分为直流和交流两大类。

（1）直流伺服电动机分为有刷和无刷两种。

直流伺服有刷电动机成本低，结构简单，启动转矩大，调速范围宽，控制容易，需要维护，但维护不方便（换碳刷），会产生电磁干扰，对环境有要求，因此，它可以用于对成本敏感的普通工业和民用场合。

直流伺服无刷电动机体积小，重量轻，出力大，响应快，速度高，惯量小，转动平滑，力矩稳定，控制复杂，容易实现智能化，其电子换相方式灵活，可以采用方波换相或正弦波换相。此类电动机免维护，效率很高，运行温度低，电磁辐射很小，寿命长，可用于各种环境。

（2）交流伺服电动机为无刷电动机，分为同步和异步两种，目前运动控制中一般都用同步电动机，它的功率范围大，可以输出很大的功率，惯量大，最高转动速度低，且可随着功率增大而快速降低，因而适合低速平稳运行的应用。

交流伺服电动机内部的转子是永磁体，驱动器控制的 U、V、W 三相电流形成电磁场，转子在此磁场的作用下转动，同时此类电动机自带的编码器反馈信号给驱动器，驱动器将反馈值与目标值进行比较，调整转子转动的角度。此类伺服电动机的精度决定于编码器的精度（线数）。

交流伺服电动机和直流伺服无刷电动机在功能上的区别：前者更方便控制，因为其采用正弦波控制，转矩脉动小；后者使用的是梯形波，结构比较简单，价格便宜。

4．性能及应用

1）伺服电动机与步进电动机的性能比较

步进电动机作为一种开环控制的系统，和现代数字控制技术有着本质的联系。在目前国内的数字控制系统中，步进电动机应用十分广泛。随着全数字式交流伺服系统的出现，交流伺服电动机越来越多地应用于数字控制系统中。为了适应数字控制的发展趋势，运动控制系统中大多采用步进电动机或全数字式交流伺服电动机作为执行电动机。虽然两者在控制方式上相似（脉冲串和方向信号），但它们在使用性能和应用场合上存在着较大的差异。

（1）控制精度不同。

两相混合式步进电动机步距角一般为 $1.8°$、$0.9°$，五相混合式步进电动机步距角一般为 $0.72°$、$0.36°$，也有一些高性能的步进电动机通过细分后步距角更小。例如，三洋公司生产的两相混合式步进电动机，其步距角可通过拨码开关设置为 $1.8°$、$0.9°$、$0.72°$、$0.36°$、$0.18°$、$0.09°$、$0.072°$、$0.036°$，兼容了两相和五相混合式步进电动机的步距角。

交流伺服电动机的控制精度由电动机轴后端的旋转编码器保证。以三洋全数字式交流伺服电动机为例，对于带标准 2 000 线编码器的电动机而言，由于驱动器内部采用了四倍频技术，其脉冲当量为 $360°÷8\,000＝0.045°$；对于带 17 位编码器的电动机而言，驱动器每接收 131 072 个脉冲，电动机转一圈，即其脉冲当量为 $360°÷131\,072＝0.002\,746\,6°$，约是步距角为 $1.8°$ 的步进电动机的脉冲当量的 1/655。

（2）低频特性不同。

步进电动机在低速时易出现低频振动现象。振动频率与负载情况和驱动器性能有关，一般认为振动频率为电动机空载起跳频率的一半。这种由步进电动机的工作原理所决定的低频振动现象对于机器的正常运转非常不利。当步进电动机低速工作时，一般应采用阻尼技术来克服低频振动现象，比如在电动机上加阻尼器，或在驱动器上采用细分技术等。

交流伺服电动机运转非常平稳，即使在低速时也不会出现振动现象。交流伺服系统具有共振抑制功能,可弥补机械刚性不足的缺陷,并且系统内部具有频率解析机能,可检测出机械的共振点,便于系统调整。

(3)矩频特性不同。

步进电动机的输出力矩随转速升高而下降,且在较高转速时会急剧下降,所以其最高工作转速一般在 300~600 r/min。

交流伺服电动机为恒力矩输出,即在其额定转速(一般为 2 000 r/min 或 3 000 r/min)以内,都能输出额定转矩,在额定转速以上为恒功率输出。

(4)过载能力不同。

步进电动机一般不具有过载能力。

交流伺服电动机具有较强的过载能力。以三洋交流伺服系统为例,它具有速度过载和转矩过载能力,其最大转矩为额定转矩的二到三倍,可用于克服惯性负载在启动瞬间的惯性力矩。

步进电动机因为没有这种过载能力,在选型时为了克服这种惯性力矩,往往需要选取较大转矩的电动机,而机器在正常工作期间又不需要那么大的转矩,便出现了力矩浪费的现象。

(5)运行性能不同。

步进电动机的控制为开环控制,启动频率过高或负载过大易出现失步或堵转的现象,停止时转速过高易出现过冲的现象,所以,为保证其控制精度,应处理好升降速问题。

交流伺服驱动系统为闭环控制,驱动器可直接对电动机编码器反馈信号进行采样,内部构成位置环和速度环,一般不会出现与步进电动机类似的失步或过冲的现象,控制性能更为可靠。

(6)速度响应性能不同。

步进电动机从静止至加速到工作转速(一般为每分钟几百转)需要 200~400 ms。

交流伺服系统的加速性能较好,以山洋 400 W 交流伺服电动机为例,其从静止至加速到额定转速 3 000 r/min 仅需几毫秒,可用于要求快速启停控制的场合。

2)伺服电动机的优点

伺服电动机和其他电动机(如步进电动机)相比有以下优点:

(1)精度:实现了位置、速度和力矩的闭环控制;克服了步进电动机失步的问题。

(2)转速:高速性能好,一般额定转速能达到 2 000~3 000 r/min。

(3)适应性:抗过载能力强,能承受三倍于额定转矩的负载,对有瞬间负载波动和要求快速启动的场合特别适用。

(4)稳定:低速运行平稳,低速运行时不会产生类似于步进电动机的步进运行现象,适用于有高速响应要求的场合。

(5)及时性:电动机加减速的动态响应时间短,一般在几十毫秒之内。

(6)舒适性:发热量和噪声明显较小。

普通电动机断电后还会因为自身的惯性再转一会儿,然后停下,而伺服电动机和步进电动机是说停就停、说走就走,反应极快,但步进电动机存在失步现象。

伺服电动机的应用领域十分广阔,只要是要有动力源的,而且对精度有要求的,一般都可以考虑采用伺服电动机,如应用于机床、印刷设备、包装设备、纺织设备、激光加工设备、机器人、自动化生产线等对工艺精度、加工效率和工作可靠性等要求相对较高的场合。

3.2.5 舵机

1. 概述

舵机是指在自动驾驶仪中操纵飞机(或船舶)舵面(操纵面)转动的一种执行部件,是一种位置（角度）伺服的驱动器，适用于需要角度不断变化并可以保持的控制系统，如人形机器人的手臂和腿，车模和航模的方向控制，目前，在高档遥控玩具（如飞机、潜艇模型，遥控机器人）中已经得到普遍应用。

舵机在许多工程上都有应用，不仅限于船舶。在航天方面，舵机应用广泛，导弹姿态变换的俯仰、偏航、滚转运动都是靠舵机相互配合完成的。常见舵机如图 3-2-10 所示。

图 3-2-10　常见舵机

2. 结构及原理

舵机主要是由外壳、电路板、驱动电动机、减速器与位置检测元件等所构成。其工作原理是由接收机发出信号给舵机，电路板上的 IC 驱动无核心电动机开始转动，通过减速齿轮将动力传至摆臂，同时由位置检测元件送回信号，判断是否已经到达定位。位置检测元件其实就是可变电阻，当舵机转动时其电阻值也会随之改变，检测电阻值便可知转动的角度。一般的伺服电动机是将细铜线缠绕在三极转子上，当电流流经线圈时便会产生磁场，与转子外围的磁铁产生排斥作用，进而产生转动的作用力。依据物理学原理，物体的转动惯量与质量成正比，因此，要转动质量越大的物体，所需的作用力也越大。舵机为求转速快、耗电小，将细铜线缠绕成极薄的中空圆柱体，形成一个重量极轻的无极中空转子，并将磁铁置于圆柱体内，从而形成空心杯电动机。

舵机结构如图 3-2-11 所示，其工作原理如图 3-2-12 所示。

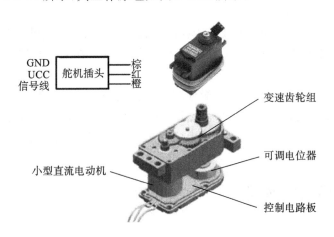

图 3-2-11　舵机结构

为了适应不同的工作环境，有防水及防尘设计的舵机；为了满足不同的负载需求，舵机的齿轮有塑胶及金属之分，具有金属齿轮的舵机一般为大扭力、高速型，其齿轮不会因负载过大而崩

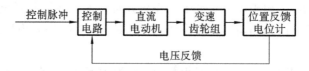

图 3-2-12 舵机工作原理

齿。较高级的舵机会装置滚珠轴承,使轴承转动时能更轻快精准。滚珠轴承有一颗及两颗的区别,两颗的比较好。目前新推出的 FET(field effect transistor,场效晶体管)舵机具有内阻低的优点,因此电流损耗比一般晶体管少。

3.类型

舵机分为:①电动舵机,由电动机、传动部件和离合器组成,接受自动驾驶仪的指令信号而工作,如人工驾驶飞机时,由于离合器保持脱开而传动部件不发生作用;②液压舵机,由液压作动器和旁通活门组成,如人工驾驶飞机时,旁通活门打开,由于作动器活塞两边的液压互相连通而不妨害人工操作;③电动液压舵机,简称电液舵机。

船用舵机目前多用电液舵机,即液压设备由电动设备进行遥控操作。船用电液舵机又有两种类型:一种是往复柱塞式舵机,其原理是通过高低压油的转换而做功产生直线运动,并将直线运动通过舵柄转换成旋转运动;另一种是转叶式舵机,其原理是高低压油直接作用于转子,这种舵机体积小而高效,但成本较高。这两类舵机的差别:往复柱塞式舵机以上舵承来承重,下舵承来定位,舵柄的压入量仅为几毫米,而转叶式舵机不需要上舵承,由舵机直接承重,但是在舵机平台需要考虑水密性,舵柄的压入量需为几十毫米;往复柱塞式舵机对尺寸的要求较大;往复柱塞式舵机可以向一舷偏转不到 40°,转叶式舵机可达 70°。

电液舵机的液压系统的作用是高低压转换,将压力损失转化为机械运动。液压系统包括高压泵组(提供压力油),控制、操作设备以及执行机构(油马达、油缸柱塞等)。

◀ 3.3 传感器(传感系统) ▶

传感系统主要由传感器组成。

近年来,高速发展的经济和工业技术为我国传感器技术的发展提供了良好的条件。与此同时,我国的传感器技术在工业发展中的应用较为滞后,尤其是在工业机器人中的应用存在不足且这一现象日益突出。要想推进信息处理技术、微处理器和计算机技术高速发展,需要在传感器的开发方面有相应的进展作为支撑。微处理器现在已经在测量和控制系统中得到了广泛的应用。随着这些系统能力的增强,作为信息采集系统的前端单元,传感器的作用越来越重要。传感器已成为自动化系统和工业机器人技术中的关键部件,作为系统中的一个结构组成,其重要性变得越来越明显。

3.3.1 传感器的概述

1.定义

传感器是一种检测装置,能检测到被测量的信息(如位移、力、加速度、温度等),并能将测量到的信息按一定规律变换成电信号或其他所需形式的信息输出,以满足信息的传输、处理、存储、显示、记录和控制等要求。

从广义上来说,传感器是一种能把物理量或化学量转变成便于利用的电信号的器件,国际电工委员会将其定义为测量系统中的一种前置部件,认为它可将输入变量转换成可供测量的信号。也有学者认为,传感器是包括承载体和电路连接的敏感元件,而传感系统则是有某种信息处理(模拟信号处理或数字信号处理)能力的传感器的组合。传感器是传感系统的一个组成部分,它是被测量信号输入的第一道关口。

传感器一般由敏感元件、转换元件、变换电路和辅助电源四部分组成。敏感元件直接感受被测量信息,并输出与被测量信息有一定关系的物理量信号,可将某种不便测量的物理量转换为易于测量的物理量;转换元件将敏感元件输出的物理量信号转换为适于传输或测量的电信号;变换电路负责对转换元件输出的电信号进行放大调制,使传感器的信号输出符合具体系统的要求;转换元件和变换电路一般需要辅助电源供电。

2. 分类

传感器的种类很多,其分类如表 3-3-1 所示。

表 3-3-1　传感器的分类

分 类 依 据	类 型	说 明
基本效应	物理型、化学型及生物型	分别以转换中的物理效应、化学效应等命名
构成原理	结构型	以转换元件结构参数变化实现信号的转换
	物性型	以转换元件物理特性变化实现信号的转换
输入量	角度、位移、压力、温度、加速度等	以被测量信息(即用途)分类
工作原理	电阻式、热电式、光电式等	以传感器转换信号的工作原理命名
能量关系	能量转换型(自然型)	传感器输出量直接由被测量能量转换而得
	能量转换型(外源型)	传感器输出量由外源供给,但受被测输入量控制
输出信号形式	模拟式	输出模拟信号
	数字式	输出数字信号

另外,根据工业机器人的组成结构来分类,工业机器人的传感器可以分为工业机器人感受系统传感器和工业机器人与环境交互系统传感器。所谓工业机器人感受系统,即工业机器人内部状态和外部环境状态中有关信息的获取系统;所谓工业机器人与环境交互系统,即工业机器人与外部环境中的设备相互传递信息的系统。

根据检测对象来分类,工业机器人的传感器分为内部状态传感器和外部状态传感器。内部状态传感器是工业机器人感知自己本身内部状态的传感器,是工业机器人用来调整并控制其自身行动的传感器,主要通过检测自身的坐标轴来确定其位置。工业机器人的内部状态传感器一般由位置、加速度、速度及压力传感器组成。工业机器人的外部状态传感器主要用来感知外部环境、目标位置等状态信息,并且对环境有自校正和自适应能力。工业机器人的外部状态传感器一般包括触觉传感器、接近觉传感器、视觉传感器、听觉传感器、味觉传感器等。

根据安装位置来分类,工业机器人的传感器可分为外部安装传感器和内部安装传感器。外部安装传感器是工业机器人利用视觉或触觉等对外界进行感知的部件,其不包括在工业机器人控制器的内部部件中;内部安装传感器则装入工业机器人内部,如旋转编码器等,属于工业机器人内部控制器的一部分。

工业机器人的传感器总体上可以分成两大类,即内部传感器和外部传感器,如图 3-3-1 所示。

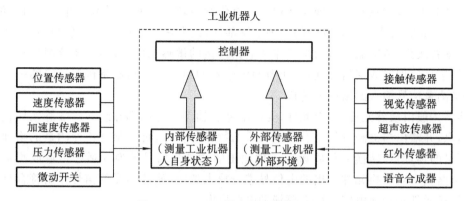

图 3-3-1　工业机器人传感器的两大类

3. 性能指标

为评价或选择传感器,通常需要确定传感器的性能指标。传感器一般有以下几个性能指标。

1）灵敏度

灵敏度是指传感器的输出信号达到稳定时,输出信号变化与输入信号变化的比值。假如传感器信号的输出和输入呈线性关系,其灵敏度可表示为

$$s = \frac{\Delta y}{\Delta x} \tag{3-3-1}$$

式中:s 为传感器的灵敏度;Δy 为传感器输出信号的增量;Δx 为传感器输入信号的增量。

假设传感器信号的输出与输入呈非线性关系,其灵敏度就是传感器输出与输入关系曲线的导数。传感器输出量的量纲和输入量的量纲不一定相同。若输出和输入具有相同的量纲,则传感器的灵敏度也称为放大倍数。一般来说,传感器的灵敏度越高越好,这样可以使传感器的输出信号精确度更高。但是,过高的灵敏度有时会导致传感器的输出信号稳定性下降,所以应该根据工业机器人的要求选择适中的传感器灵敏度。

2）线性度

线性度是指传感器输出信号与输入信号之间的线性程度。假设传感器的输出信号为 y,输入信号为 x,则 y 与 x 的关系可表示为

$$y = bx \tag{3-3-2}$$

若 b 为常数,或者近似为常数,则传感器的线性度较高;如果 b 是一个变化较大的量,则传感器的线性度较低。工业机器人控制系统应该选用线性度较高的传感器。实际上,只有在少数情况下,传感器的输出信号和输入信号才呈线性关系。在大多数情况下,b 都是 x 的函数,即

$$b = f(x) = a_0 + a_1 x_1 + a_2 x_2 + \cdots + a_n x_n \tag{3-3-3}$$

如果传感器的输入量变化不太大,且 $a_1, a_2, \cdots, a_n$ 都远小于 a_0,那么可以近似地把传感器的输出信号和输入信号看成具有线性关系。常用的线性化方法有割线法、最小二乘法、最小误差法等。

3）测量范围

测量范围是指被测物理量的最大允许值和最小允许值之差。一般要求传感器的测量范围必须覆盖工业机器人有关被测物理量的工作范围。如果无法达到这一要求,可以选用某些转换装置,但这样会引入误差,使传感器的测量精度受到一定的影响。

4）精度

精度是指传感器的测量输出值与实际被测量值之间的误差。在工业机器人系统设计中，应该根据系统的工作精度要求选择合适的传感器精度。应该注意传感器精度的使用条件和测量方法。使用条件应包括工业机器人所有可能的工作条件，如不同的温度、湿度、运动速度、加速度以及在可能范围内的各种负载作用等。用于检测传感器精度的测量仪器必须具有比传感器高一级的精度，进行精度测试时也需要考虑最坏的工作条件。

5）重复性

重复性是指传感器在对输入信号按同一方式进行全量程连续多次测量时，相应测试结果的变化程度。测试结果的变化越小，传感器的测量误差就越小，重复性越高。对于多数传感器来说，重复性指标优于精度指标，这些传感器的精度不一定很高，但只要温度、湿度、受力条件和其他参数不变，传感器的测量结果也不会有较大变化。同样，对于传感器的重复性也应考虑使用条件和测试方法的问题。对于示教再现型工业机器人，传感器的重复性至关重要，它直接关系到工业机器人能否准确地再现示教轨迹。

6）分辨率

分辨率是指传感器在整个测量范围内所能辨别的被测物理量的最小变化量，或者所能辨别的不同被测量的个数。它辨别的被测物理量最小变化量越小，或被测量个数越多，则分辨率越高；反之，则分辨率越低。无论是示教再现型工业机器人，还是可编程型工业机器人，都对传感器的分辨率有一定的要求。传感器的分辨率直接影响工业机器人的可控程度和控制品质。一般需要根据工业机器人的工作任务规定传感器分辨率的最低限度要求。

7）响应时间

响应时间是传感器的动态特性指标，是指传感器的输入信号变化后，其输出信号随之变化并达到一个稳定值所需要的时间。在某些传感器中，输出信号在达到某一稳定值前会发生短时间的振荡。传感器输出信号的振荡对于工业机器人控制系统来说非常不利，它有时可能会造成一个虚设位置，影响工业机器人的控制精度和工作精度。传感器的响应时间越短越好。响应时间的计算应当以输入信号开始变化的时刻为起始点，以输出信号达到稳定值的时刻为终点。实际上，还需要规定一个稳定值范围，只要输出信号的变化不再超出此范围，即可认定它已经达到稳定值。在具体系统的设计中，还应规定响应时间容许上限。

8）抗干扰能力

工业机器人的工作环境是多种多样的，在有些情况下可能相当恶劣，因此，对于工业机器人用传感器必须考虑其抗干扰能力。由于传感器输出信号的稳定是控制系统稳定工作的前提，为防止工业机器人做出意外动作或发生故障，设计传感器系统时必须采用可靠性设计技术。

通常抗干扰能力是通过单位时间内发生故障的概率来定义的，因此，它是一个统计指标。在选择工业机器人传感器时，需要根据实际工况、检测精度、控制精度等具体要求来确定所用的传感器的各项性能指标，同时还需要考虑工业机器人工作的一些特殊要求，如重复性、稳定性、可靠性、抗干扰性等要求，最终选择性价比较高的传感器。

4. 发展动向

自工业机器人问世以来，其技术的发展大致经历了三个时期，体现在三种不同的工业机器人上。

首先是第一代示教再现型机器人。它不配备任何传感器，一般采用简单的开关控制、示教再现控制和可编程序控制。此类机器人的作业路径或运动参数都需要示教或编程给定，在工作过程中,它无法感知环境的改变而改善自身的性能、品质。

其次是第二代感觉型机器人。此类机器人配备了简单的内外部传感器,能感知自身运行的速度、位置、姿态等物理量,并以这些信息的反馈构成闭环控制,如配备简易的视觉传感器、力觉传感器等简单的外部传感器,因而具有部分适应外部环境的能力。

最后是第三代智能型机器人。此类机器人目前尚处于研究和发展之中,它具有多种外部传感器组成的感觉系统,可通过对外部环境信息的获取、处理,确切地描述外部环境,自主地完成某项任务。一般地,它拥有自主知识库、多信息处理系统,可在结构或半结构化的环境中工作,能根据环境的变化做出对应的决策。但是,我们不得不承认,即使是目前世界上智能最高的工业机器人,它对外部环境变化的适应能力也非常有限,还远远没有达到人们预想的目标。为了解决这一问题,工业机器人研究领域的学者们一方面开发研究工业机器人的各种外部传感器,研究多信息处理系统,使其具有更好的性能和更宽的应用范围;另一方面研究如何将多个传感器得到的信息综合利用,发展多信息处理技术,使工业机器人能更准确、全面、低成本地获取所处环境的信息。由此,组成了工业机器人智能技术中两个最为重要的相关领域,即工业机器人的多感觉系统和多传感信息的集成与融合(multi-sensor integration and fusion)。

总体来说,传感器有如下发展趋势:

(1) 研发新型传感器。新型传感器是指:①采用新原理的传感器;②填补空白的传感器;③仿生传感器等。

(2) 开发新材料。传感器材料是传感器技术的重要基础,由于材料科学的进步,人们在制造时,可任意控制它们的成分,从而设计制造出用于各种传感器的功能材料。用复杂材料来制造性能更加良好的传感器是今后的发展方向之一。新型传感器材料有半导体敏感材料、陶瓷材料、磁性材料、智能材料等。

(3) 采用新工艺。新型传感器发展离不开新工艺的采用。新工艺的含义很广,这里主要指与发展新型传感器联系特别密切的微细加工技术,该技术又称微机械加工技术,是近年来随着集成电路工艺发展起来的,它是将离子束、电子束、分子束、激光束和化学刻蚀等用于微电子加工的技术,目前已越来越多地用于传感器领域。

(4) 面向集成化、多功能化。为同时测量几种不同的物理量,可将几种不同的传感元件复合在一起,做成集成块。把多个功能不同的传感元件集成在一起,除可同时进行多种物理量的测量外,还可对测量结果进行综合处理和评价,可反映出被测系统的整体状态。

(5) 面向智能化发展。智能传感器是传感器技术与大规模集成电路技术相结合的产物,它的实现取决于传感技术与半导体集成化工艺水平的提高与发展。这类传感器具有多功能、高性能、体积小、适宜大批量生产和使用方便等优点,是传感器重要的发展方向之一。

3.3.2　内部传感器

内部传感器以工业机器人本身的坐标轴来确定其位置,安装在工业机器人本体中,用来感知工业机器人自己的状态,以调整和控制工业机器人的行动。内部传感器通常由位置传感器、位移传感器、角度传感器、速度传感器、姿态传感器等组成。

1. 位置传感器

位置传感器用来检测位置,它能感受被测物的位置并将位置信息转换成可用输出信号。

常用的位置传感器有接触式和接近式两种。接触式传感器的触头由两个物体接触挤压而动作,常见的有行程开关等。接近式传感器即接近开关,当物体与其接近到设定距离时,此类传感器就可以发出动作信号,它无须和物体直接接触,动作可靠,性能稳定,频率响应快,应用寿命长,抗干扰能力强,并具有防水、防震、耐腐蚀等优点。接近开关有很多种类,主要有电磁式、光电式、差动变压器式、涡流式、电容式、干簧管、霍尔式等。

1) 行程开关

行程开关利用生产机械运动部件的碰撞使其触头动作来实现接通或分断控制电路,达到一定的控制目的。其原理与按钮类似。当某个物体在运动过程中碰到行程开关时,行程开关内部触头会动作,从而完成控制,如在加工中心的 X、Y、Z 轴方向分别装设行程开关(每轴上装设两个),则可以控制加工时的移动范围。通常,这类开关被用来限制机械运动的位置或行程,使运动机械按一定的位置或行程自动停止、反向运动、变速运动或自动往返运动等。

行程开关按结构形式可分为直动式(按钮式)、滚轮式(旋转式)、微动式和组合式。图 3-3-2 所示为直动式行程开关,图 3-3-3 所示为滚轮式行程开关,图 3-3-4 所示为微动式行程开关。

行程开关具有结构简单、动作可靠、价格低廉的优点。

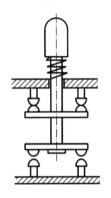   

图 3-3-2　直动式行程开关　　　图 3-3-3　滚轮式行程开关　　　图 3-3-4　微动式行程开关

2) 光电式接近开关

光照射到金属上,引起物质的电子性质发生变化。这类光变致电的现象被人们统称为光电效应,其原理如图 3-3-5 所示。利用光电效应做成的接近开关叫作光电式接近开关。

光电式接近开关的工作原理:将发光器件与光电器件按一定方向装在同一个检测头内,当有反光(被检测物体)接近时,光电器件接收到反射光后便有信号输出,由此便可感知有物体接近。

光电式接近开关由光源、光学通路、光电元件组成。以 TCRT5000 为例,其电路原理如图 3-3-6 所示。光电三极管依据光照的强度控制集电极电流的大小。当无光照射时,光电三极管无电流,T_2 截止,U_{out} 为高电平;当光照达一定强度时,T_2 导通,U_{out} 为低电平。

光电式接近开关的特点:动作可靠,性能稳定,频率响应快,应用寿命长,抗干扰能力强,防水,防震,耐腐蚀等;光学器件和电子器件价格贵,对测量的环境条件要求高,常应用在环境比较好、无粉尘污染的场合。

3) 涡流式接近开关

涡流式接近开关有时也叫电感式接近开关,导电物体在接近这种能产生电磁场的接近开关时,物体内部会产生涡流,涡流反作用到接近开关,使开关内部电路参数发生变化,由此识别出有无导电物体移近,进而控制开关的通或断。这种接近开关所能检测的物体必须是导电体。

涡流式接近开关的工作原理(见图 3-3-7):由电感线圈和电容及晶体管组成振荡器,并产生一个交变磁场,当有导电(金属)物体接近这一磁场时,在金属物体内会产生涡流,从而导致振荡

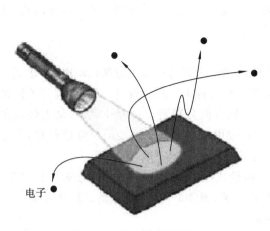

图 3-3-5　光电效应的原理

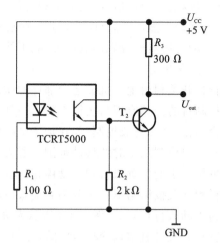

图 3-3-6　TCRT5000 光电式接近开关电路原理

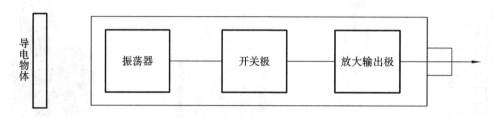

图 3-3-7　涡流式接近开关的工作原理

停止,这种变化被后极放大处理后转换成晶体管开关信号输出。

涡流式接近开关的特点:结构简单,响应频率高,抗干扰性能好,应用范围广;只能感应金属(导电体);适合用于酸类、碱类、氯化物、有机溶剂、液态一氧化碳、氨水、PVC 粉料、灰料、油水界面等液位测量。

涡流式接近开关被广泛应用于各种自动化生产线,机电一体化设备及石油化工、军工、科研等多个领域,在物理实验中也有应用,如制作自动开关门(电路原理如图 3-3-8 所示)、自动计时器(电路原理如图 3-3-9 所示)等。

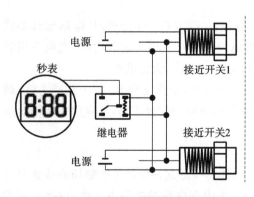

图 3-3-8　自动开关门电路原理

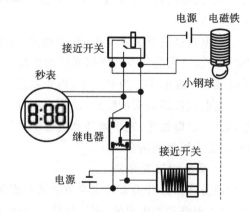

图 3-3-9　自动计时器电路原理

4）电容式接近开关

电容式接近开关检测的对象,不局限于导体,可以是绝缘的液体或粉状物等。电容式接近开关的响应频率低,但稳定性好,安装时需要考虑环境因素的影响。

电容式接近开关亦属于一种具有开关量输出的位置传感器,它的测量头通常是构成电容器的一个极板,而另一个极板是被测物体本身,当物体移向接近开关时,物体和接近开关的介电常数发生变化,使得和测量头相连的电路状态也随之发生变化,由此便可控制开关的接通。电容式接近开关的工作原理如图 3-3-10 所示。

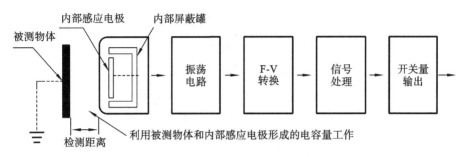

图 3-3-10　电容式接近开关的工作原理

电容式接近开关是一种新型的无触点传感元件,可提供饮料、食品、医药、轻工、家电、化工等领域中机械运行时的行程控制和限位保护,如自动生产线上的物位检查,食品和饮料的包装、分拣,液面控制,物料的计数、测长、测数,等等。此外,它还可以衍生开发多种多样的二次仪器仪表和防盗报警器、水塔水位控制器等。

5）霍尔式接近开关

霍尔式接近开关(简称霍尔开关)属于有源磁电转换器件,它是在霍尔效应原理的基础上,利用集成封装和组装工艺制作而成的,可方便地把磁输入信号转换成实际应用中的电信号,同时又满足工业场合实际应用中对易操作性和可靠性的要求。

霍尔效应于 1879 年被 E. H. 霍尔发现,这种效应和传统的感应效果完全不同,它定义了磁场和感应电压之间的关系。当电流通过一个位于磁场中的导体的时候,磁场会对导体中的电子产生一个垂直于电子运动方向的作用力,从而在导体的两端产生电压差。其原理如图 3-3-11所示。假设导体为一个长方体,厚度为 d,通过导体的电流为 I,磁场强度为 B。霍尔发现电压U_H 与电流 I 和磁场强度 B 成正比,与导体厚度 d 成反比,即

$$U_H = R_H \frac{IB}{d} \tag{3-3-4}$$

式中,R_H 为霍尔系数,它表示该材料产生霍尔效应的能力大小。

霍尔开关的工作原理:霍尔开关的输入端是以磁场强度 B 来表示的。当 B 达到一种程度时,霍尔元件内部的触发电路翻转,霍尔开关的输出电平状态也随之翻转,进而控制开关的通或断。输出端采用晶体管输出,类似有 NPN 型、PNP 型、常开型、常闭型、锁存型(双极性)、双信号型之分。这种接近开关的检测对象必须是磁性物体。安装时要注意磁铁的极性,若将磁铁极性装反,则霍尔开关无法工作。图 3-3-12 所示为霍尔开关内部原理。

霍尔开关不仅具有无触点、无开关瞬态抖动、可靠性强、寿命长等特点,还有很强的负载能力和广泛的功能,特别是在恶劣的环境下,它比目前使用的电感式、电容式、光电式等接近开关具有更强的抗干扰能力。

2. 位移传感器

在生产过程中,位移的测量一般分为实物尺寸测量和机械位移测量两种。按被测变量变换

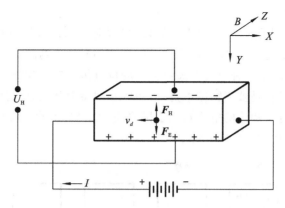

图 3-3-11　霍尔效应原理

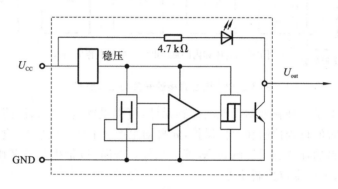

图 3-3-12　霍尔开关内部原理

的形式,位移传感器可分为模拟式和数字式两种。模拟式位移传感器又可分为物理型和结构型两种。常用位移传感器以模拟式结构型居多,包括电位器式位移传感器、电感式位移传感器、自整角机、电容式位移传感器、电涡流式位移传感器、霍尔式位移传感器等。数字式位移传感器的一个重要优点是便于将信号直接输入计算机系统,这种传感器发展迅速,应用日益广泛。

典型的位移传感器是电位器式位移传感器。电位器又称为电位差计,它由一个线绕电阻(或薄膜电阻)和一个滑动触头组成。滑动触头通过机械装置受被测物体位置量的控制。当被测物体位置量发生变化时,滑动触头也发生位移,改变了滑动触头触点与电位器各端之间的电阻值和输出电压值,电位器式传感器就通过输出电压值的变化量,检测工业机器人各关节的位置和位移量。

图 3-3-13 所示是一个电位器式位移传感器示例。在载有物体的工作台或者是工业机器人的另外一个关节的下面有同电阻接触的触点。当工作台或关节左右移动时,滑动触头也随之左右移动,从而改变了与电阻接触的位置。此类传感器检测的是以电阻中心为基准位置的移动距离。

当输入电压为 E,从电阻中心到一端的长度为最大移动距离 L,在滑动触头从中心向左端移动时,假定电阻右侧的输出电压为 e。图 3-3-13 所示的电路中电流一定时,由于电压与电阻的长度成比例,所以左、右电阻的电压比等于电阻长度比,电位器式位移传感器位移和电压关系为

$$x = \frac{L(2e - E)}{E} \tag{3-3-5}$$

式中:x——从中心向左端移动的距离;

E——输入电压；

L——触头从电阻中心到一端的最大移动距离；

e——电阻右侧的输出电压。

3. 角度传感器

把电位器式位移传感器的电阻元件弯成圆弧形，滑动触头的一端固定在圆的中心，另一端在电阻上像时针那样旋转时，电阻值随相应的转角变化，这样就构成了一个简易的角度传感器，这种由电位器式位移传感器转化形成的角度传感器叫作旋转型电位器式角度传感器，如图3-3-14所示。

旋转型电位器式角度传感器由环状电阻器和一个可旋转的电刷共同组成。电流流过电阻器时，形成电压分布。当电压分布与电刷张角成比例时，从电刷上可提取出的电压值也与角度 θ 成比例。

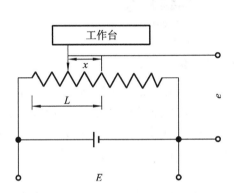

图 3-3-13　电位器式位移传感器示例

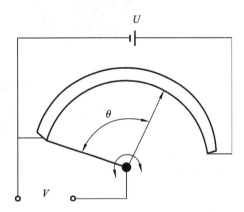

图 3-3-14　旋转型电位器式角度传感器

旋转编码器是目前工业机器人领域应用最多的测量角度的传感器，又称为回转编码器，一般装在工业机器人各关节的转轴上，用来测量各关节转轴的实时角度。旋转编码器把连续输入的转轴的旋转角度进行离散化和量化处理，提供给工业机器人的处理器。

旋转编码器按码盘刻孔方式可分为绝对式、增量式及混合式。旋转角度的现有值用 n bit 的二进制码表示进行输出，这种形式的旋转编码器称为绝对式旋转编码器。需测出的信号是绝对信号时使用此类编码器。每旋转一定角度，就有 1 bit 的脉冲（1 和 0 交替取值）被输出，这种形式的旋转编码器称为增量式（相对值型）旋转编码器。需测出的信号是增量信号时使用增量式旋转编码器。增量式旋转编码器用计数器对脉冲进行累积计算，从而得知旋转的角度。除上述两种编码器外，目前出现了混合式旋转编码器。使用这种编码器时，在确定初始位置时用绝对式；在确定由初始位置开始变动后的精确位置时则用增量式。

旋转编码器按照检测方法、结构及信号转换方式的不同，又可分为光电式、接触式和电磁式等。在工业机器人传感系统中最常用的是光电式。

光电式旋转编码器也有绝对式和增量式两类。

1）绝对式光电旋转编码器

采用绝对式光电旋转编码器可以避免在使用时由于外界的干扰而产生计数错误，并且可以在停电或因故障停车后找到事故前执行部件的正确位置。此类编码器是一种直接编码式的测量元件，它可以直接把被测转角或位移转化成相应的代码，指示的是绝对位置而无绝对误差，在电源切断时不会失去位置信息，但其结构复杂，价格昂贵，且不易做到高精度和高分辨率。

绝对式光电旋转编码器在使用时,可以用一个传感器检测角度和角速度。这种编码器输出的是旋转角度的实时值,所以若对采集的值进行记忆,并计算它与实时值之间的差值,就可以求出角速度。

绝对式光电旋转编码器码盘以二进制或格雷码等形式表示(见图3-3-15),将圆盘分成若干等分,利用光电原理把代表被测位置的各等份上的数码转化成电信号输出以用于检测。

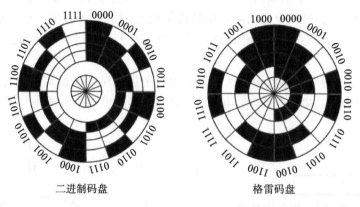

二进制码盘   格雷码盘

图 3-3-15　绝对式光电旋转编码器码盘形式

采用二进制码盘时,在输入轴上的旋转透明圆盘上设置 n 条同心圆环带(码道),对环带上的角度实施二进制编码,并将不透明条纹印制到环带上。当光线照射在圆盘上时,用传感器来读取透过圆盘的 n 个光,读取出 n bit 的二进制码数据。编码器的分辨率由比特数(环带数)决定。例如,12 bit 编码器的分辨率为 $2^{-12}=1/4096$,所以可以有 1/4096 的分辨率,并对 1°转360°进行检测。

绝对式光电旋转编码器对于转轴的每一个位置均产生唯一的二进制编码,因此可用于确定绝对位置。绝对位置的分辨率取决于二进制编码的位数,即码道的个数。目前此类编码器单个码盘可以设置 18 个码道。

二进制码盘使用时,当码盘在两个相邻位置的边缘交替或来回摆动时,由于制造精度和安装质量误差或光电器件的排列误差,将产生编码数据的大幅跳动,导致位置显示和控制失常。例如,从位置 0011 到 0100,若位置失常,就可能得到 0000、0001、0010、0101、0110、0111 等多个码值。所以,普通二进制码盘现在已较少使用,而改为采用格雷码盘。

格雷码为一种循环编码方式,其十进制真值与格雷码值及二进制码值的对照如表 3-3-2 所示。格雷码是非加权码,其特点是相邻两个代码间只有一位数变化,即 0 变 1 或 1 变 0,如果在连续的两个代码中发现代码变化超过一位,就会被认为是非法的数码。通过这种方式,格雷码具有一定的纠错能力。

格雷码是一种可靠的编码方式,也是一种使错误最小化的编码方式。虽然自然二进制码可以直接由数/模转换器转换成模拟信号,但在某些情况下,如十进制真值从 3 转换为 4 时,二进制码的每一位都要变,会使数字电路产生很大的尖峰电流脉冲;格雷码则没有这一缺点,它在相邻位间转换时,只有一位数产生变化,这大大地减少了由一个状态到下一个状态时逻辑的混淆。由于格雷码相邻的两个码值之间只有一位代码不同,在方向的转角位移量—数字量的转换中,当方向的转角位移量发生微小变化而可能引起数字批发生变化时,格雷码仅改变一位,这样与其他编码方式同时改变两位或多位的情况相比更为可靠,即可减少出错的可能性。

表 3-3-2　十进制真值与格雷码值及二进制码值的对照

十进制真值	格雷码值	二进制码值	十进制真值	格雷码值	二进制码值
0	0000	0000	8	1100	1000
1	0001	0001	9	1101	1001
2	0011	0010	10	1111	1010
3	0010	0011	11	1110	1011
4	0110	0100	12	1010	1100
5	0111	0101	13	1011	1101
6	0101	0110	14	1001	1110
7	0100	0111	15	1000	1111

　　绝对式光电旋转编码器的性能取决于光电敏感元件的质量和光源。对于光源来说，一般要求具有较好的可靠性及环境适应性，并且光源的光谱要与光电敏感元件相匹配。当输出信号的强度不足时，可以在输出端接电压放大器。为了减少光及噪声的污染，在光通路中还应加上透镜和狭缝装置。透镜可以使光源发出的光聚集成平行光束，狭缝装置可以使所有轨道的光电敏感元件的敏感区均处于狭缝内。

　　2）增量式光电旋转编码器

　　增量式光电旋转编码器可以测量出转轴相对于基准位置角位移增量的数值，同时可以测量转轴的转速和转向。工业机器人的关节转轴上一般装有增量式光电旋转编码器，用以测量转轴的相对位置。此类编码器用于测量相对于基准位置的相对位置增量，不能够直接检测出转轴的绝对位置信息，所以这种光电编码器一般用于对定位精度要求不高的工业机器人，如喷涂、搬运及码垛机器人等。

　　增量式光电旋转编码器不存在接触磨损，可在高转速下工作，可靠性好，但结构复杂，安装困难。此类编码器工作原理如图 3-3-16 所示。其码盘有三个同心光栅，分别为 A 相光栅、B 相光栅和 C 相光栅，如图 3-3-16(a)所示。A 相光栅和 B 相光栅上布满间隔相等的透明区域和不透明区域，这些区域用来透光和遮光。A 相光栅和 B 相光栅在码盘上互相错开半个区域。当码盘顺时针方向旋转时，A 相光栅比 B 相光栅先透光导通，A 相光栅和 B 相光栅对应的光电元件接受时断时续的光。由于 A 相超前 B 相 90°相位角，即 1/4 个周期，这样得到的信号类似正弦的信号，如图 3-3-16(b)所示。这些信号经过放大整形后成为脉冲数字信号，如图 3-3-16(c)所示。

　　利用 A 相或是 B 相输出的脉冲数量可以确定码盘的相对转角；利用脉冲的频率可以确定码盘的转速；通过 A 相和 B 相输出脉冲的相序就可以确定码盘的转向。C 相一般为标志信号，码盘每旋转一周，标志信号发出一个脉冲，用来作为同步信号。

　　采用增量式光电旋转编码器测量角度时，测量到的是从初始值开始的角度的增量。角度的分辨率由环带上透光和遮光条纹的个数决定。例如，在 360°内能形成 600 个透光和遮光条纹，就称其分辨率为 600 p/r(脉冲/转)。此外，分辨率以 2 的幂乘作为基准，目前在市场上销售的增量式光电旋转编码器分辨率可以达到 2^{11} p/r，即 2 048 p/r。

4. 速度传感器

　　工业机器人自动化技术中，旋转运动速度测量较多，而且直线运动速度也经常通过旋转速度间接测量。在工业机器人行业中主要测量工业机器人关节的运行速度。下面重点以角速度

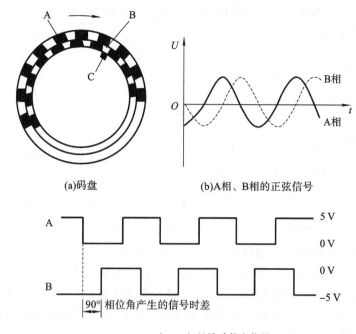

(a)码盘　　　　　　　(b)A相、B相的正弦信号

A　　　　　　　　　　　5 V
　　　　　　　　　　　　0 V
B　　　　　　　　　　　0 V
　　　　　　　　　　　　−5 V

90°相位角产生的信号时差

(c)A相、B相的脉冲数字信号

图 3-3-16　增量式光电旋转编码器工作原理

传感器进行介绍。

目前广泛使用的角速度传感器有测速发电机和增量式光电编码器两种。测速发电机可以把机械转速变换成电压信号,而且输出的电压与输入的转速成正比。增量式光电编码器既可测量增量角位移又可测量瞬时角速度。速度传感器的输出信号一般有模拟和数字两种。

1)测速发电机

测速发电机的输出电动势与转速成比例。改变旋转方向时,输出电动势的极性即相应改变。被测速机构与测速发电机同轴连接时,只要检测出输出电动势,就能获得被测速机构的转速。测速发电机按其构造分为直流测速发电机和交流测速发电机。

直流测速发电机(其结构原理如图 3-3-17 所示)实际上是一种微型直流发电机,按定子磁极的励磁方式分为永磁式和电磁式。永磁式直流测速发电机采用高性能永久磁钢励磁,受温度变化的影响较小,输出变化小,斜率高,线性误差小。这种测速发电机在 20 世纪 80 年代因新型永磁材料的出现而发展较快。电磁式直流测速发电机采用他励式,不仅复杂,且因励磁受电源、环境等因素的影响,输出电压变化较大,用得不多。

交流测速发电机分异步与同步两种。交流异步测速发电机与交流伺服电动机的结构相似,其转子结构有笼型的,也有杯型的,在自动控制系统中多用空心杯转子异步测速发电机。交流同步测速发电机由于输出电压和频率会随转速同时变化,而且不能判别旋转方向,使用不便,在自动控制系统中很少使用。

测速发电机属于模拟式速度传感器,它的工作原理类似小型永磁式直流发电机,都是基于法拉第电磁感应定律,当通过线圈的磁通量恒定时,位于磁场中的线圈旋转,使线圈两端产生的感应电动势与转子线圈的转速成正比,即

$$u = kn \tag{3-3-6}$$

式中:u——测速发电机的输出电压,V;

n——测速发电机的转速,r/min;

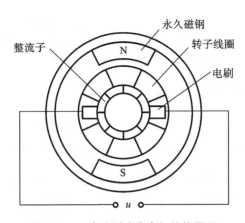

图 3-3-17　直流测速发电机结构原理

k——比例系数。

通过以上分析可以看出,测速发电机的输出电压与转子转速呈线性关系。当直流测速发电机带有负载时,电枢的线圈绕组便会产生电流而使输出电压下降,它们之间的线性关系将被破坏,进而使输出产生误差。为了减少误差,测速发电机应保持负载尽可能小,同时要保持负载的性质不变。

利用测速发电机与工业机器人关节伺服驱动电动机就能测出工业机器人运动过程中的关节转动速度,并且测速发电机能在工业机器人自动系统中作为速度闭环系统的反馈元件,从而形成工业机器人速度闭环控制系统,其原理如图 3-3-18 所示。

测速发电机具有线性度好、灵敏度高、输出信号强等特点,目前检测范围一般为 20~40 r/min,精度为 0.2%~0.5%。

图 3-3-18　工业机器人速度闭环控制系统

2) 增量式光电编码器

增量式光电编码器在工业机器人中既可以作为位置传感器又可作为速度传感器使用:作为位置传感器时可测量关节的相对位置;作为速度传感器时可测量关节移动速度。当增量式光电编码器作为速度传感器时可以在模拟批量方式和数字量方式下使用。

在模拟批量方式下使用增量式光电编码器时,必须有一个频率-电压转换器(F-V 转换器),用来把编码器测得的脉冲频率转换成与速度成正比的模拟信号,其测速原理如图 3-3-19 所示。频率-电压转换器必须有良好的零输入、零输出特性和较小的温度漂移才能满足测试要求。

在数字量方式下使用增量式光电编码器测速是指利用计算机软件通过数学方式计算出速度。由于角速度是转角对时间的一阶导数,如果能测得单位时间 Δt 内此类编码器转过的角度 $\Delta \theta$,则此类编码器在该时间内的平均转速为

$$\omega = \frac{\Delta \theta}{\Delta t} \tag{3-3-7}$$

单位时间取得越短,求得的转速越接近瞬时转速,但是单位时间太短时,此类编码器通过的脉冲数量太少,会导致速度分辨率下降,需要利用数学计算方法来解决。

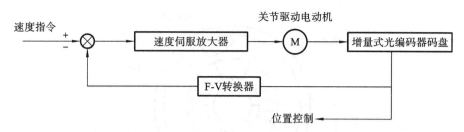

图 3-3-19 模拟批量方式下的增量式光电编码器的测速原理

编码器一定,编码器的每转输出脉冲数就一定,设某一增量式光电编码器的分辨率为 1 000 p/r,则编码器连续输出两个脉冲转过的角度 $\Delta\theta=(2\times2\pi/1\,000)$ rad,而转过该角度的时间增量用图 3-3-20 所示的测量电路测得。测量时利用一高频脉冲源发出连续不断的脉冲,设该脉冲源的周期为 0.1 ms,用一计数器测出编码器发出两个脉冲的时间内高频脉冲源发出的脉冲数。门电路在编码器发出第一个脉冲时开启,发出第二个脉冲时关闭。这样计数器计得的数值就是时间增量内高频脉冲源发出的脉冲数,设该脉冲数为 100,则时间增量为

$$\Delta t=0.1\text{ ms}\times100=10\text{ ms}$$

所以角速度(转速)为

$$\omega=\frac{\Delta\theta}{\Delta t}=\left(\frac{2}{1\,000}\times2\pi\right)\text{rad}/(10\times10^{-3})\text{s}=1.256\text{ rad/s}$$

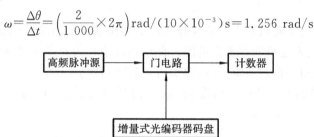

图 3-3-20 时间增量测量电路

5. 姿态传感器

姿态传感器是用来检测工业机器人与地面相对关系的传感器。当工业机器人可以进行自由移动时,如移动工业机器人,需要安装姿态传感器。

姿态传感器一般设置在工业机器人的躯干部分,用来检测移动中的工业机器人的姿态和方位变化,以保持工业机器人的正确姿态,并且实现指令要求的方位。

姿态传感器主要包括加速度传感器和陀螺仪,其中常用陀螺仪,它利用的是高速旋转的转子经常保持其一定姿态的性质。转子通过一个支撑它的被称为万向接头的自由支持机构,安装在工业机器人上。

陀螺仪又分为气体速率陀螺仪、光陀螺仪等。气体速率陀螺仪利用了姿态变化时气流也发生变化这一现象;光陀螺仪则利用了当环路状光相对于惯性空间旋转时,沿这种光径传播的光会因向右旋转而呈现速度变化的现象。

随着工业机器人的高速化和高精度化,由机械运动部分刚性不足所引起的振动问题需要限制。从测量振动的目的出发,加速度传感器日益受到重视。可在工业机器人的各杆件上安装加速度传感器来测量振动加速度,并把它反馈到杆件底部的驱动器上;也可把加速度传感器安装在工业机器人手爪上,对测得的加速度进行数值积分,并加到反馈环节中,以改善工业机器人的性能。下面简单介绍两种加速度传感器。

(1)应变片加速度传感器。由 Ni-Cu 或 Ni-Cr 等金属电阻构成的应变片加速度传感器(见

图 3-3-21)是一个由板簧支撑重锤所构成的振动系统。板簧上、下两面分别贴两个应变片;应变片受振动产生应变,其电阻值的变化通过电桥电路的输出电压被检测出来。除了金属电阻外,Si 或 Ge 半导体压阻元件也可用于此类加速度传感器。半导体应变片的应变系数比金属电阻应变片的高 50~100 倍,灵敏度很高,但温度特性差,需要加补偿电阻。

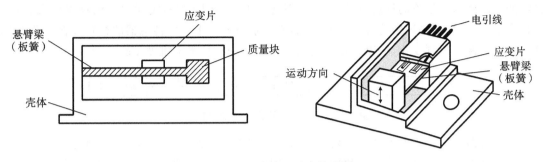

图 3-3-21 应变片加速度传感器

(2) 伺服加速度传感器。伺服加速度传感器能检测出与振动系统质量块(重锤)位移成正比的电流,把电流反馈到恒定磁场中的线圈上,使重锤返回到原来的零位移状态。根据右手定则,得

$$F = ma = Ki \qquad (3\text{-}3\text{-}8)$$

式中:F——电流产生的电磁力,N;

m——重锤的质量,kg;

a——重锤运动的加速度,m/s^2;

K——比例系数;

i——检测出的电流强度,A。

3.3.3 外部传感器

外部传感器主要用来检测工业机器人所处环境及目标状况,从而使工业机器人能够与环境发生交互作用并具有自我校正和自适应能力。工业机器人的外部传感器主要包括视觉传感器、听觉传感器、触觉传感器、力觉传感器、接近觉传感器、距离传感器等。从广义上来看,工业机器人外部传感器就是具有人类五官感知能力的传感器。

1. 视觉传感器

视觉传感器是智能工业机器人最重要的传感器之一。工业机器人通过视觉传感器获取环境的二维图像,并通过视觉处理器进行分析和解释,转换为符号,让工业机器人能够辨识物体,并为特定的任务提供有用的信息,用于引导工业机器人动作。视觉传感器在捕获图像之后,将其与内存中存储的基准图像进行比较,做出分析。

1) 视觉系统的组成

人的眼睛由含有感光细胞的视网膜和作为附属结构的折光系统等部分组成。人眼的适宜刺激是波长 370~740 nm 的电磁波(可见光);在这个可见光范围内,人脑通过接收来自视网膜的传入信息,可以分辨出视网膜成像的不同亮度和色泽,因而可以看清视野内发光物体或反光体的轮廓、形状、颜色、大小、远近和表面细节等情况。自然界形形色色的物体以及文字、图片等,通过视觉系统在人脑中反映。视网膜上有两种感光细胞:视锥细胞,主要感受白天的景象;视杆细胞,感受夜间的景象。人的视锥细胞大约有 700 万个,是听觉细胞的 3 000 多万倍,在各

种感官获取的信息中,视觉约占 90%。同样,对工业机器人来说,视觉传感器也是最重要的传感器。

由于人们生活在一个三维的空间里,工业机器人的视觉也必须能够理解三维空间的信息。工业机器人的视觉处理是使客观世界中三维实物经由传感器(如摄像机)形成平面的二维图像,再经处理部件给出景象的描述,如图 3-3-22 所示。应该指出的是,实际的三维物体形态和特征是相当复杂的,特别是识别的背景千差万别,而工业机器人上视觉传感器的视角又在时刻变化,这会引起图像的时刻变化,所以工业机器人的视觉处理在技术上难度是较大的。

图 3-3-22　工业机器人的视觉处理过程

工业机器人的视觉处理又可以划分为六个主要部分,即传感、预处理、分割、描述、识别、解释。根据这些部分所涉及的方法和技术的复杂性,可将视觉处理归纳为三个处理层次——低层视觉处理、中层视觉处理和高层视觉处理。

一个典型的工业机器人视觉系统由硬件及相关软件组成,如图 3-3-23 所示。

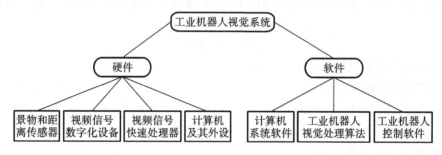

图 3-3-23　工业机器人视觉系统组成

(1) 视觉系统的硬件。

工业机器人视觉系统的硬件由景物和距离传感器、视频信号数字化设备、视频信号快速处理器和计算机及其外设四个部分组成。

景物和距离传感器常用的有摄像机、CCD(电荷耦合元件)图像传感器、超声波传感器和结构光设备等。

视频信号数字化设备的任务是把摄像机或 CCD 输出的信号转化为计算机能够方便计算和分析的数字信号。

视频信号快速处理器是指对视频信号进行实时、快速和并行计算的硬件设备,如数字信号处理器(digital signal processor,DSP)系统。

计算机及其外设主要完成对传输过来的各种信号的处理工作,同时充当设备的控制中心,完成对设备的控制。

(2) 视觉系统的软件。

工业机器人视觉系统的软件由以下三个部分组成。

第一部分,计算机系统软件。不同类型的计算机有不同的操作系统和它所支持的各种语言、数据库等,计算机的操作系统及其语言、数据库统称计算机系统软件。

第二部分,工业机器人视觉信息处理算法,即完成图像预处理、分割和描述等过程的算法。视觉信息处理算法是预先设计好并输入计算机中的。

第三部分,工业机器人控制软件,即控制工业机器人行动的软件系统。

2）视觉传感器的分类

（1）图像传感器。

图像传感器是采用光电转换原理的视觉传感器，是用来将平面光学图像转换为电子信号的器件。图像传感器一般有两个作用：一是把光信号转换为电信号；二是将平面图像上的像素进行点阵取样，并把这些像素按时间取出。

早期的图像传感器采用模拟信号，如摄像管。随着数码技术、半导体制造技术以及网络的迅速发展，跨越各平台的视讯、影音、通信大整合时代到来，图像传感器的发展很迅速，它由光电摄像管、超光电摄像管、正析摄像管、光导摄像管发展出新的 CCD 图像传感器、CMOS 图像传感器等。

新型图像传感器之一是 CCD 图像传感器。CCD(charge-coupled device) 又称为电荷耦合元件，将视觉信息（光信号）转换成电信号。CCD 上植入的微小光敏物质称作像素。一块 CCD 上包含的像素数越多，画面分辨率也就越高。CCD 的作用就像胶片一样，与胶片不同的是，它是把光信号转换成电信号。CCD 上有许多排列整齐的光电二极管，能感应光线，并将光信号转变成电信号，再经外部采样放大及模数转换电路转换成数字图像信号。在空间采样和幅值化后，这些信号就形成了一幅数字图像。

工业机器人视觉使用的主要部件是电视摄像机，它由摄像管或固态成像传感器及相应的电子电路组成。这里以光导摄像管的工作原理为例，因为它是普遍使用的并有代表性的一种摄像管。

光导摄像管表面是一个圆柱形玻璃外壳，内部有电子枪、屏幕及光敏层，如图 3-3-24 所示。加在线圈上的电压将电子束聚焦并使其偏转，偏转电路驱动电子束对光敏层的内表面进行扫描，从而读取图像。

玻璃屏幕的内表面镀有一层透明的金属薄膜，它构成一个电极，视频电信号可从此电极上获得。一层很薄的由一些极小的球状体组成的光敏层附着在金属薄膜上，球状体的电阻反比于光的强度。在光敏层的后面有一个带正电荷的细金属网格，它可使电子枪发射出的电子减速，以接近零的速度到达光敏层。

光电摄像管在正常工作时，将正电压加在屏幕的金属镀膜上。在无光照时，光敏材料呈现绝缘体特性，电子束在光敏层的内表面上形成一个电子层以平衡金属膜上的正电荷；当电子束扫描光敏层内表面时，光敏层就成了一个电容器，其内表面具有负电荷，而另一面具有正电荷。

光投射到光敏层，电阻降低，电子向正电荷方向流动并与之中和。流动的电子电荷的数量正比于投射到光敏层的某个局部区域上的光的强度，其效果是在光敏层表面上形成一幅图像，该图像与摄像管屏幕上的图像亮度相同。也就是说，电子电荷的剩余浓度在暗区较高，而在亮区较低。

电子束再次扫描（扫描方式如图 3-3-25 所示）光敏层表面时，失去的电荷得到补充，这样就会在金属层内形成电流，并可从一个引脚上引出此电流。电流正比于扫描时补充的电子数，因此也正比于电子束扫描处的光强度。经摄像管电子电路放大后，电子束扫描运动时所得到的变化电流便形成了一个正比于输入图像强度的视频信号。

电子束以 25 次/s 的频率扫描光敏层的整个表面，一次完整的扫描称为一帧，包含 625 行，其中的 576 行含有图像信息。若依次对每行进行扫描并将形成的图像显示在监视器上，图像将是抖动的。克服这种现象的办法是将一帧图像分成两个隔行场，每场包含 312.5 行，以两倍帧扫描频率进行扫描，每秒扫描 50 场。每帧的第一场扫描奇数行，第二场扫描偶数行。

还有一种可以获得更高行扫描速率的标准扫描方式，其工作原理与前一种基本相同。例如,在计算机视觉和数字图像处理中常用的一种扫描方式是使每帧包含 559 行,其中 512 行含有图像数据,这种扫描方式中,含有图像数据的行数取为 2 的整数幂,优点是软件和硬件方面容易实现。

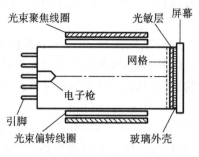

图 3-3-24　光导摄像管示意

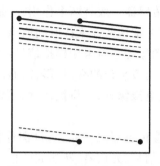

图 3-3-25　电子束扫描方式

另一种新型图像传感器是 CMOS 图像传感器。CMOS 传感器(complementary metal oxide semiconductor)即互补金属氧化物半导体,20 世纪 80 年代被发明以来,人们逐渐攻克其制作工艺的技术难关,使其成为消费类数码相机、电脑摄像头、可视电话、视频会议、智能型保安系统、汽车倒车雷达等必备的重要组件。CMOS 图像传感器又可细分为 CMOS 被动式像素传感器(CMOS passive pixel sensor)与 CMOS 主动式像素传感器(CMOS active pixel sensor)。

作为当前被普遍采用的图像传感器,CCD 图像传感器与 CMOS 图像传感器都是利用感光二极管(photodiode)进行光电转换的。两者的主要差异是数据传送的方式不同。CCD 图像传感器的特殊工艺可保证各个像素的数据汇聚至边缘进行放大处理而不失真,而 CMOS 图像传感器则必须对各个像素的数据先放大再进行整合,由此造成了两者在成本、灵敏度、分辨率、噪声、功耗、响应速度等方面的差别。

CMOS 图像传感器是一种用传统的芯片工艺方法将光敏元件、放大器、A/D 转换器、存储器、数字信号处理器和计算机接口电路等集成在一块硅片上的图像传感器件。它的主要组成部分是像敏单元阵列和 MOS 场效应管集成电路,而且这两部分是集成在同一硅片上的,如图 3-3-26 所示。像敏单元阵列由光电二极管阵列构成。图 3-3-26 中所示的像敏单元阵列按 X 和 Y 方向排列成方阵,方阵中的每一个像敏单元都有它在 X、Y 方向上的地址,并可分别由两个方向的地址译码器进行选择,输出信号送入 A/D 转换器进行模/数转换,变成数字信号输出。

像敏单元结构指每个成像单元的电路结构,是 CMOS 图像传感器的核心组件。像敏单元结构行有两种类型,即被动像敏单元结构和主动像敏单元结构,其中被动像敏单元结构如图 3-3-27 所示。

(2)视频数字信号处理器。

图像信号一般是二维信号,例如,一幅 640×480 像素的真色彩图像(24 位),未压缩的原始数据量为 900 KB。

视频数字信号处理器主要完成视觉处理的传感、预处理、分割、描述、识别和解释,可以归纳为如下数学运算。

第一,点处理。点处理常用于对比度增强、小密度非线性校正、阈值处理、伪彩色处理等。每个像素的输入数据经过一定的变换关系映射转换成像素的输出数据,如对数变换可实现暗区对比度扩张。

第二,二维卷积的运算。二维卷积的运算常用于图像平滑、尖锐化,轮廓增强,空间滤波处理,标准模板匹配计算等。若用 $M×M$ 卷积核矩阵对整幅图像进行卷积运算时,要得到每个像

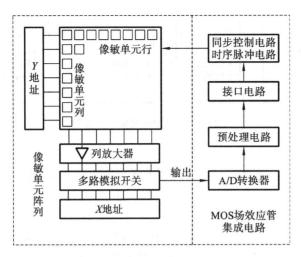

图 3-3-26 CMOS 图像传感器的主要组成部分

素的输出结果就需要做 M^2 次乘法和 (M^2-1) 次加法,由于图像像素一般很多,即使用较小的卷积核,也需要进行大量的乘加运算和存储器访问。

第三,二维正交变换。常用二维正交变换有 FFT、Walsh、Haar 和 K-L 变换等,常用于图像增强、复原,二维滤波处理,数据压缩等。

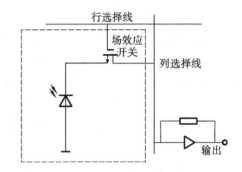

图 3-3-27 被动像敏单元结构

第四,坐标变换。常用于图像的放大缩小、旋转、移动、配准、几何校正和由投影值重建图像等。

第五,统计量计算,如计算密度直方图分布、平均值和协方差矩阵等。在进行直方图均衡化、面积计算、分类和 K-L 变换时,常要对这些统计量进行计算。

3)视觉信号的处理

在通用的计算机上处理视觉信号,主要有两方面局限:一是运算速度慢;二是内存容量小。为了解决上述问题,可以采用如下方案。

方案一,利用大型高速计算机组成通用的视觉信号处理系统。为了解决小型计算机运算速度慢、存储量小的缺点,人们会使用大型高速计算机。这一方案的缺点是成本太高。

方案二,采用小型高速阵列机。为了降低视觉信号处理系统的造价,提高设备的利用率,有的厂家在设计视觉信号处理系统时,选用造价低廉的中小型计算机为主机,再配备一台小型高速阵列机。

方案三,采用专用的视觉信号处理器。为了适应微型计算机视觉数字信号处理的需要,不少厂家设计了专用的视觉信号处理器,并且多数采用多处理器并行处理,具有流水线式体系结构以及基于 FPGA、DSP 或 ARM 处理器等。这一方案的优点是结构简单,成本低,性能指标高。

视觉信号的处理包括预处理、图像的分离、特征抽取和识别四个模块,如图 3-3-28 所示。

预处理是对视觉信号进行处理的第一步。其任务是对输入图像进行加工,消除噪声,改进图像的质量,为以后的处理创造条件。

图像的分离是第二步。为了确定物体的属性和给出位置的描述,必须先将物体从其背景中分离出来,因此,对预处理以后的图像要进行分割,就是把代表物体的那一部分像素集合抽取

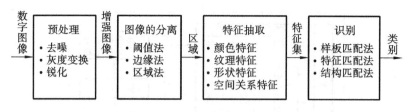

图 3-3-28　视觉信号处理的模块

出来。

特征抽取是第三步。将代表物体的那一部分像素集合抽取出来以后,就要检测这一部分像素集合的各种特征,包括颜色、纹理,尤其重要的是它的集合形状特征,这些特征构成了识别某一物体以及确定它的位置和方向的基础。

识别是第四步。物体识别主要基于图像匹配,即根据物体的模板、特征或结构与视觉处理的结果进行匹配比较,以确认该图像中包含的物体属性,给出有关的描述,输出给工业机器人控制器以完成相应的动作。

（1）预处理。

预处理的主要目的是清除原始图像中各种噪声等无用的信息,改进图像的质量,增强有用信息的可检测性,从而使后面的图像的分割、特征抽取和识别过程得以简化,并提高其可靠性。工业机器人视觉信号处理中常用的预处理包括去噪、灰度变换和锐化等。

去噪：原始图像中不可避免地会包括许多噪声,如传感器噪声、量化噪声等。通常噪声比图像本身包含更强的高频成分,而且噪声具有空间不相关性,因此,简单的低通滤波处理是最常用的一种去噪方法。

灰度变换：由于光照等原因,原始图像的对比度往往不理想,利用各种灰度变换处理可以增强图像的对比度。例如,有时图像亮度的动态范围很小,表现为其直方图较窄,即灰度等级在某一区间内,这时,可通过直方图拉伸处理,即通过灰度变换将原直方图两端的灰度值分别拉向最小值（0）和最大值（255）,使图像占有的灰度等级充满整个区域（0～255）,从而使图像的层次增多,达到图像细节增强的目的。

锐化：锐化是为了突出图像中的高频成分,使轮廓增强。锐化处理最简单的办法是采用高通滤波器。

（2）图像的分离。

图像的分离是指从图像中把景物提取出来的处理过程,其目的是把图像划分成不同的区域,使像素点都满足基于灰度、纹理、色彩等特征的某种相似性准则,以便人们对图像中的某一部分做进一步的分析。图像分离的方法大致可分为三类,即阈值法、边缘法和区域法。

第一类是阈值法。

阈值法是一种简单而有效的图像分离方法,是基于直方图的分离方法,主要针对灰度图像,易实现且计算量小。图 3-3-29 所示为可分离的强度直方图。阈值是在分离时作为区分物体与背景像素的门限,大于或等于阈值的像素属于物体,其他属于背景。近年来,针对彩色图像,人们选取 RGB 空间或 HSI 空间中的某一个通道或它们的线性组合来进行阈值分离,使得分离效果有所提高。

这种方法对于在物体与背景之间存在明显对比的景物分离十分有效。实际上,在任何实际应用的图像处理系统中,都要用到阈值化技术。为了有效地分离物体与背景,人们发展了各种各样的阈值处理技术,利用的阈值包括全局阈值、自适应阈值和最佳阈值等。

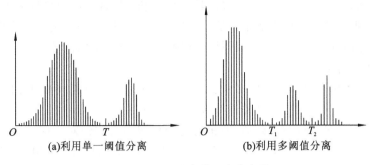

(a)利用单一阈值分离   (b)利用多阈值分离

图 3-3-29　可分离的强度直方图

第二类是边缘法。

边缘法是基于边界检测分析的分离方法,以物体边界为对象进行分离,根据图像的灰度、色彩来划分图像空间。这种方法是在确定了初始轮廓的情况下,利用一定的能量表达式,通过将总体能量最小化,达到边界和形状因素之间的平衡。近年来,人们把动态规划、神经网络和贪心算法等应用到了边界优化上,能够比较快速地得到某个准则下的最优边界或局部边界。

在边缘图像的基础上,需要通过平滑、形态学等处理去除噪声、毛刺、空洞等不需要的部分,再通过细化、边缘连接和跟踪等方法获得物体的轮廓边界。

第三类是区域法。

区域法是根据利用同一物体区域内像素的相似性质聚集像素点的方法,从初始区域(如小邻域甚至某个像素)开始,将相邻的具有同样性质的像素或其他区域归并到目前的区域中,从而逐步扩大区域,直到没有可以归并的像素点或其他小区域为止。区域内像素的相似性从平均灰度值、纹理、颜色等方面进行度量。

与阈值法相比,这种方法除了考虑分离区域的同一性,还考虑了区域的连通性。连通性是指在该区域内存在连接任意两点的路径,即所含的全部像素彼此邻接。

(3) 特征抽取。

常用的图像特征有颜色特征、纹理特征、形状特征、空间关系特征等,其中形状特征与空间关系特征可统称几何特征。

其一,颜色特征。

颜色特征是一种全局特征,用来描述图像或图像区域所对应的景物的表面性质。一般颜色特征是基于像素点的特征,所有属于图像或图像区域的像素都有各自的贡献。

由于颜色对图像或图像区域的方向、大小等变化不敏感,颜色特征不能很好地捕捉图像中对象的局部特征。另外,仅使用颜色特征查询时,如果数据库很大,常会将许多不需要的图像也检索出来。利用颜色直方图是最常用的表达颜色特征的方法,优点是不受图像旋转和平移变化的影响,进一步借助归一化还可不受图像尺度变化的影响;缺点是没有表达出颜色空间分布的信息。

其二,纹理特征。

纹理特征也是一种全局特征,它也描述了图像或图像区域所对应景物的表面性质,但由于纹理只是一种物体表面的特性,并不能完全反映出物体的本质属性,仅仅利用纹理特征是无法获得高层次图像内容的。与颜色特征不同,纹理特征不是基于像素点的特征,它需要在包含多个像素点的区域中进行统计计算。这种区域性的特征在样板匹配中具有较大的优越性,不会由于局部的偏差而无法匹配成功。

其三,形状特征。

各种基于形状特征的检索方法都可以比较有效地利用图像中的信息目标来进行检索。

通常情况下,形状特征有两类表示方法:一类是轮廓特征;另一类是区域特征。图像的轮廓特征主要针对物体的外边界;而图像的区域特征则关系到整个形状区域。

其四,空间关系特征。

空间关系是指图像中分离出来的多个目标之间的相互空间位置或相对方向关系,这些关系也可分为连接/邻接关系、交叠/重叠关系和包含/包容关系等。

通常,空间位置信息可以分为两类,即相对空间位置信息和绝对空间位置信息。前者强调的是目标之间的相对情况,如上下、左右关系等;后者强调的是目标之间的距离大小及方位。显而易见,由绝对空间位置信息可推算出相对空间位置信息,但表达相对空间位置信息常比较简单。

空间关系特征的使用可加强对图像内容的描述、区分能力,但空间关系特征常对图像或目标的旋转、反转、尺度变化等比较敏感。另外,实际应用中,仅仅利用空间位置信息往往是不够的,不能准确有效地表达场景信息。为了检索,除使用空间关系特征外,还需要其他特征来配合。

(4)识别。

图形刺激感觉器官,使人们辨认出它是见过的某一图形的过程,叫作图像识别,也叫作图像再认。在图像识别过程中,既要有当前进入感官的信息,也要有记忆中存储的信息。只有存储的信息与当前的信息进行比较、加工,才能实现对图像的识别与再认。

图像识别是利用计算机对图像进行处理、分析和理解,以识别各种不同模式的目标和对象的技术,通常有样板匹配法、特征匹配法、结构匹配法等。

图像识别技术是人工智能的一个重要领域。为了编制模拟人类图像识别活动的计算机程序,人们提出了不同的图像识别模型,如样板匹配模型。样板匹配模型认为,识别某个图像,必须在过去的经验中有这个图像的记忆模式(又叫作模板)。当前的刺激如果能与大脑中的模板相匹配,这个图像就被识别了。样板匹配模型强调图像必须与大脑中的模板完全符合才能加以识别,而事实上人不仅能识别与大脑中的模板完全一致的图像,也能识别与模板不完全一致的图像。

4)数字图像的编码

数字图像要占用大量的内存,而人们在实际使用时总是希望用尽可能少的内存保存数字图像,为此,可以选用适当的编码方法来压缩图像数据。

恢复图像的时候,因为不要求完全恢复原来的画面,特别是在工业机器人视觉系统中,只要求识别目标物体的某些特征或图案,为了使数据处理简单、快速,只要保留目标物体的这些特征或图案,能达到使目标物体与其他物体相区别的程度就可以了。这样做可以使数据量大为减少。常用的数字图像编码方法有轮廓编码和扫描编码。

(1)轮廓编码。

轮廓编码(见图 3-3-30)是指在画面灰度变化较小的情况下,用轮廓线来描述图形的特征。采用轮廓编码方式时,利用一些方向不同的短线段组成多边形,用这个多边形来描绘轮廓线。各短线段的倾斜度可用一组码来表示,这组码称为方向码。

轮廓编码使用二位 BCD 码表示四个方向,使用三位 BCD 码表示八个方向。一小段轮廓线可以用一个有方向的短线段来近似表示,每个线段对应一个码,一组线段组成链式码,这种编码方法称为轮廓链式编码。用四方向码编码时,每个线段都取单位长度。用八方向码编码时,水平和垂直方向的线段取单位长度 d,对角线方向的线段长度取 $2d$。

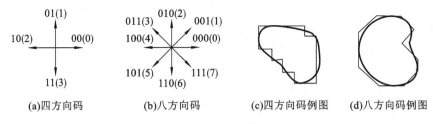

(a)四方向码　　　(b)八方向码　　　(c)四方向码例图　　　(d)八方向码例图

图 3-3-30　轮廓编码

（2）扫描编码。

扫描编码是将一个画面按一定的间距进行扫描,在每条扫描线上找出浓度相同区域的起点和长度。

图 3-3-31 所示的画面是一个二值图像,即图像的灰度只分明暗两级,平行的横线是扫描线。在第 3 条线上存在物体 A 的图像编号为①;在第 4 条线上存在物体 A 的图像编号为②,依次类推。

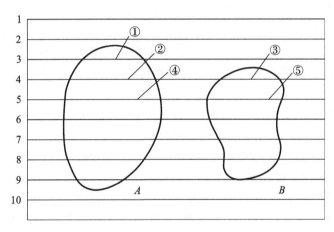

图 3-3-31　二值图像的扫描编码

一条扫描线上如果有几段物体图像,则分别编号,将编好号的扫描线段的起点、长度连同号码按先后顺序存入内存,扫描线没有碰到图像时,不记录数据。扫描编码利用这种方法来压缩图像数据。

5）视觉传感器的应用

工业机器人的视觉传感器通常用于使工业机器人在工作过程中了解周围的环境,例如,工业机器人在检测、导航、物体识别、装配及通信等操作过程中都需要视觉传感器。

（1）应用类型。

工业机器人的视觉传感器应用包括视觉检验、视觉导引、过程控制以及移动工业机器人的视觉导航等。其应用领域包括电子工业、汽车工业、航空工业以及食品和制药等各个领域。

视觉检验是指利用工业机器人的视觉传感器检测物体或工件是否符合工艺及生产要求。例如,在一条制作电路板的自动生产线上,不同阶段对电路板的检查非常重要,尤其在每一个操作进行前或完成后。工业机器人视觉传感器构成的检验单元要提取检查部件的图像,然后对该图像进行修改和变换,再将处理过的图像和存储器中的图像进行对比,如果对比结果显示此二图像相同,检查结果即为合格,否则被检测的部件将被视作不合格而需重加工或修改处理。

视觉导引是指工业机器人借助视觉传感器完成零件的识别、定位和定向,引导工业机器人完成零件分类、取放,以及拧紧和装配等一系列工作。例如,工业机器人在完成装配、分类时,如果没有视觉反馈,给工业机器人提供的零件必须保持精确固定的位置和方向,为此对每一特定形状的零件都要用专门的上料器供料,以保证工业机器人准确地抓取零件,但由于零件的形状、体积、重量等原因,有时不能保证提供固定的位置和方向,或者对于多种零件、小批量的产品用上料器是不经济的,这时就需要借助工业机器人视觉传感器来进行视觉导引。又如,搬运机器人在抓取物体时先要识别物体,工业机器人视觉传感器可对物体进行平行扫描,然后将投射到物体上光束的成像信息用摄像机输入计算机进行处理,计算出正确的物体的 3D 信息。搬运机器人还可通过视觉传感器知道物体的所在位置和末端执行器抓持物体的位置,这也属于视觉导引的过程。

过程控制是指利用工业机器人的视觉传感器对工业机器人工作过程中的场景进行分析,然后找出需要避开的障碍及可行的路径。在某些情况下,视觉传感器还可以将信息传送给远程遥控工业机器人的操作员。例如,空间探测机器人除了自主操作外,还可以根据操作员遥控传送的视觉信息进行操作。在一些医学应用中,外科医生控制外科手术机器人也依赖其视觉传感器。这些应用都属于过程控制。

移动工业机器人是基于视觉传感器的视觉导航应用的,它的原始输入图像是连续的数字视频图像。进行视觉导航时,图像预处理模块首先对原始的输入图像进行缩小、边缘检测等预处理;其次,利用计算机计算并提取出对工业机器人有用的路径信息;最后,运动控制模块根据识别的路径信息,调用自行或转弯功能模块使工业机器人进行相应的移动。

(2)应用举例。

配置有视觉传感器的工业机器人很大一部分应用于传送带或货架上,主要完成零件跟踪和识别任务,要求的分辨率较低,一般为零件宽度的 $1\%\sim2\%$。应用此类工业机器人最关键的问题是选择合适的照明方式和图像获取方式,以达到使零件和背景之间具有足够的对比度的目的,从而简化后面的视觉处理过程。

以下以焊接机器人的视觉系统及 Seampilot 视觉系统为例。

焊接机器人的视觉系统起始于汽车工业,汽车工业使用的工业机器人大约一半是用于焊接。自动焊接比手工焊接更能保证焊接质量的一致性,而自动焊接的关键问题是要保证被焊工件位置的精确性。利用传感器反馈可以使自动焊接具有更大的灵活性,但各种机械式或电磁式传感器需要接触或接近金属表面,工作速度慢,调整困难。视觉传感器作为非接触式传感器用于焊接机器人的反馈控制有极大的优势。它可以直接用于动态测量以及跟踪焊缝的位置和方向(在焊接过程中工件可能发生热变形,引起焊缝位置变化),还可以检测焊缝的宽度和深度,监视熔池的各种特性,通过计算机分析这些参数以后,则又可以调整焊枪沿焊缝的移动速度,焊枪与工件的距离和倾角,以及焊丝的供给速度,通过调整这些参数,视觉导引焊接机器人使其焊接的熔深、截面以及表面粗糙度等指标性能达到最佳。焊接机器人的视觉系统如图 3-3-32 所示。

荷兰 Oldelft 公司研制的 Seampilot 视觉系统,已被许多工业机器人公司用于视觉导引焊接机器人。它主要由 3 个功能部件组成,包括摄像机(激光扫描器)、摄像机控制单元(CCU)和信号处理计算机(SPC)。图 3-3-33 所示为视觉导引焊接机器人系统,其中摄像机装在机器人本体外的固定位置。激光聚焦到由伺服控制器控制的反射镜上,形成一个垂直于焊缝的扇面激光束,线阵 CCD 摄像机检出该光束在工件上形成的图像,利用三角法,由扫描的角度和成像位置就可以计算出激光点的 y、z 坐标位置,即得到工件的剖面轮廓图像,并可在监视器上显示。剖面轮廓图像数据经摄像机控制单元送给信号处理计算机,信号处理计算机将这一剖面数据与预先选定的焊接接头板数据进行比较,一旦匹配成功即可确定焊缝的有关位置数据,并通过串口将这些数据送到工业机器人的控制器中。

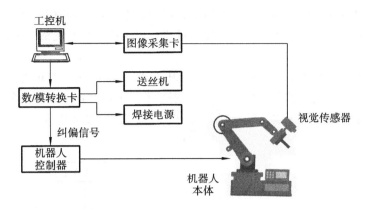

图 3-3-32　焊接机器人的视觉系统

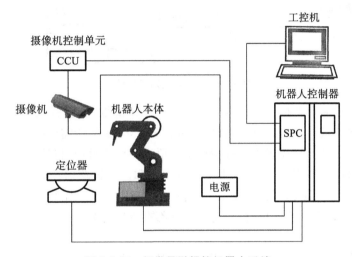

图 3-3-33　视觉导引焊接机器人系统

2. 听觉传感器

人的听觉的外周感受器官是耳,耳的适宜刺激是一定频率范围内的声波振动。耳由外耳、中耳和内耳(迷路中的耳蜗部分)组成。由声源振动引起空气产生疏密波,通过外耳道、鼓膜和听骨传递,引起耳蜗中淋巴液和基底膜的振动,使耳蜗科尔蒂器(螺旋器)中的毛细胞产生兴奋。科尔蒂器和其中所含的毛细胞,是真正的声音感受装置,外耳和中耳等结构只是辅助振动波到达耳蜗的传音装置。听神经纤维就分布在毛细胞下方的基底膜中。振动波的机械能在这里转变为听神经纤维上的神经冲动,并以神经冲动的不同频率和组合形式对声音信息进行编码,传送到大脑皮层的中枢,使人产生听觉。

工业机器人则由听觉传感器实现人-机对话。一台高级的工业机器人不仅能听懂人讲的话(语音识别技术),而且能讲出让人能听懂的语言(语音合成技术)。赋予工业机器人这些智能的技术统称语言处理技术。具有语音识别功能,能检测出声音或声波的传感器称为听觉传感器,通常用话筒等振动检测器作为检测元件。

工业机器人听觉系统中的听觉传感器的基本形态与传声器相同,所以在声音的输入端方面问题较少。其工作原理多为利用压电效应、磁电效应等。

语音识别技术就是让工业机器人通过识别和理解,把语音信号转变为相应的文本或命令的技术。语音识别是一门涉及面很广的交叉学科,它与声学、语言学、信息理论、模式识别理论以及神经生物学等都有非常密切的关系。随着语音识别技术的发展,利用该技术已经部分实现用听觉传感器代替人耳。智能型机器人不仅能通过语音识别技术听到说话者说话,还能正确理解一些简单的语句。

工业机器人的听觉系统中,最关键的是声音识别,即语音识别技术和语义识别技术。声音识别与图像识别同属于模式识别领域,而模式识别技术是最终实现人工智能的主要手段。语音识别系统本质上是一种模式识别系统,包括预处理、特征提取、参考模式三个基本单元,它的结构如图 3-3-34 所示。

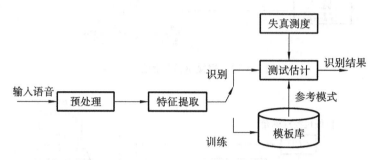

图 3-3-34　语音识别系统结构

未知语音经过话筒等变换成电信号后加在识别系统的输入端,首先经过预处理,再根据人的语音特点建立语音模型,对输入的语音信号进行分析,并提取所需的特征,在此基础上建立语音识别所需的模板。计算机在识别过程中要根据语音识别的模型,将计算机中存放的语音模板与输入的语音信号的特征进行比较,根据一定的搜索和匹配策略,找出一系列最优的与输入语音相匹配的模板,然后根据此模板的定义,查表得出计算机的识别结果。显然,这种最优的结果与特征如何选择、语音模型的好坏、模板是否准确都有直接的关系。

1) 语音识别的方法

目前具有代表性的语音识别方法主要有动态时间规整算法、隐马尔可夫模型法和矢量量化法等。

(1) 动态时间规整算法。

动态时间规整(dynamic time warping,DTW)算法是在非特定人语音识别方式下的一种简单有效的方法,该算法基于动态规划的思想,解决了发音长短不一的模板匹配问题,是语音识别技术中出现较早、较常用的一种算法。在应用 DTW 算法进行语音识别时,就是将已经预处理和分帧的语音测试信号和语音参考模板进行比较以获取它们之间的相似度,按照某种距离测度得出两模板间的相似程度并选择最佳路径。

(2) 隐马尔可夫模型法。

隐马尔可夫模型(hidden Markov model,HMM)是语音信号处理中的一种统计模型,是由 Markov 链演变来的,所以,隐马尔可夫模型法是基于参数模型的统计识别方法。其模板库是通过反复训练形成的与训练输出信号吻合概率最大的最佳模型参数,而不是预先储存好的模式样本,且其识别过程中运用待识别语音序列与 HMM 参数之间的似然概率达到最大值所对应的最佳状态序列作为识别输出,因此 HMM 是较理想的语音识别模型。

(3) 矢量量化法。

矢量量化(vector quantization,VQ)法是一种重要的信号压缩方法。与 HMM 法相比,矢量量化法主要适用于小词汇量、孤立词的语音识别。其过程是将若干个语音信号波形或特征参数的标量数据组成一个矢量,在多维空间进行整体量化。把矢量空间分成若干个小区域,每个小区域寻找一个代表矢量,量化时落入小区域的矢量就用这个代表矢量代替。矢量量化器的设计就是从大量信号样本中训练出好的码书,从实际效果出发寻找到好的失真测度定义公式,设计出最佳的矢量量化系统,用最少的搜索和计算失真的运算量实现最大可能的平均信噪比。

2) 语音识别系统的分类

语音识别系统可以根据对输入语音的限制加以分类。如果从说话者与识别系统的相关性考虑,可以将语音识别系统分为特定人语音识别方式和非特定人语音识别方式。

(1) 特定人语音识别方式。

特定人语音识别方式是将事先指定的说话者的声音中每一个字音的特征矩阵存储起来,形成一个标准模板,然后再进行匹配。在这种方式下进行语音识别首先要记忆一个或几个语音特征,而且说话者说话的内容也必须是事先规定好的有限的几句话。

特定人语音识别方式的识别率比较高。为了便于标准语音波形及选配语音波形存储,需要对输入的语音波形频带进行适当的分割,将每个采样周期内各频带的语音特征能量提取出来。语音识别系统可以识别说话者是否为事先指定的人,以及说的是哪一句话。

实现这一方式下的声音识别的大规模集成电路芯片已经商品化了,采用这些芯片构成的听觉传感器控制系统如图 3-3-35 所示。

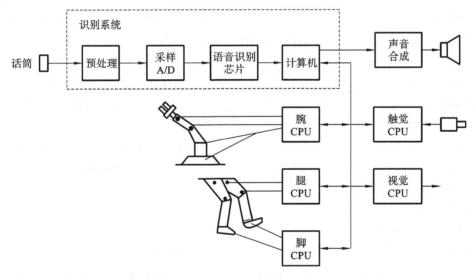

图 3-3-35　实现特定人语音识别的听觉传感器控制系统

这样的听觉传感器,可以有效地告诉工业机器人如何进行操作,从而构成声音控制型工业机器人,而且现在正在研制可确认声音合成系统的指令以及可与操作员对话的工业机器人。

(2) 非特定人语音识别方式。

非特定人语音识别方式大致可以分为语言识别系统、单词识别系统及数字音(0~9)识别系统。

采用非特定人语音识别方式需要对一组有代表性的人的语音进行训练,找出同一词音的共性。这种训练往往是开放式的,能对系统进行不断的修正。系统在工作时,将接收到的声音信号用同样的办法求出特征矩阵,再与标准模式相比较,看它与哪个模板相同或相近,从而识别该信号的含义。

3) 语音分析与特征的提取

经过预处理的语音信号,要对其进行特征提取,就要进行特征参数分析。该过程就是从原始语音信号中提取能够反映语音本质的特征参数,形成特征矢量序列。目前语音识别所用的特征参数主要有两种类型,即线性预测倒谱系数(linear prediction cepstrum coefficient,LPCC)和美尔频标倒谱系数(Mel-frequency cepstrum coefficient,MFCC)。LPCC主要模拟人的发声模型,为考虑人耳的听觉特性,它对元音有较好的描述能力,而对辅音描述能力差。其优点是计算量小,比较彻底地去掉了语音产生过程中的激励信息,易于实现。MFCC考虑到人听觉特性,具有很高的抗噪声能力,但因为提取MFCC要在频域处理,计算傅里叶变换将耗费大量宝贵的计算资源。因此,嵌入式语音识别系统中一般都选用LPCC。

语音特征提取是分帧提取的,每帧特征参数一般构成一个矢量,因此,语音特征是一个矢量序列。该序列的数据率一般可能过高,不便于其后的进一步处理,为此,有必要采用很有效的数据压缩技术或方法对数据进行压缩。矢量量化就是一种很好的数据压缩技术。

3. 触觉传感器

人的触觉是指分布于人体全身皮肤上的神经细胞接收来自外界的温度、湿度、疼痛、压力、振动等方面的感觉。在工业机器人中使用触觉传感器的目的在于获取机械手与工作空间中物体接触的有关信息。例如,触觉信息可以用于物体的定位和识别以及控制机械手加在物体上的力。

工业机器人的触觉在人的触觉功能上模仿而来,它是工业机器人和与其接触的对象物之间的直接感觉,通过触觉传感器与被识别物体相接触或相互作用来完成对物体表面特征和物理性能的感知。

工业机器人的触觉主要有检测与识别两大功能。检测功能是指对操作物进行物理性质检测,如粗糙度、硬度等,使工业机器人能够灵活地控制手爪及关节以操作对象物。识别功能是指识别对象物的形状。

触觉有接触觉、压觉、滑觉等。接触觉是指手指与被测物是否接触,属于接触图形的检测;压觉是垂直于工业机器人和对象物接触面上的力的感觉;滑觉是指对物体在垂直于手指把持面的方向上的滑动或变形的感觉。

1) 接触觉传感器

(1) 接触觉传感器的种类。

最早的触觉传感器为开关式接触觉传感器,只有1和0两个信号,相当于开关的接通与断开两种状态,用于表示机械手与对象物的接触与否。接触觉传感器的工作重点集中在阵列式接触觉传感器信号的处理上,其作用包括:感知操作手指所受的作用力,使手指动作适当;识别操作物的大小、形状、质量及硬度等;躲避危险与障碍物。

接触觉传感器主要分为非阵列式接触觉传感器和阵列式接触觉传感器两种。非阵列式接触觉传感器主要是为了感知物体的有无,由于信息量较少,处理技术相对比较简单、成熟;阵列式接触觉传感器目的是辨识物体接触面的轮廓,对其信号的处理涉及信号处理、图像处理、计算机图形学、人工智能、模式识别等,比较复杂,比较困难,还很不成熟,有待于进一步研究和发展。

以下为几种常用的接触觉传感器。

第一种是阵列式接触觉传感器。

如果要求工业机器人能够进行复杂的装配工作,它也需要具有触觉感知能力。采用多个触觉传感器件组成的阵列式接触觉传感器是辨认物体的方法之一。

触觉阵列原理是,电极与柔性导电材料(条形导电橡胶、PVF_2薄膜)保持电气接触,导电材料的电阻随压力而变化,当物体压在其表面时,引起局部变形,导电材料的电阻随之发生变化,通过测量可得出连续变化的电压。电阻的改变很容易转换成电信号,其幅值正比于材料表面上某一点的力。阵列式接触觉传感器包括二维阵列式接触觉传感器(见图 3-3-36)和 PVF$_2$ 阵列式接触觉传感器(见图 3-3-37)。

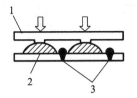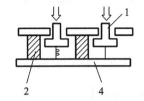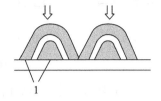

图 3-3-36　二维阵列式接触觉传感器

1—柔软的电极;2—柔软的绝缘体;3—电极;4—电极板

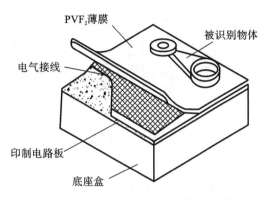

图 3-3-37　PVF$_2$ 阵列式接触觉传感器

第二种是开关式接触觉传感器。

开关式接触觉传感器(见图 3-3-38)是用于检测物体是否存在的一种最简单的触觉传感器件,它的特点是外形尺寸很大,空间分辨率低。此类传感器中安装着多点通断传感器附着板,平常为通态,当机械手指与物体接触时,弹簧收缩,上、下板间电流断开。

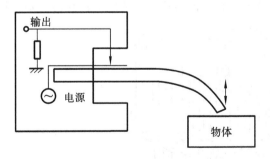

图 3-3-38　开关式接触觉传感器

工业机器人在探测是否接触到物体时可以用开关式接触觉传感器,此类传感器可接收由于接触产生的柔量(位移等的响应)。开关式接触觉传感器有微动(见图 3-3-39)、限位等类型。微动开关式接触觉传感器是按下开关就能接通电信号的简单机构;需限定工业机器人动作范围时可使用限位开关式接触觉传感器。

第三种是电极反应式面接触觉传感器。

将接触觉阵列的电极或光电开关应用于工业机器人手爪的前端及内外侧面,或在相当于手掌心的部分装置接触觉传感器阵列,则通过识别手爪上接触物体的位置,可使手爪接近物体并

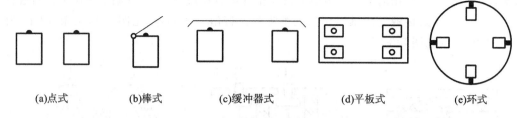

(a)点式 (b)棒式 (c)缓冲器式 (d)平板式 (e)环式

图 3-3-39　微动开关式接触觉传感器

且准确地完成把持动作。形成的传感器就是电极反应式面接触觉传感器,如图 3-3-40 所示。

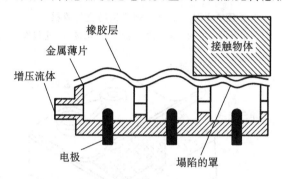

橡胶层
金属薄片
增压流体
接触物体
电极
塌陷的罩

图 3-3-40　电极反应式面接触觉传感器

第四种是针式差动变压器矩阵式接触觉传感器。

针式差动变压器矩阵式接触觉传感器(见图 3-3-41)由若干个触针式接触觉传感器构成矩阵形状,每个触针式传感器由钢针、塑料套筒以及使针杆复位的磷青铜弹簧等构成,并在每个触针上绕着激励线圈与检测线圈.用以将传感器感知的信息转换成电信号,再由计算机判定接触程度和接触位置等。当针杆与物体接触而产生位移时,其根部的磁极体将随之运动,从而增大了两个线圈——激励线圈与检测线圈间的耦合系数,检测线圈上的感应电压随针杆的位移增加而增大。通过扫描电路轮流读出矩阵各列检测线圈上的感应电压(代表针杆的位移量),经计算机运算判断,即可知道机械手接触物体的特征或传感器自身的感知特性。

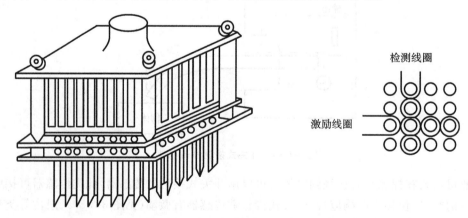

检测线圈
激励线圈

图 3-3-41　针式差动变压器矩阵式接触觉传感器

第五种是压阻阵列式接触觉传感器。

利用压阻材料制成阵列式接触觉传感器,可有效地提高阵列数、阵列密度、灵敏度、柔顺性和强固性。压阻阵列式接触觉传感器基本结构是:压阻材料上面排列平行的列电极,下面排列平行的行电极,行列交叉点构成阵列压阻触元,如图 3-3-42 所示。

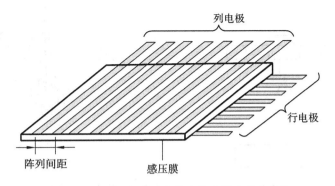

图 3-3-42　压阻阵列式接触觉传感器的基本结构

触元的触觉性能在压力作用下可由上下电极间的电阻值表示。压阻材料一般使用导电橡胶、碳毡(CSA)和碳纤维等。

导电橡胶是在橡胶类材料中添加金属微粒而构成的聚合高分子导电材料,具有柔顺性,电阻随压力的变化而变化。导电橡胶作为压阻材料,工作温度范围宽,可塑性好,可浇铸成复杂(指尖)形状复合曲面,其输出电压信号强,频率响应可达 100 Hz,但易疲劳,蠕变程度大,滞后程度大。导电橡胶压变时其电阻的变化很小,但接触面积和反向接触电阻随外部压力的变化很大。这种敏感元件可以做得很小,一般 1 cm^2 的面积内可有 256 个触觉敏感元件。敏感元件在接触表面以一定形式排列成阵列式,排列得越多,检测越精确。目前出现了一种新型的触觉传感器——仿生皮肤,它实际上就是一种超高密度排列的阵列式接触觉传感器,主要用于表面形状和表面特性的检测。

压电材料是另一种有潜力的触觉敏感材料,其原理是利用晶体的压电效应,在晶体上施压时,一定范围内施加的压力与晶体的电阻成比例。但是,一般晶体的脆性比较大,作为敏感材料时很难制作。目前已有一种聚合物材料具有良好的压电性,且柔性好,易制作,有望成为新的触觉敏感材料。

(2)接触觉传感器的应用。

图 3-3-43 所示为一个具有接触搜索识别功能的工业机器人,它具有 4 个自由度(2 个移动和 2 个翻转),由一台计算机控制,各轴运动是由直流电动机闭环驱动的,手部装有压电橡胶接触觉传感器,识别软件具有搜索和识别的功能。

搜索功能:该机器人有一扇形截面柱状操作空间,手爪在高度方向可对每一层根据预先给定的程序沿一定轨迹进行搜索。搜索过程中,假定在图 3-3-43 所示的位置①遇到障碍,则手爪上的接触觉传感器就会发出停止前进的指令,使手臂向后缩回一段距离到达位置②;如果已经避开了障碍物,则再前进至位置③,又伸出到位置④,再运动到位置⑤处与障碍物再次相遇。根据位置①、位置⑤,计算机就能判断被搜索物体(障碍物)的位置,再按位置⑥、位置⑦的顺序接近被搜索的目标物就能对其进行抓取。

识别功能:图 3-3-44 所示为一个配置在机械手上的由 3×4 个触觉元件组成的表面阵列式接触觉传感器,被识别对象为一长方体。假定机械手与识别对象的已知接触目标模式为 x^*,机械手的每一步搜索得到的接触信息构成了接触模式 x_i,工业机器人根据每一步搜索与识别,对接触模式 $x_1,x_2,x_3,\cdots\cdots$不断进行计算、估计,调整机械手的位姿,直到接触模式与目标模式相符合为止,以达到识别的目的。

每一步搜索过程由三部分组成:①触觉信息的获取、量化和对象表面形心位置的估算;②对

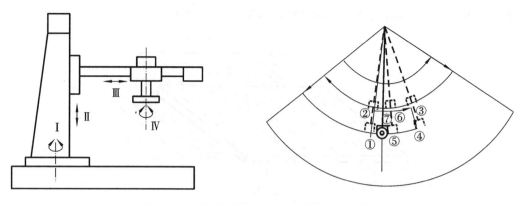

图 3-3-43 具有接触搜索识别功能的工业机器人

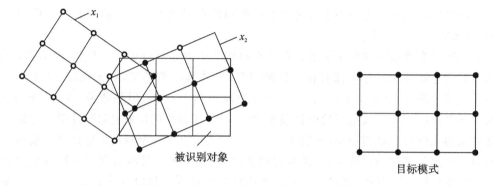

○ 表示未受压感的点　　　　● 表示受压感的点

图 3-3-44 用表面阵列式接触觉传感器引导随机搜索

象边缘特征的提取和姿势估算；③运动计算及执行运动。

要判定搜索结果是否满足形心对中、姿势符合要求，则还可设置一个目标函数，要求目标函数在某一尺度下最优，用这样的方法可判定被识别对象的存在和位姿情况。

2）压觉传感器

工业机器人的压觉指的是机械手指把持被测物体时感受到的感觉，实际上是接触觉的延伸。压觉传感器实际上也是一种接触觉传感器，只是它专门对压觉有感知作用。目前采用的压觉传感器主要是分布式，即通过把分散敏感元件排列成矩阵式格子来对压觉进行感知，导电橡胶、感应高分子材料、应变计、光电器件和霍尔元件常被用作敏感元件阵列单元。

以下为几种常用的压觉传感器。

（1）压阻效应式压觉传感器。

利用某些材料（如压敏导电橡胶或塑料等）的内阻随压力变化而变化的压阻效应制成压阻器件，再将它们密集配置成阵列，即可检测压力的分布。压阻效应式压觉传感器的基本结构如图 3-3-45 所示。

（2）光电阵列式压觉传感器。

图 3-3-46 所示为光电阵列式压觉传感器的结构。当弹性触头受压时，触杆下伸，发光二极管射向光敏二极管的部分光线被遮挡，于是光敏二极管输出随压力变化而变化的电信号；通过多路模拟开关依次选通阵列中的感知单元，并经 A/D 转换器将模拟信号转换为数字信号，即可感知物体的形状。

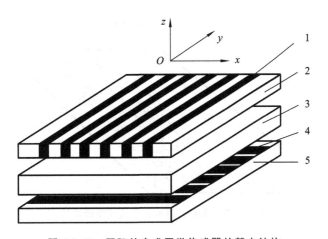

图 3-3-45　压阻效应式压觉传感器的基本结构

1—导电橡胶；2—硅橡胶；3—感压膜；4—条形电极；5—印制电路板

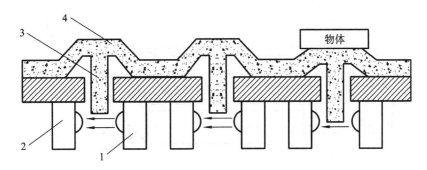

图 3-3-46　光电阵列式压觉传感器的结构

1—发光二极管；2—光敏二极管；3—触杆；4—弹性触头

（3）压电效应式压觉传感器。

压电现象的机理是：在可以显示压电效应的物质上施力时，由于物质被压缩而产生极化（与压缩量成比例），如在物质的两个相对的表面上接上外部电路，就会形成电流，通过检测这个电流的大小就可获知压力的大小。若为加速度输出则通过电阻和电容构成的积分电路可求得速度，再进一步把速度输出积分，就可求得移动距离。利用物质的压电效应制成的元件称为压电元件。

如果把多个压电元件和弹簧排列成平面状，就可识别各处压力的大小以及压力的分布，包覆罩布后即为平面型压电效应式压觉传感器，如图 3-3-47 所示，由于压力分布可表示物体的形状，此类传感器也可作为物体识别传感器。

通过对压觉的巧妙控制，机器人既能抓取豆腐等较软物体，也能抓取易碎的物体。

（4）半导体高密度智能压觉传感器。

图 3-3-48 所示的是利用半导体技术制成的半导体高密度智能压觉传感器。此类传感器中的传感器件以压阻式与电容式为最多。虽然压阻式传感器件比电容式传感器件的线性好，封装也简单，但是其灵敏度要比电容式传感器件小一个数量级，因此，电容式压觉传感器件，特别是硅电容式压觉传感器件得到了广泛的应用。

3）滑觉传感器

滑觉传感器是用来检测垂直于握持方向上的物体的位移、旋转和由重力引起的变形，以达到修正受力值、防止滑动、进行多层次作业（测量物体重量和表面特性）等目的。工业机器人的

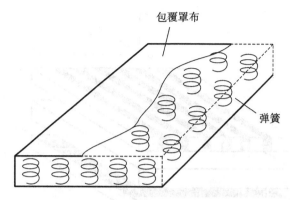

图 3-3-47　平面型压电效应式压觉传感器

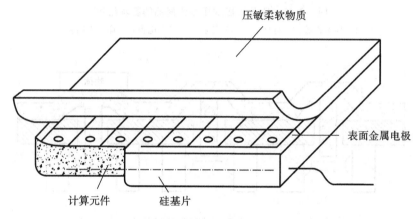

图 3-3-48　半导体高密度智能压觉传感器

末端执行器(一般为机械手)抓取处于水平位置的物体时,手爪对物体施加水平压力,如果压力较小,垂直方向作用的重力会克服这个压力使物体下滑。能够克服重力的手爪把持力称为最小把持力。

一般可将机械手抓取物体的方式分为硬抓取和软抓取:硬抓取在无感知时采用,机械手用最大的夹紧力抓取工件;软抓取在有滑觉传感时采用,机械手使夹紧力保持在能稳固抓取工件的最小值,以免损伤工件,此时工业机器人要抓住物体必须确定最适当的握力大小,利用这一信息,在不损坏物体的情况下牢牢抓住物体。

实际上,滑觉传感器是用于检测机械手与物体接触面之间相对运动位移大小和方向的传感器,也就是用于检测物体的滑动,如利用滑觉传感器判断机械手是否能握住物体等。当机械手指夹住物体,做把它举起、交出和加减速运动的动作时,物体有可能在垂直于所加握力方向的平面内移动,即物体在机械手中产生滑动,为了能安全、正确地工作,滑动情况的检测和握力的控制就显得十分重要。

从机械手对物体施加力的大小看,握持方式可分为以下三类:①刚力握持——机械手指用一个固定的力(通常是用最大可能的力)握持物体;②柔力握持——根据物体和工作目的的不同,使用适当的力握持物体,握力可变或可自适应控制;③零力握持——可握住物体,但不用力,即只感觉到物体的存在。零力握持主要用于探测物体、探索路径、识别物体的形状等。

检测滑动的方法有以下几种:①根据滑动时产生的振动检测,如图 3-3-49(a)所示;②把滑动转变成转动,检测转动角位移,如图 3-3-49(b)所示;③根据滑动时机械手指与对象物体间的动静摩擦力来检测,如图 3-3-49(c)所示;④ 根据机械手指压力分布的改变来检测,如图 3-3-49(d)所示。

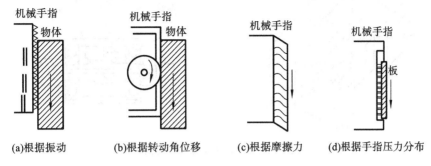

(a)根据振动   (b)根据转动角位移   (c)根据摩擦力   (d)根据手指压力分布

图 3-3-49 检测滑动的方法

利用滑觉传感器实现滑觉感知时,用手爪抓取处于水平位置的物体,手爪对物体施加水平压力,垂直方向作用的重力会克服这一压力使物体下滑。机械手爪抓取物体时的力的分布示意如图 3-3-50 所示。

如果把将物体的运动约束在一定面上的力(即垂直作用在这个面的力)称为阻力 R(例如离心力和向心力,方向垂直于圆周运动方向且作用在圆心),考虑面上有摩擦时,还有摩擦力 F 作用在这个面的切线方向阻碍物体运动,其 F 的大小与阻力 R 有关。静止物体即将开始运动时,假设 μ_0 为静摩擦因数,则 $F \leqslant \mu_0 R$($F = \mu_0 R$ 时 F 为最大摩擦力)。设滑动摩擦因数为 μ,则物体滑动时,摩擦力 $F = \mu R$。

假设物体的质量为 m,重力加速度为 g,图 3-3-50 中的物体看作处于滑落状态,则手爪的把持力是为了把物体束缚在手爪接触面上,垂直作用于手爪面的把持力相当于阻力 R。当重力比最大摩擦力 $\mu_0 R$ 大时,物体会滑落。重力的大小等于最大摩擦力大小时,机械手爪的把持力 $F_{\min} = mg/\mu_0$,称为最小把持力。

可用面状压觉传感器贴在手爪上检测感知压觉分布重心之类特定点的移动,在图 3-3-50 所示的情况下,若把持的物体换为圆柱体,其压觉分布重心移动的情况如图 3-3-51 所示。

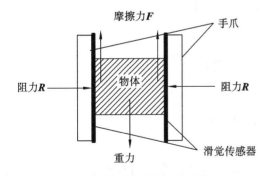

图 3-3-50 机械手爪抓取物体时的力的分布示意

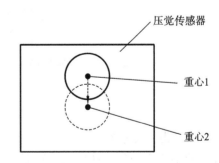

图 3-3-51 压觉传感器检测压觉分布重心的移动

以下为几种常用滑觉传感器。

(1)滚柱式滑觉传感器。

滚柱式滑觉传感器是经常使用的一种滑觉传感器,如图 3-3-52 所示。手爪中的物体滑动时,将使滚柱旋转,滚柱带动安装在其中的光电传感器件和缝隙圆板而产生脉冲信号。这些信号通过计数电路和 D/A 转换器转换成模拟电压信号,通过反馈系统,构成闭环控制,不断修正握力,达到消除滑动的目的。

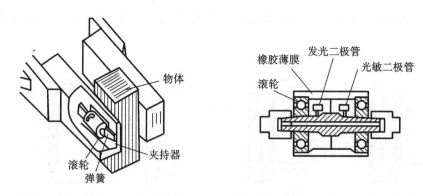

图 3-3-52 滚柱式滑觉传感器

（2）滚球式滑觉传感器。

滚筒式滑觉传感器只能检测一个方向的滑动。为此，贝尔格莱德大学学者研制了工业机器人专用的滚球式滑觉传感器，如图 3-3-53 所示。它由一个金属球和触针组成，金属球表面分成许多相间排列的导电小格和绝缘小格。触针头很细，每次只能触及一格。当物体滑动时，金属球也随之转动，在触针上输出脉冲信号。脉冲信号的频率反映了物体滑移速度，脉冲信号的个数对应物体滑移距离。

滚球式滑觉传感器触针头面积小于球面上露出的导体面积，可以提高传感器的灵敏度。金属球与被抓握物体相接触，无论物体滑动方向如何，只要金属球转动，传感器就会产生脉冲输出。该金属球在冲击力作用下不转动，因此此类传感器抗干扰能力强。

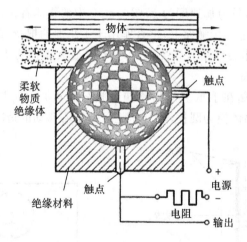

图 3-3-53 滚球式滑觉传感器

（3）振动滑觉传感器。

工业机器人专用的振动滑觉传感器（见图 3-3-54）通过检测物体滑动时的微小振动来检测滑动。钢球指针与被抓握物体接触。若工件滑动，则指针振动，线圈输出信号，如图 3-3-54 所示。

4）仿生皮肤

仿生皮肤是集触觉、压觉、滑觉和温觉传感于一体的多功能复合传感器，具有类似人体皮肤的多种感觉功能。仿生皮肤采用具有压电效应和热释电效应的聚偏氟乙烯（PVDF）敏感材料，这种材料具有温度范围大、体电阻大、重量轻、柔顺性好、强度高和频率响应范围广等特点，采用热成型工艺容易加工成薄膜、细管或微粒。

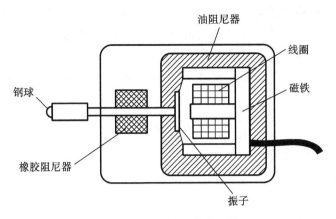

图 3-3-54　振动滑觉传感器

仿生皮肤结构剖面如图 3-3-55 所示。此类传感器表层为保护层(橡胶包封表皮);上层为两面镀银的整块 PVDF,分别从两面引出电极;下层由特种镀膜形成条状电极;引线由导电胶粘接后引出。在上、下两层 PVDF 之间,由电加热层和柔性隔热层(软塑料泡沫)形成两个不同的物理测量空间。上层 PVDF 获取温觉和触觉信号,下层条状 PVDF 获取压觉和滑觉信号。为了使 PVDF 具有感温功能,利用电加热层使上层 PVDF 温度维持在 55℃ 左右,当待测物体接触此类传感器时,因待测物体与上层 PVDF 存在温差,发生热传递,使 PVDF 的极化面产生相应数量的电荷,从而输出电压信号。

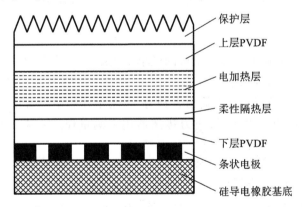

图 3-3-55　仿生皮肤结构剖面

4. 力觉传感器

工业机器人的力觉是指工业机器人对其指、肢和关节等运动中所受力的感知。工业机器人在进行装配、搬运、研磨等作业时需要对工作力或转矩进行控制。

力觉传感器是用来检测工业机器人的手臂和手腕所产生的力或其所受反力的传感器。手臂部分和手腕部分的力觉传感器可用于控制工业机器人机械手所产生的力,在进行费力的工作以及限制性作业、协调作业等方面是有效的,特别是在镶嵌类的装配工作中,它是一种特别重要的传感器。

力觉传感器种类很多,常用的有电阻应变片式、压电式、电容式、电感式以及各种外力传感器,都是通过弹性敏感元件将被测力或转矩转换成某种位移量或信号,然后通过敏感元件把位移量或信号转换成能够输出的电信号。

以下以电阻应变片式力觉传感器为例分析力觉传感器的工作原理。

电阻应变片式力觉传感器使用的主要元件有压电晶体、力敏电阻和电阻应变片。电阻应变片是最主要的元件,它利用金属丝拉伸时电阻变大的现象,被贴在加力的方向上。电阻应变片用导线接到外部电路上可通过测定输出电压得出电阻值的变化。

当拉力 F 作用于应变片的电阻丝时,将产生应力 σ,使得电阻丝伸长,横截面积变小,此时电阻值相对变化量为

$$\frac{\Delta R}{R} = (1 + 2\mu)\varepsilon = \frac{1 + 2\mu}{E}\sigma \tag{3-3-9}$$

式中:R——应变片电阻丝电阻值;

ΔR——电阻值变化量;

μ——电阻丝材料的泊松比;

ε——电阻丝材料的应变;

σ——弹性材料受到的应力;

E——弹性材料的弹性模量。

将电阻应变片接到惠斯通电桥上,可根据输出电压算出其电阻值的变化,该测量电路如图3-3-56 所示。在不加力时,电桥上的 4 个电阻的电阻值相同;R_L 上的输出电压 $U_0 = 0$。当电阻应变片受力被拉伸时,其电阻增加 ΔR,此时电桥输出电压 $U_0 \neq 0$,其值为

$$U_0 = U\left(\frac{R_2}{R_1 + \Delta R_1 + R_2} - \frac{R_4}{R_3 + R_4}\right) \tag{3-3-10}$$

由于 $\Delta R_1 \ll R_1$,并代入式(3-3-10)可得

$$U_0 = \frac{U}{4} \times \frac{\Delta R_1}{R_1} = \frac{U}{4} \times \frac{1 + 2\mu}{E}\sigma \tag{3-3-11}$$

测出电桥的输出电压,就能获知电阻值的微小变化,这个变化与其受力成正比。

通常将工业机器人的力觉传感器分为三类,即关节力传感器、指力传感器和腕力传感器。关节力传感器用来测量驱动器本身的输出力和力矩,用于控制中的力反馈;指力传感器用来测量夹持物体的机械手指的受力情况;腕力传感器用来测量作用在末端执行器上的各向力和力矩。

(1)指力传感器。

工业机器人机械手指部分的指力控制,最简单的形式就是将应变片直接粘贴于手指根部进行检测及反馈调整。关于指力传感器的信息处理,为了保证其稳定性,消除接触时的冲击力,或实现微小的握力,在工业机器人两个手指式的钳形机构中,通常利用 PID 运算反馈。PID 是通过比例、积分和微分参数的适当给定,从而实现软接触、软掌握、反射接触、零掌握等动作。

指力的大小,一般是从螺旋弹簧的应变量推算出来的。图 3-3-57 所示的指力传感器示例中,由脉冲电动机通过螺旋弹簧驱动工业机器人的机械手指,检测出的螺旋弹簧的转角与脉冲电动机转角之差即为变形量,从而也就可以计算得出机械手指产生的力。控制这种机械手指可以令工业机器人完成搬运之类的工作。机械手指部分的应变片,是一种控制力量大小的器件。

(2)腕力传感器。

目前在工业机器人手腕上安装力觉传感器的技术已获得广泛应用。例如,安装六轴传感器,就能够在三维空间内,检测所有的作用转矩。转矩是作用在旋转物体上的力,也称为旋转力。在表示三维空间时,采用三个轴互成直角相交的坐标系。在这个三维空间中,力能使物体作直线运动,转矩能使物体作旋转运动。力可以分解为沿三个轴方向的分量,转矩也可以分解为围绕着三个轴的分量,而六轴传感器就是一种能对这些力和转矩全部进行检测的腕力传

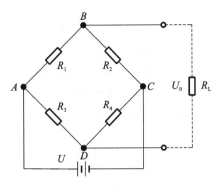

图 3-3-56 电阻应变片电阻值变化测量电路
力觉传感器主要分为腕力

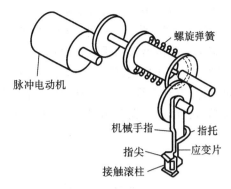

图 3-3-57 指力传感器示例

感器。

工业机器人采用的腕力传感器测量的是三个方向的力,由于腕力传感器既是测量的载体又是传递力的环节,所以腕力传感器的结构一般为弹性结构梁形式,通过测量弹性体的变形得到三个方向的力。

常用的腕力传感器有以下几种。

第一种是六维腕力传感器。

图 3-3-58 所示的是由美国斯坦福研究院(Stanford Research Institute,SRI)研制的六维腕力传感器。它由一只直径为 75 mm 的铝管铣削而成,具有 8 个窄长的弹性梁,每个梁的颈部开有小槽以使颈部只传递力,扭矩作用很小。梁的另一头贴有应变片。图 3-3-58 中 P_{X+}、P_{X-}、P_{Y+}、P_{Y-}、Q_{X+}、Q_{X-}、Q_{Y+}、Q_{Y-} 代表了 8 根应变梁的变形信号的输出。工业机器人各个杆件通过关节连接在一起,当工业机器人运动时各杆件相互联动,单个杆件的受力状况非常复杂。根据刚体力学可知,刚体上任意一点的力都可以表示为笛卡儿坐标系 3 个坐标轴的分力和绕 3 个轴的分转矩,因此,只要测出这 3 个分力和分转矩,就能计算出杆件上的点所受的合成力。

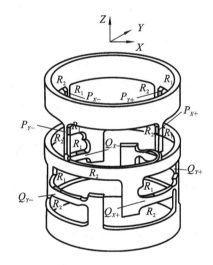

图 3-3-58 六维腕力传感器

图 3-3-58 所示的六维腕力传感器上,8 个梁中有 4 个水平梁和 4 个垂直梁,每个梁发生的应变集中在梁的一端,把一个应变片贴在应变最大处就可以测出一个力。梁的另一头两侧贴应变片,若应变片的电阻值分别为 R_1、R_2,则将其连成图 3-3-56 所示的形式输出时,由于 R_1、R_2 所受应变力方向相反,U_0 输出比使用单个应变片时大一倍。

第二种是十字梁腕力传感器。

日本大和制御株式会社林纯一在 JPL 实验室研制的腕力传感器是一种整体轮辐式结构,在十字梁与轮缘连接处有一个柔性环节,简化了弹性体的受力模型,如图 3-3-59 所示。这种腕力传感器在 4 根交叉梁上总共贴有 32 个应变片,组成 8 路全桥输出,六维力的获得须通过解耦计算。这类传感器一般将十字交叉主杆与手臂的连接件设计成弹性体变形限幅的形式,可有效起到过载保护作用,是一种较实用的结构。

第三种是三字梁腕力传感器。

如图 3-3-60 所示是一种非径向中心对称三字梁腕力传感器,此类传感器的内圈和外圈分别固定于工业机器人的手臂和手爪上,力沿与内圈相切的三根梁进行传递。每根梁的上下、左右各贴一对应变片,这样,三根梁共粘贴六对应变片,分别组成六组电桥,对这六组电桥信号进行解耦,可得到六维力(力矩)的精确解。这种力觉传感器结构有较大的刚度,最先由卡内基-梅隆大学学者提出。在我国,华中科技大学也曾对此结构的传感器进行过研究。

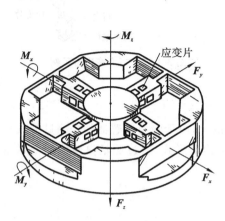

图 3-3-59 林纯—十字梁腕力传感器

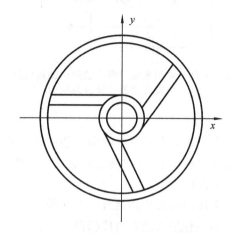

图 3-3-60 三字梁腕力传感器

5. 接近觉传感器

接近觉传感器是工业机器人用来探测其自身与周围物体之间相对位置或距离的一种传感器,接近觉传感器探测的距离一般在几毫米到十几厘米。接近觉传感器能让工业机器人感知区间内对象物或障碍物的距离、对象物的表面性质等,这种感知是非接触性的,一般采用非接触型测量元件。

常用的接近觉传感器分为电磁式、光电式、电容式、气动式、超声波式、红外式等类型;根据感知范围,又可分为三类,即感知近距离物体(毫米级,包括电磁感应式、气压式、电容式),感知中距离物体(30 cm 以内,包括红外光电式),以及感知远距离物体(30 cm 以外,包括超声式、激光式)。

不同类型的接近觉传感器的感知方式不同,如图 3-3-61 所示。

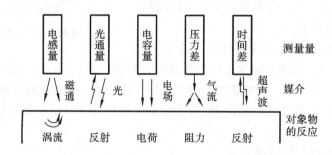

图 3-3-61 不同接近觉传感器的感知方式

(1) 电涡流式接近觉传感器。

导体处于变化着的磁场中或在磁场中运动时,导体内会产生感应电动势,从而产生感应电流。这种感应电流称为电涡流,这一现象称为电涡流现象,电涡流式接近觉传感器就是利用这一原理而制成的。电涡流式接近觉传感器的工作原理如图 3-3-62 所示,电涡流的大小随金属体表面与线圈的距离大小而变化。当电感线圈内通以高频电流时,金属体表面的电涡流反作用于线圈,改变线圈内的电感大小,通过检测电感便可获得线圈与金属体表面的距离信息。

利用转换电路把传感器电感和阻抗的变化转换成转换电压的变化,就能计算出传感器与目标物之间的距离。该距离正比于转换电压,但存在一定的线性误差。对于钢或铝等材料制成的目标物,线性度误差为±0.5%。

电涡流式接近觉传感器外形尺寸小,价格低廉,可靠性高,抗干扰能力强,而且检测精度也高,能够检测到0.02 mm的微量位移;但电涡流式接近觉传感器检测距离短,一般只能检测到 13 mm 以内的距离,而且只能对固态导体进行检测。

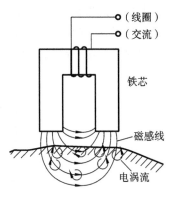

图 3-3-62　电涡流式接近觉传感器工作原理

（2）光纤式接近觉传感器。

光纤是一种新型的光电材料,在远距离通信和遥测方面应用广泛。用光纤制作接近觉传感器可以检测工业机器人与目标物间较远的距离。这种传感器具有抗电磁干扰能力强、灵敏度高、响应快的特点。

光纤式接近觉传感器有三种不同的形式,即射束中断型、回射型和扩散型。

第一种为射束中断型,如图 3-3-63(a)所示。这种传感器中,如果光发射器和接收器通路中的光被遮挡,则说明通路中有物体存在,传感器便能检测出该物体。这种传感器只能检测出不透光物体,对透光或半透光的物体无法进行检测。

第二种为回射型,如图 3-3-63(b)所示。物体进入 Y 形光纤束末端和回射靶靶体之间时,到达接收器的反射光强度大为减弱,故可检测出光通路上是否有物体存在。与第一种类型不同,回射型光纤式接近觉传感器可以检测出透光材料制成的物体。

第三种为扩散型,如图 3-3-63(c)所示。这种传感器与回射型相比少了回射靶,因为大部分材料都能反射一定量的光。这种传感器可检测透光或半透光物体。

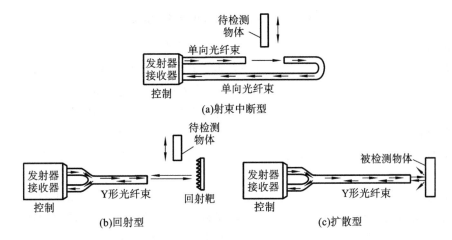

图 3-3-63　光纤式接近觉传感器

（3）电容式接近觉传感器。

电容式接近觉传感器是利用平板电容器的电容与极板距离成反比的关系设计的,图 3-3-64

所示为电容式接近觉传感器的检测原理。其优点是对被测物的颜色、构造和表面都不敏感且实时性好;缺点是必须将传感器本身作为一个极板,被测物作为另一个极板,这就要求被测物是导体且必须接地。这一缺点大大降低了此类传感器的实用性。

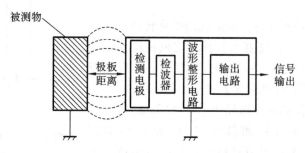

图 3-3-64　电容式接近觉传感器检测原理

电容式接近觉传感器中的一种——双极板电容式接近觉传感器如图 3-3-65 所示。传感器本身由两个极板构成,极板 1 由固定频率的正弦波电压激励,极板 2 接电荷放大器,被测物 0 介于两个极板之间时,在传感器两极板与被测物三者之间形成交变电场。当被测物接近双极板电容式接近觉传感器两个极板时,两个极板之间的电场就会受到影响,被测物阻断了两个极板间连续的电力线。电场的变化引起两个极板间电容的变化。由于电压幅值恒定,电容的变化又反映为第二个极板上电荷的变化,这个变化可以间接反映出被测物的接近程度。

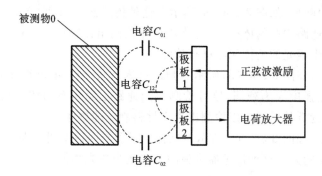

图 3-3-65　双极板电容式接近觉传感器

（4）霍尔式接近觉传感器。

当电流垂直于外磁场通过导体时,载流子发生偏转,垂直于电流和磁场的方向会产生一附加电场,从而在导体的两端产生电势差,这一现象就是霍尔效应,这个电势差也被称为霍尔电势差。霍尔式接近觉传感器单独使用时,只能检测有磁性物体,当与永磁体配合使用时,可以用来检测所有的铁磁物体,如图 3-3-66 所示。传感器附近没有铁磁物体时,霍尔式接近觉传感器感受一个强磁场;若有铁磁物体时,由于磁力线被铁磁物体旁路滤去,传感器感受到的磁场将减弱。

霍尔式接近觉传感器在工业机器人领域主要有两个用途——避障和防止冲击。避障是指使移动的工业机器人绕开障碍物;防止冲击是指柔性接触,例如使机械手抓取物体时实现柔性接触。此类接近觉传感器应用场合不同,感觉的距离范围也不同,远的可达几米至十几米,近的可至 1 毫米。

（5）气压式接近觉传感器。

气压式接近觉传感器中由一根细的喷嘴喷出气流,如果喷嘴靠近物体,则气流（喷嘴）内部

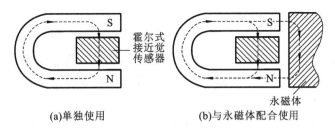

(a)单独使用   (b)与永磁体配合使用

图 3-3-66 霍尔式接近觉传感器的使用

压力(压强)会发生变化,这一变化可用压强计测量出来。图 3-3-67 所示为其检测原理,图 3-3-68所示的曲线表示在大气压为 P_0 的情况下,压强计的压强 P 与距离 d 之间的关系。此类传感器可用于检测非金属物体,尤其适用于测量微小间隙。

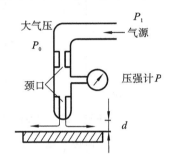

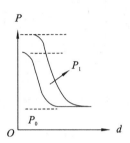

图 3-3-67 气压式接近觉传感器检测原理   图 3-3-68 大气压为 P_0 时的压强计压强 P 与距离 d 的关系曲线

(6)超声波式接近觉传感器。

人能听到的声波频率为 $20 \sim 20\,000$ Hz,超声波的频率为 $20\,000$ Hz 以上,人耳听不到。声波的频率越高,方向性越好,越有利于实现定向传播。利用超声波的这种特性,可实现距离检测。超声波式接近觉传感器的工作原理是,根据发射脉冲和接收脉冲的时间间隔推算出到物体表面的距离,如图 3-3-69 所示。此类传感器特别适合在不能使用光学方法的环境中用于测距;其缺点是波束较宽,其分辨力严重受到环境因素的影响和限制。因此,超声波式接近觉传感器主要用于导航、避障等。

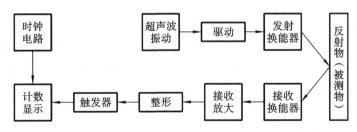

图 3-3-69 超声波式接近觉传感器的工作原理

图 3-3-70 所示为一种典型的超声波式接近觉传感器的结构,基本元件是换能器。这种换能器通常是压电陶瓷型,树脂层用来保护换能器不受潮湿、灰尘以及其他环境因素的影响,同时也起到声阻抗匹配器的作用。由于同一换能器通常既用于发射又用于接收,因此被检测物体距离很小时,需要使声能很快衰减,使用吸声材料(消声器)可以达到这一目的;壳体设计应当能形成一狭窄的声束,以实现有效的能量传送和信号定向。

6. 距离传感器

1）距离传感器原理

距离传感器与接近觉传感器不同之处在于距离传感器可以测量较长的距离,它可以探测被测物距离和物体表面的形状。常用的测量方法是三角测距法和测量传输时间法。

（1）三角测距法原理。

采用三角测距法(triangulation-based method)时,发射器以特定角度发射光线,接收器才能检测到物体上的光斑,利用发射角的角度可以计算出距离,原理如图 3-3-71 所示。

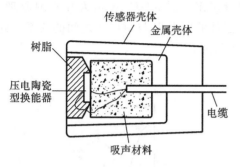

图 3-3-70　典型的超声波式接近觉传感器结构

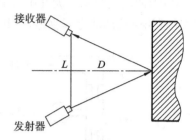

图 3-3-71　三角测距法原理

三角测距法就是把发射器和接收器按照一定距离安装,然后与被测物上被检测的点形成一个三角形,由于发射器和接收器的距离 L 已知,当发射器以特定(已知)角度发射光线时,接收器才能检测到物体上的光斑,此时反射角度也可以被检测到,因此,被检测的点到发射器的距离就可以求出。假设发射角度是 $90°$,则传感器与被测物的距离 D 为

$$D = f\left(\frac{L}{x}\right) \tag{3-3-12}$$

式中:L——发射器和接收器的距离;

x——接受波的偏移距离。

由此可见,距离 D 是由 $1/x$ 决定的,所以用这个测量法可以测得距离非常近的物体,目前可以精确到 $1~\mu m$。但是,由于 D 同时也是 L 的函数,要增加测量距离就必须增大 L 值,所以不能探测远距离物体。

（2）测量传输时间法原理。

测量传输时间法是指信号传输的距离包括从发射器到物体和被物体反射到接收器两部分。传感器与物体之间的距离也就是信号传输距离的一半,如果传输速度已知,通过测量信号的传输时间即可计算出传感器与物体之间的距离。

2）常用距离传感器类型

（1）超声波距离传感器。

超声波是由机械振动产生的,可以在不同的介质中以不同的速度传播,其频率高于 20 kHz。由于超声波指向性强,能量消耗缓慢,在介质中传播的距离较远,因而超声波经常用于距离的测量,如测距和物位测量等都可以通过超声波来实现。利用超声波检测具有检测迅速、设计方便、计算简单、易于实时控制且测量精度较高的特点,因此其在移动机器人的研制上得到了广泛的应用。

超声波距离传感器是由发射器和接收器构成的(几乎所有超声波距离传感器的发射器和接收器都是利用压电效应制成的),其中,发射器是利用压电逆效应(给压电晶体加一个外加电场时,晶片将产生应变)这一原理制成的;接收器的原理是压电正效应(当给晶片加一个外力使其变形时,在晶体的两面会产生与应变量相当的电荷)。若应变方向相反则产生电荷的正负极反向。图 3-3-72 所示为一个共振频率在 40 kHz 附近的超声波距离传感器发射接收器结构。

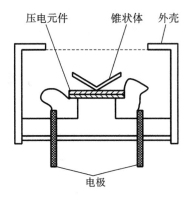

图 3-3-72　超声波距离传感器发射接收器结构

超声波距离传感器的检测方式有脉冲回波式和频率调制连续波式两种。

第一种是脉冲回波式。

脉冲回波式又叫时间差测距法。在时间差测距法测量中,先将超声波用脉冲调制后向某一方向发射,根据其经被测物体反射回来的回波延迟时间 Δt,可计算出被测物与传感器间的距离 S。假设空气中的声速为 v,则

$$S = v\frac{\Delta t}{2} \tag{3-3-13}$$

第二种是频率调制连续波式。

频率调制连续波式(FM-CW)是利用连续波对超声波信号进行调制,将由被测物体反射延迟时间 Δt 后得到的接收波信号与发射波信号相乘,仅取出其中的低频信号就可以得到与距离 S 成正比的差频 f_x 信号。设调制信号的频率为 f_m,调制频率的带宽为 Δf,则

$$S = \frac{f_x v}{4 f_m \Delta f} \tag{3-3-14}$$

(2)激光距离传感器。

激光距离传感器是利用激光二极管对准被测目标发射激光脉冲,经被测目标反射后向各方向散射,部分散射光返回传感器接收器,被光学系统接收后成像到雪崩光敏二极管上(雪崩光敏二极管是一种内部具有放大功能的光学传感器,因此它能检测极其微弱的光信号),记录并处理从光脉冲发出到返回被接收所经历的时间,即可测出目标距离。

激光距离传感器必须极其精确地测定传输时间,因为光速太快(约为 3×10^8 m/s),要想使分辨率达到 1 mm,则测距传感器的电子电路必须能分辨出以下极短的时间:

$$0.001 \text{ m}/(3 \times 10^8 \text{ m/s}) = 3 \text{ ps}$$

要分辨出 3 ps 的时间,对于目前的电子技术来说难以实现,而且造价太高。目前使用的激光距离传感器利用简单的统计学原理巧妙地避开了这一障碍,借助平均法实现了 1 mm 的分辨率,并且能保证响应速度。

(3)红外距离传感器。

红外距离传感器是用红外线作为测量介质的测量系统,按功能主要分为辐射计、搜索和跟踪系统、热成像系统、红外测距和通信系统、混合系统五类。辐射计用于辐射和光谱测量;搜索和跟踪系统用于搜索和跟踪红外目标,确定其空间位置并对它的运动进行跟踪;热成像系统可产生整个目标红外辐射的分布图像;红外测距和通信系统用于测距和通信;混合系统是指以上各类系统中的两个或者多个的组合。

红外距离传感器按探测机理可分成光子探测器和热探测器。红外距离传感器的原理基于红外光,采用直接延迟时间测量法、间接幅值调制法和三角法等测量传感器到物体的距离。

红外距离传感器具有一对红外信号发射与接收二极管,利用红外距离传感器发射出一束红外光,在照射到物体后形成一个反射的过程,反射到传感器后接收信号,然后处理发射与接收的

时间差数据,经信号处理器处理后计算出物体的距离。它不仅可以用于自然表面,也可用于加反射板的情况,测量距离远,具有很高的响应频率,能适应恶劣的工业环境。

◀ 3.4 控制器(控制系统) ▶

工业机器人的控制器(控制系统)结构如图 3-4-1 所示。

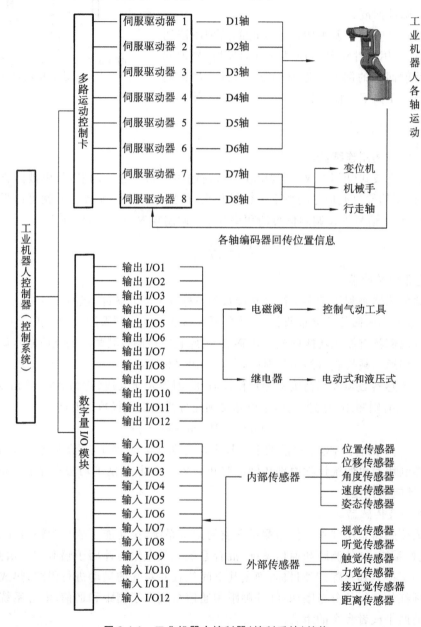

图 3-4-1 工业机器人控制器(控制系统)结构

以成都卡诺普自动化控制技术有限公司开发的 CRP-S80 工业机器人控制系统为例,该系统采用国际流行的开放式软硬件平台,配以专用多轴运动控制卡、数据采集卡及工业机器人专用端子和安全接口;采用模块化的软件设计,针对不同的本体结构、应用行业以实现不同的功能等;可实现对垂直多关节串联工业机器人、垂直多关节平行四边形工业机器人、垂直多关节 L 形手腕工业机器人、极坐标工业机器人、多轴专用机械等多类工业机器人的控制;可应用在搬运、焊接、码垛、喷涂、切割、抛光打磨等领域。其技术指标如表 3-4-1 所示。

表 3-4-1　CRP-S80 工业机器人控制系统技术指标

项 目	指 标
用户储存空间	200 M
示教器	8 寸 TFT-LCD、键盘＋触摸屏、模式选择开关、安全开关、急停按钮
控制轴数	6＋2 轴(6 个本体轴＋2 个外部轴)
接口	数字量 I/O 接口、24 路输入/24 路输出(可扩展)
	4 路 0～10 V 模拟量输出,12 位精度
	多路编码器信号接口(位置跟踪)
	工业机器人专用端子接口,硬限位、防碰撞、维护开关、抱闸控制
	以太网接口、串行通信(RS232、RS485、RS422)接口
安全模块	关联急停信号、工业机器人异常信号,确保使工业机器人快速停止
控制伺服	绝对式及增量式(台达、安川、三菱、山洋、松下、富士、多摩川)
操作模式	示教、再现、远程
编程方式	示教再现、工艺编程(码垛、焊接、喷涂、跟踪、预约等)
运动功能	点到点、直线、圆弧
指令系统	运动、逻辑、工艺、运算
控制方式	位置控制
坐标系统	关节坐标系、直角坐标系、用户坐标系、工具坐标系、基坐标系
软件 PLC 功能	梯形图编辑、5 000 步
异常检出功能	急停异常、伺服异常、防碰撞、安全维护、启弧异常、用户坐标异常、工具坐标异常等
结构算法	垂直多关节串联工业机器人、垂直多关节平行四边形工业机器人、垂直多关节 L 形手腕工业机器人等
原点功能	绝对式——电池记忆;增量式——开机回零,坐标自动保存
应用	搬运、焊接、喷涂、码垛、切割、抛光打磨、锻压、浇铸等
电源	AC 220 V±15%,50/60 Hz,200 W

CRP-S80 工业机器人控制系统的主机箱外观及面板分布如图 3-4-2 和图 3-4-3 所示;示教器外观及按键分布如图 3-4-4 所示;工业机器人专用端子板及分布如图 3-4-5 所示。

工业机器人专用端子板通过配套的工业机器人专用端子信号插座与主机 MXT 接口连接,将工业机器人的专用信号进行了转接,并将各轴抱闸控制集成在端子板上面。其转接主要针对工业机器人安全方面的信号。

图 3-4-2 主机箱外观

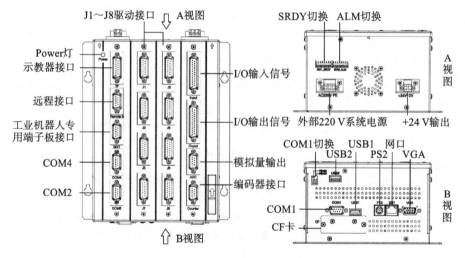

图 3-4-3 主机箱面板分布

注意：

（1）当抱闸线圈电源电压高于 24 V 时需断开抱闸电压跳针（JP1～JP8），若为 24 V 则需将抱闸电压跳针短路（出厂默认为该方式）。

（2）电动机制动线圈电源必须采用外置抱闸电源。

（3）与该板的 TX 端子连接应采用 H 形端子，并经专用钳子压线，防止接线不牢固。

（4）TX11 端子为驱动控制端，共有 8 个轴，当某个轴没使用或者不需抱闸控制时需将对应的抱闸继电器信号短接。

（5）抱闸电源端子 TX7 不能正反接错。另外，该电源需要在系统上电时开始供电。

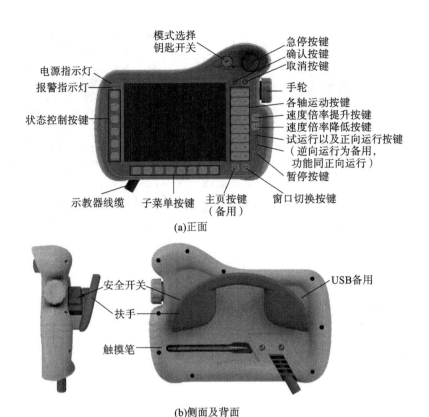

图 3-4-4 示教器外观及按键分布

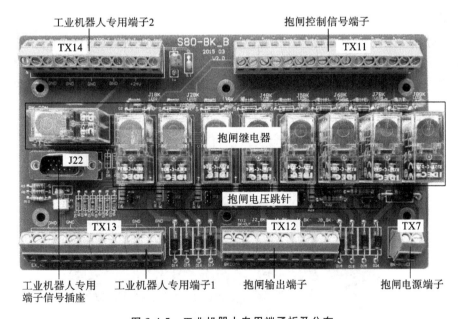

图 3-4-5 工业机器人专用端子板及分布

I/O 转接板(见图 3-4-6)主要是通过 I/O 信号 X00～X23 和 Y00～Y23 进行转接,其中 Y00～Y07进行了继电器转接输出,继电器触点容量为 2 A。元件选配区域为模拟量隔离部分,当模拟量连接焊机时,这部分回路可以隔离两路模拟量。

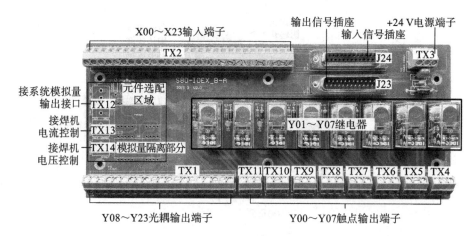

图 3-4-6　I/O 转接板

> 注意：
> （1）I/O 转接板的 TX 端子连接必须采用 H 形端子，并经专用钳子压线，防止接线不牢固。
> （2）当采用外部电源供电时，TX3 端子不与系统＋24 V 输出端子相连，改接外部电源端。
> （3）TX1、TX2 端子上的＋24 V、GND 信号与 TX3 的＋24 V、GND 信号是相通的，用于外接开关、电器等。

3.4.1　运动控制卡

1. 概述

运动控制卡（见图 3-4-7）是基于 PCI 总线的利用高性能微处理器（如 DSP）及大规模可编程器件实现多个伺服电动机的多轴协调控制的一种高集成度、高可靠度的脉冲式运动控制卡，是一种基于 PC 机及工业 PC 机、用于各种运动控制场合（包括位移、速度、加速度等）的上位控制单元。

图 3-4-7　运动控制卡

运动控制卡可实现脉冲输出、脉冲计数、数字输入、数字输出、D/A 输出等功能，它可以发出连续的、高频率的脉冲串,通过改变发出脉冲的频率来控制电动机的速度,改变发出脉冲的数量来控制电动机的位置。它的脉冲输出包括脉冲/方向模式及脉冲/脉冲模式。脉冲计数可用于编码器的位置反馈,提供工业机器人的准确位置,纠正传动过程中产生的误差。数字输入/输出点可用于限位、原点开关等。其库函数可实现工业机器人 S 形、T 形加速,直线插补和圆弧插补,以及多轴联动等。运动控制卡产品广泛应用于工业自动化控制领域中需要精确定位、定长的位置控制系统和基于 PC 机的数字控制(NC)系统。具体方法就是,将实现运动控制的底层软件和硬件集成在一起,使其具有伺服电动机控制所需的各种速度、位置控制功能,这些功能通过计算机可以方便地调用。现国内外生产运动控制卡较有名的公司有美国的 GALIL、DELTA TAU(PMAC),英国的 TRIO(翠欧),中国的台达、凌华、研华、研控、雷赛、固高、乐创、众为兴等。

运动控制卡出现的主要原因如下:

(1) 满足新型数控系统的标准化、柔性、开放性等要求;

(2) 在各种工业设备(如包装机械、印刷机械等)、国防装备(如跟踪定位系统等)、智能医疗装置等的自动化控制系统研制和改造中,急需一个运动控制模块的硬件平台;

(3) PC 机在各种工业现场的广泛应用,促使相应的控制卡被配备以充分发挥 PC 机的强大功能。

运动控制卡通常采用专业运动控制芯片或高速数字信息处理器(digital signal processor, DSP)作为运动控制核心,大多用于控制步进电动机或伺服电动机。一般地,运动控制卡与 PC 机构成主从式控制结构:PC 机负责人机交互界面的管理和控制系统的实时监控等方面的工作(如键盘和鼠标的管理、系统状态的显示、运动轨迹规划、控制指令的发送、外部信号的监控等);运动控制卡完成运动控制的所有细节(包括脉冲和方向信号的输出、自动升降速的处理、原点和限位等信号的检测等)。

运动控制卡都配有开放的函数库供用户在 DOS(disk operating system)或 Windows 系统平台下自行开发、构造所需的控制系统,因而这种结构开放的运动控制卡能够广泛地应用于制造业中设备自动化的各个领域。

2. 应用——插补

1) 插补的定义

插补是指机床数控系统依照一定方法确定刀具运动轨迹的过程,即已知曲线上的某些数据,按照某种算法计算已知点之间的中间点的方法;也指数控装置根据输入的零件程序的信息,将程序段所描述的曲线的起点、终点之间的空间进行数据密化,从而形成要求的轮廓轨迹的这种数据密化机能。

插补计算就是数控装置根据输入的基本数据,通过计算,把工件轮廓的形状描述出来,边计算边根据计算结果向各坐标发出进给脉冲,对应每个脉冲,机床在响应的坐标方向上移动一个脉冲当量的距离,从而将工件加工成所需要的形状。

2) 插补的类型

一个零件的轮廓往往是多种多样的,有直线,有圆弧,也可能有任意曲线、样条线等。数控机床的刀具往往是不能以零件的实际轮廓去走刀的,而是近似地以若干条很短的线段去走刀,走刀的方向一般是 X 和 Y 方向。插补方式有直线插补、圆弧插补、抛物线插补、样条线插补等。

(1) 直线插补。

直线插补是数控机床上常用的一种插补方式,在此方式中,两点间的插补沿着直线的点群来进行,数控机床沿此直线控制刀具的运动。直线插补只能用于实际轮廓是直线的情况(如果不是直线,可以用逼近的方式把曲线用一段段线段去逼近,这样每一段线段就可以用直线插补了)。首先假设刀具在实际轮廓起始点处沿 X 方向走一小段(一个脉冲当量),发现线段终点在实际轮廓的下方,则下一条线段沿 Y 方向走一小段,此时如果线段终点还在实际轮廓下方,则刀具继续沿 Y 方向走一小段,线段终点在实际轮廓上方以后,刀具再向 X 方向走一小段,依次循环,直到到达轮廓终点为止。这样,实际轮廓就由一段段的折线拼接而成,虽然是折线,但是如果我们每一段走刀线段都非常短(在精度允许范围内),那么此折线形成的轮廓和实际轮廓可以近似地看成相同。

(2)圆弧插补。

在圆弧插补方式中,根据两端点间的插补数字信息,可计算出逼近实际圆弧的点群,再控制刀具沿这些点运动,加工出圆弧曲线。

3)复杂曲线实时插补方法

传统的数控机床只提供直线插补和圆弧插补,对于非直线和非圆弧曲线则采用直线和圆弧分段拟合的方法进行插补。这种插补方法在处理复杂曲线时会导致数据量大、精度差、进给速度不均、编程复杂等一系列问题,必然对加工质量和加工成本造成较大的影响。因此,人们开始寻求一种能够对复杂的自由型曲线(或曲面)进行直接插补的方法。国内外的学者对此进行了大量的深入研究,由此也产生了很多新的插补方法,如 A(Akima)样条曲线插补、C(cubic)样条曲线插补、贝齐尔(Bezier)曲线插补、PH(Pythagorean-hodograph)曲线插补、B 样条曲线插补等。由于 B 样条曲线的诸多优点,尤其是其在表示和设计自由型曲线(或曲面)形状时显示出的强大功能,人们关于自由空间曲线(或曲面)的直接插补算法的研究多集中在它身上。

3.4.2 伺服驱动器

1. 概述

伺服驱动器(servo drives)又称伺服控制器、伺服放大器,是伺服电动机的一种控制器,其作用于伺服电动机类似于变频器作用于普通交流电动机。它属于伺服系统的一部分,主要应用于高精度的定位系统,一般是通过位置、速度和力矩三种方式对伺服电动机进行控制,实现高精度的传动系统定位,目前是传动技术的高端产品。常见的伺服驱动器如图 3-4-8 所示。

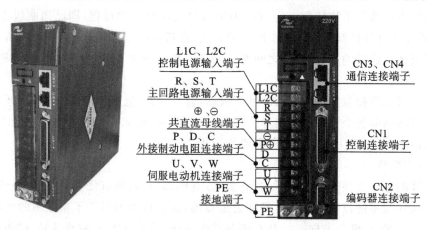

图 3-4-8 伺服驱动器

伺服驱动器是现代运动控制的重要组成部分,被广泛应用于工业机器人及数控加工中心等自动化设备中,用来控制交流永磁同步电动机的伺服驱动器已经成为国内外研究热点。当前交流伺服驱动器设计中普遍采用基于矢量控制的电流、速度、位置的三闭环控制算法。该算法中速度闭环设计合理与否,对于整个伺服控制系统特别是速度控制性能的发挥起到关键作用。

在伺服驱动器速度闭环中,电动机转子实时速度测量精度对于改善速度环的转速、控制动静态特性至关重要。为寻求测量精度与系统成本的平衡,一般采用增量式光电编码器作为测速传感器,与其对应的常用测速方法为 M/T 测速法。M/T 测速法虽然具有一定的测量精度和较宽的测量范围,但这种方法有其固有的缺陷,主要包括:①测速周期内必须检测到至少一个完整的码盘脉冲,限制了最低可测转速;②用于测速的 2 个控制系统定时器开关难以严格保持同步,在速度变化较大的测量场合中无法保证测速精度。因此,应用该测速法的传统速度闭环设计方案难以提高伺服驱动器速度跟随与控制性能。

2. 工作原理

目前主流的伺服驱动器均采用 DSP 作为控制核心,可以实现比较复杂的控制算法,实现数字化、网络化和智能化;功率器件普遍采用以智能功率模块(intelligent power module,IPM)为核心设计的驱动电路(IPM 内部集成了驱动电路),同时具有过电压、过电流、过热、欠压等故障检测保护电路,在主回路中还加入软启动电路,以减小启动过程对驱动器的冲击。

功率驱动单元首先通过三相全桥整流电路对输入的三相电或市电进行整流,得到相应的直流电。经过整流的三相电或市电再通过三相正弦 PWM(脉冲宽度调制)电压型逆变器变频来驱动三相永磁式同步交流伺服电动机。功率驱动单元的整个过程简单地说就是 AC—DC—AC 的过程。整流单元(AC—DC)主要的拓扑电路是三相全桥不控整流电路。

3. 基本要求

1) 对伺服进给系统的要求

(1) 调速范围宽。

(2) 定位精度高。

(3) 有足够的传动刚性和高的速度稳定性。

(4) 快速响应,无超调。

为了保证生产效率和加工质量,除了要求有较高的定位精度外,还要求有良好的快速响应特性,即要求跟踪指令信号的响应快,因为数控系统在启动、制动时,要求加速度、减速度足够大,缩短进给系统过渡过程的时间,减小轮廓加工过渡误差。

(5) 低速大转矩,过载能力强。

一般来说,伺服驱动器具有数分钟甚至半小时内 1.5 倍以上的过载能力,在短时间内可以过载 4~6 倍而不被损坏。

(6) 可靠性高。

数控机床的进给驱动系统要求可靠性高,工作稳定性好,具有较强的温度、湿度、振动等环境适应能力和很强的抗干扰能力。

2) 对电动机的要求

(1) 要求电动机从最低速到最高速都能平稳运转,转矩波动小,尤其在低速(如 0.1 r/min 或更低)时,仍有平稳的速度而无爬行现象。

(2) 电动机应具有较长时间的大的过载能力,以满足实现低速大转矩的要求。

(3) 为了满足快速响应的要求,电动机应有较小的转动惯量和大的堵转力矩,并具有尽可能小的时间常数和启动电压。

（4）电动机应能承受频繁启动、制动和反转。

3.4.3 I/O 模块

1. 概述

I/O 模块又称远程 I/O 模块，是工业级远程采集与控制模块，该模块提供了无源节点的开关量输入采集、继电器输出、高频计数器等功能。

I/O 模块可以由远程命令进行控制，将系列内多个模块进行总线组网，使得 I/O 点数得到灵活扩展。该模块采用工业级元器件，10～30 V DC 宽电压输入，能够在 －30～60 ℃ 范围内正常工作，支持 RS232、RS485 通信模式，通信协议采用工业标准的 Modbus RTU 协议。Modbus 协议定义了一个控制器能认识使用的消息结构，而不管它们是通过何种网络进行通信的，它制订了消息域的格局和内容的公共格式，描述了一个控制器请求访问其他设备的过程，回应来自其他设备的请求，以及侦测并记录错误信息。通过此协议，控制器之间、控制器经由网络和其他设备可以完成信息和数据的交换与传送，使不同的公司和厂家的可编程逻辑控制器（programmable logic controller，PLC）、RTU（远程终端单元）、SCADA（数据采集与监视控制）系统、DCS（集散控制系统）或与兼容 Modbus 协议的第三方设备之间可以连成工业网络，构建各种复杂的监控系统，并有利于系统的维护和扩展。这个通信协议已作为系统集成的一种通用工业标准协议被国内外各行业广泛采用。

2. 分类

常用 I/O 模块为 RIO-8100 系列远程采集与控制模块。

RIO-8100 系列可分为 RIO-8100-4DI4DO（4 路开关量输入/4 路计数器，4 路继电器输出）、RIO-8100-4DI（4 路开关量输入/4 路计数器）、RIO-8100-4DO（4 路继电器输出）、RIO-8100-6DO（6 路继电器输出）及 RIO-8100-2DI5DO（2 路开关量输入/2 路计数器，5 路继电器输出），如图 3-4-9 所示。

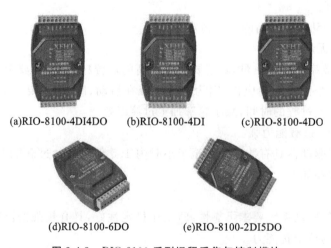

(a)RIO-8100-4DI4DO   (b)RIO-8100-4DI   (c)RIO-8100-4DO

(d)RIO-8100-6DO   (e)RIO-8100-2DI5DO

图 3-4-9 RIO-8100 系列远程采集与控制模块

3.4.4 电磁阀

1. 概述

电磁阀（electromagnetic valve）是用电磁控制的工业设备，是用来控制流体的自动化基础元件,属于执行器,并不限于液压、气动。电磁阀由电磁线圈和磁芯组成,是包含一个或几个孔的阀体。当电磁线圈通电或断电时,磁芯的运转将使流体通过阀体或被切断,以达到改变流体方向的目的。

电磁阀用在工业控制系统中以调整介质的方向、流量、速度和其他的参数。电磁阀可以配合不同的电路来实现预期的控制,而控制的精度和灵活性都能够保证。

2. 工作原理及分类

以五通电磁阀(见图 3-4-10)为例,工作原理如图 3-4-11 所示。电磁阀里有密闭的腔,在不同位置开有通孔,每个孔连接不同的油管,腔中间是活塞,两面是两块电磁铁,哪面的电磁线圈通电,磁芯就会被吸引到哪边,通过控制磁芯的移动来开启或关闭不同的排油孔,而进油孔是常开的,液压油就会进入不同的排油管,然后通过油的压力来推动油缸的活塞,使活塞带动活塞杆、活塞杆带动机械装置运动,这样就通过控制电磁铁的电流通断控制了机械运动。

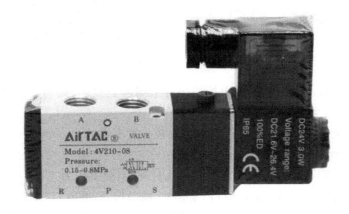

图 3-4-10　五通电磁阀

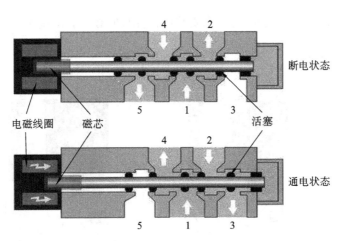

图 3-4-11　五通电磁阀原理图

1—供气口;2、4—工作口;3、5—排气口

根据电磁阀在控制系统中的不同作用,可将其分为安全电磁阀、方向控制电磁阀、速度调节电磁阀等。

根据电磁阀结构和材料上的不同与原理上的区别,可将其分为六小类——直动膜片结构、分步直动膜片结构、先导膜片结构、直动活塞结构、分步直动活塞结构、先导活塞结构。

根据电磁阀的功能的不同,可将其分为水用电磁阀、蒸汽电磁阀、制冷电磁阀、低温电磁阀、燃气电磁阀、消防电磁阀、氨用电磁阀、气体电磁阀、微型电磁阀、脉冲电磁阀、液压电磁阀、常开电磁阀、油用电磁阀、直流电磁阀、高压电磁阀、防爆电磁阀等。

根据电磁阀的原理可将其分为三大类,即直动式电磁阀、先导式电磁阀和分步直动式电磁阀。

1)直动式电磁阀

直动式电磁阀如图 3-4-12 所示。

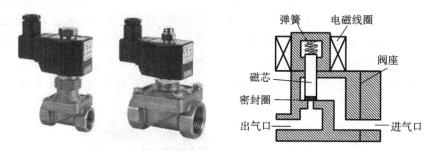

图 3-4-12　直动式电磁阀

原理:通电时,电磁线圈产生电磁力把关闭件从阀座上提起,阀门打开;断电时,电磁力消失,弹簧把关闭件压在阀座上,阀门关闭。

特点:在真空、负压、零压时能正常工作,但通径一般不超过 25 mm。

2)先导式电磁阀

原理(见图 3-4-13):通电时,电磁力把先导孔打开,上腔室压力迅速下降,在关闭件周围形成上低下高的压差,流体压力推动关闭件向上移动,阀门打开;断电时,弹簧用力把先导孔关闭,入口压力通过旁通孔迅速在关闭件周围形成下低上高的压差,流体压力推动关闭件向下移动,关闭阀门。

特点:流体压力范围上限较高,可任意安装(需定制)但必须满足流体压差条件。

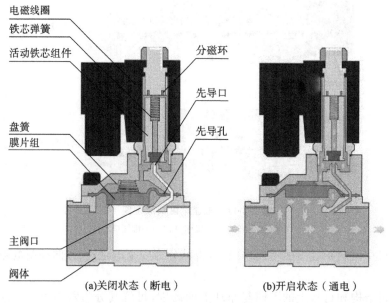

(a)关闭状态（断电）　　　(b)开启状态（通电）

图 3-4-13　先导式电磁阀原理

3）分步直动式电磁阀

原理：直动式和先导式相结合。当入口与出口没有压差时，通电后，电磁力直接把先导小阀和主阀关闭件依次向上提起，阀门打开。当入口与出口达到启动压差时，通电后，电磁力打开先导小阀，主阀下腔压力上升，上腔压力下降，从而利用压差把主阀向上推开；断电时，先导小阀利用弹簧力或介质压力推动关闭件向下移动，使阀门关闭。

特点：在零压差或真空、高压时亦能工作，但功率较大，必须水平安装。

3. 主要特点

（1）外漏堵绝，内漏易控，使用安全。

内外泄漏危及安全，其他自控阀通常将阀杆伸出，由电动、气动、液动执行机构控制阀芯的转动或移动，以解决长期动作阀杆动密封的外漏难题；唯有电磁阀用电磁力作用于密封在电动调节阀隔磁套管内的铁芯完成控制，不存在动密封，所以外漏易堵绝。电动阀力矩控制不易，容易产生内漏，甚至拉断阀杆头部；电磁阀的结构形式使内泄漏容易控制，直至降为零。因此，电磁阀使用特别安全，尤其适用于有腐蚀性、有毒或高（低）温的介质。

（2）系统简单，便接电脑，价格低廉。

电磁阀本身结构简单，价格低，比调节阀等其他种类执行器更易于安装维护。由于电磁阀是开关信号控制，与工控计算机连接十分方便。在当今电脑普及、电脑价格大幅下降的时代，电磁阀的优势就更加明显。

（3）动作快速，功率微小，外形轻巧。

电磁阀响应时间可以短至几毫秒，即使是先导式电磁阀也可以控制在几十毫秒内；由于自成回路，比其他自控阀反应更灵敏。设计得当的电磁阀线圈功率消耗很低，属节能产品；还可做到只需触发动作，自动保持阀位，平时几乎不耗电。电磁阀外形尺寸小，既节省空间，又轻巧美观。

（4）调节精度受限，适用介质受限。

电磁阀通常只有开与关两种状态，磁芯只能处于两个极限位置，不能连续调节，所以其调节精度受到一定限制。

电磁阀对介质洁净度有较高要求，含颗粒状的介质不适用，如金属杂质须先滤去。另外，黏稠状介质不适用，而且，特定的产品适用的介质黏度范围相对较窄。

（5）型号多样，用途广泛。

电磁阀虽有"先天不足"，优点仍十分突出，所以被设计成多种多样的产品，以满足不同的需求，用途极为广泛。对电磁阀技术的研究也都是围绕着如何克服不足、如何更好地发挥固有优势而展开。

3.4.5　继电器

1. 概述

继电器是一种电控制器件，当输入量（激励量）的变化达到规定要求时，在电气输出电路中使被控量发生预定的阶跃变化，实际上是用小电流去控制大电流运作的一种自动开关。它使控制系统（又称输入回路）和被控制系统（又称输出回路）之间形成互动关系，通常应用于自动化的控制电路中，在电路中起着自动调节、安全保护、转换电路等作用。

继电器是具有隔离功能的自动开关元件，广泛应用于遥控、遥测、通信、机电一体化及电力电子设备中，是重要的控制元件之一。

继电器一般都有能反映一定输入变量(如电流、电压、功率、阻抗、频率、温度、压力、速度等)的感应机构(输入部分),有能对被控电路实现通、断控制的执行机构(输出部分),而且,在继电器的输入部分和输出部分之间,还有对输入量进行耦合隔离、功能处理和对输出部分进行驱动的中间机构(驱动部分)。

作为控制元件,概括起来,继电器有如下几种作用:

(1)扩大控制范围。例如,多触点继电器控制信号达到一定值时,可以按触点组的不同形式,同时换接、断开、接通多路电路。

(2)放大。例如,灵敏型继电器、中间继电器等用一个很微小的控制量,可以控制很大功率的电路。

(3)综合信号。例如,当多个控制信号按规定的形式输入多绕组继电器时,可以经过比较综合,达到预定的控制效果。

(4)自动、遥控、监测。例如,自动装置上的继电器与其他电器一起,可以组成程序控制线路,从而实现自动化运行。

2. 分类

1)按工作原理或结构特征分类

按工作原理或结构特征分类,继电器可分为如下几种:

(1)电磁继电器:利用输入电路内电路在电磁铁铁芯与衔铁间产生的吸力作用而工作的一种电气继电器。

(2)固体继电器:电子元件履行其功能而无机械运动构件的,输入和输出隔离的一种继电器。

(3)温度继电器:当外界温度达到给定值时而动作的继电器。

(4)舌簧继电器:利用密封在管内具有触电簧片和衔铁磁路双重作用的舌簧动作来开闭或转换线路的继电器。

(5)时间继电器:当加上或除去输入信号时,输出部分需延时或限时到规定时间才闭合或断开其被控线路的继电器。

(6)高频继电器:用于切换高频、射频线路而具有最小损耗的继电器。

(7)极化继电器:由极化磁场与控制电流通过控制线圈所产生的磁场综合作用而动作的继电器。此类继电器的动作方向取决于控制线圈中流过的电流的方向。

(8)其他类型的继电器,如光继电器、声继电器、热继电器、仪表式继电器、霍尔效应继电器、差动继电器等。

2)按外形尺寸分类

按外形尺寸分类,继电器主要分为微型继电器、超小型微型继电器及小型微型继电器。

对于密封式或封闭式继电器,其外形尺寸为继电器本体三个相互垂直的方向的最大尺寸,不包括安装件、引出端、压筋、压边、翻边和密封焊点的尺寸。

3)按负载分类

按负载分类,继电器主要分为微功率继电器、弱功率继电器、中功率继电器及大功率继电器。

4)按防护特征分类

按防护特征分类,继电器主要分为密封式继电器、封闭式继电器及敞开式继电器。

5）按动作原理分类

按动作原理分类,继电器主要分为电磁型继电器、感应型继电器、整流型继电器、电子型继电器及数字型继电器等。

6）按反应的物理量分类

按反应的物理量分类,继电器主要分为电流继电器、电压继电器、功率方向继电器、阻抗继电器、频率继电器及气体(瓦斯)继电器。

7）按在保护回路中所起的作用分类

按其在保护回路中所起的作用分类,继电器主要分为启动继电器、量度继电器、时间继电器、中间继电器、信号继电器及出口继电器。

3. 主要类型及原理

1）电磁继电器

电磁继电器(见图 3-4-14)是一种电子控制器件,一般由铁芯、线圈、衔铁、触点(簧片)等组成的。只要在线圈两端加上一定的电压,线圈中就会流过一定的电流,从而产生电磁效应,衔铁就会在电磁力吸引的作用下克服弹簧的拉力被吸向铁芯,从而带动衔铁的动触点与常开触点(静触点)吸合。当线圈断电后,电磁的吸力也随之消失,衔铁就会在弹簧的拉力作用下返回原来的位置,使动触点与原来的常开触点释放,与常闭触点(静触点)吸合。这样吸合、释放,从而达到导通、切断电路的目的。电磁继电器工作原理如图 3-4-15 所示。

图 3-4-14　电磁继电器

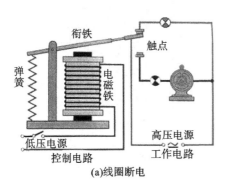 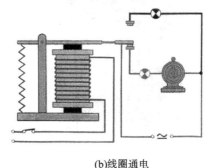

(a)线圈断电　　　　　　　　　　　　　(b)线圈通电

图 3-4-15　电磁继电器工作原理

对于电磁继电器的常开触点和常闭触点,可以这样来区分:继电器线圈未通电时处于断开状态的静触点,称为常开触点;线圈未通电时处于接通状态的静触点,称为常闭触点。电磁继电器一般有两个电路,即低压控制电路和高压工作电路。

2）中间继电器

中间继电器（见图 3-4-16）用于继电保护与自动控制系统中，以增加触点的数量及容量，它在控制电路中传递中间信号。其输入信号是线圈的通电和断电，输出信号是触头的动作。

中间继电器的结构和原理与交流接触器基本相同，与交流接触器的主要区别在于，接触器的主触头可以通过大电流，而中间继电器的触头只能通过小电流，因而中间继电器只能用于控制电路。它一般是没有主触头的（因为过载能力比较小），用的全部都是辅助触头，数量比较多。

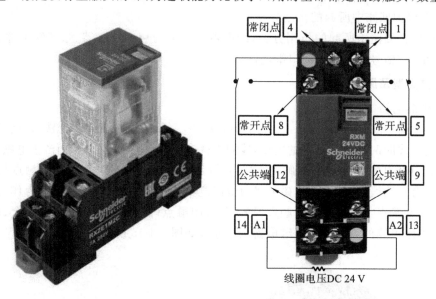

图 3-4-16　中间继电器

3）电流继电器

当继电器的电流超过整定值时，可引起开关电器有延时或无延时动作的继电器为电流继电器，如图 3-4-17 所示。该继电器主要用于频繁启动和重载启动的场合，作为电动机和主电路的过载和短路保护。

图 3-4-17　电流继电器

4）电压继电器

电压继电器（见图 3-4-18）又称零电压继电器，是一种按电压值的大小而动作的继电器，当输入的电压达到设定的电压时，其触头会做出相应的动作。电压继电器具有导线细、匝数多、阻抗大的特点。

图 3-4-18　电压继电器

5）速度继电器

速度继电器（见图 3-4-19）又称为反接制动继电器，主要是与接触器配合使用，实现电动机的反接制动。速度继电器主要用于三相异步电动机反接制动的控制电路中，它的任务是当三相电源的相序改变以后，产生与实际转子转动方向相反的旋转磁场，从而产生制动力矩。因此，使电动机在制动状态下迅速降低速度。在电动机转速接近零时立即发出信号，切断电源使之停车（否则电动机开始反方向转动）。

图 3-4-19　速度继电器

6）热继电器

热继电器（见图 3-4-20）作为电动机的过载保护元件，以其体积小、结构简单、成本低等优点在生产中得到了广泛应用。其工作原理是，流入热元件的电流产生热量，使有不同膨胀系数的双金属片发生形变，当形变达到一定程度时，就会推动连杆动作，使控制电路断开，从而使接触器失电，主电路断开，实现对电动机的过载保护。

7）时间继电器

时间继电器（见图 3-4-21）是指当加入（或去掉）输入的动作信号后，其输出电路需经过规定的准确时间才产生跳跃式变化（或触头动作）的一种继电器，它是一种使用在较低电压或较小电流的电路上，用来接通或切断较高电压、较大电流的电路的电气元件。

时间继电器主要用于需要按时间顺序控制的电路中，以延时接通和切断某些控制电路。

8）压力继电器

压力继电器（见图 3-4-22）是液压系统中当流体压力达到预定值时，使电接点动作的元件。压力继电器也可定义为将压力转换成电信号的液压元器件，常用于机械设备的液压或气压控制

图 3-4-20　热继电器

图 3-4-21　时间继电器

系统中,它可以根据压力的变化情况来决定触头的接通和断开,方便对机械设备进行控制和保护。

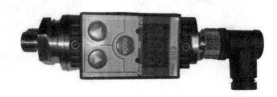

图 3-4-22　压力继电器

◀ 3.5　工业机器人的编程 ▶

工业机器人的主要特点之一是通用性,使工业机器人具有可编程能力是实现这一特点的重要手段。工业机器人编程必然涉及机器人语言。机器人语言是使用符号来描述(或控制)机器人动作的方法,它通过对机器人动作的描述,使机器人按照编程者的意图进行各种操作。机器人语言的产生和发展是与机器人技术的发展以及计算机编程语言的发展紧密相关的。编程系统的核心问题是操作运动控制问题。

3.5.1　编程系统及方式

工业机器人编程是工业机器人运动和控制问题的结合,也是工业机器人系统的关键问题之一。当前实用的工业机器人常采用离线编程或示教方式,在调试阶段可以通过示教器将编译好的程序一步一步地执行,调试成功后可投入正式运行。工业机器人编程系统可以用图 3-5-1 表示。

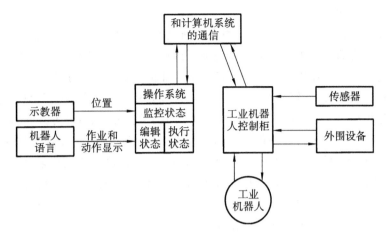

图 3-5-1　工业机器人编程系统

工业机器人编程系统包括 3 个基本的操作状态,即监控状态、编辑状态和执行状态。

监控状态用来进行整个系统的监督控制。在监控状态,操作者可以用示教器定义工业机器人在空间中的位置,设置工业机器人的运动速度,存储和调出程序等。

编辑状态是操作者编制程序或编辑程序的状态。尽管不同语言的编辑操作不同,但一般都包括写入指令,修改或删去指令以及插入指令等。

执行状态用来执行工业机器人程序。在执行状态,工业机器人执行程序的每一条指令。所执行的程序指令都是经过调试的,不允许执行有错误的程序。

和计算机编程语言类似,工业机器人语言程序可以编译。把工业机器人源程序转换成机器码,以便工业机器人控制柜直接读取和执行,编译后的程序运行速度将大大加快。

根据工业机器人不同的工作要求,需要不同的编程语言。编程能力与编程方式有很大的关系,编程方式决定着工业机器人的适应性和作业能力。随着计算机在工业的广泛应用,工业机器人的编程变得日益重要。国内外尚未制定统一的工业机器人控制代码标准,所以目前编程语言也是多种多样的。

目前工业机器人的编程方式有以下几种。

1. 顺序控制编程

对于顺序控制的工业机器人,所有的控制都是由机械的或电气的顺序控制器来实现的,一般没有程序设计的要求。顺序控制的灵活性小,这是因为所有的工作过程都已编好,由机械挡块或其他确定的办法所控制。大量的自动机械都是在顺序控制下操作的,这种编程方式的主要优点是成本低,易于控制和操作。

2. 示教方式编程

示教方式编程一般可分为手把手示教编程和示教器示教编程两种。

1)手把手示教编程

手把手示教编程方式主要用于喷涂、弧焊等要求实现连续轨迹控制的工业机器人示教编程。具体的方法:人工利用示教手柄引导工业机器人末端执行器经过所要求的位置,同时由传感器检测出工业机器人各关节处的坐标值,并由控制系统记录、存储下这些数据信息;实际工作当中,工业机器人的控制系统会重复再现示教过的轨迹和操作技能。

手把手示教编程也能实现点位控制,与CP(连续轨迹)控制不同的是,它只记录各轨迹程序移动的两端点位置,轨迹的运动速度则按各轨迹程序段对应的功能数据输入执行。

2)示教器示教编程

示教器示教编程方式是,人工利用示教器上所具有的各种功能按钮来驱动工业机器人的各关节轴按作业所需要的顺序单轴运动或多关节协调运动,从而完成位置和功能的示教编程。示教器示教一般用于大型工业机器人或危险条件下作业的工业机器人示教。

示教器通常是一个带有微处理器的、可随意移动的小键盘,内部ROM(只读存储器)中固化有键盘扫描和分析程序。其功能键一般具有回零方式、示教方式、自动方式和参数方式等。

示教方式编程控制由于具有编程方便、装置简单等优点,在工业机器人发展的初期得到较多的应用。但是,由于功能编辑比较困难,难以使用传感器,难以表现沿轨迹运动时的条件分支,缺乏记录动作的文件和资料,难以积累有关的信息资源,对实际的工业机器人进行示教时要占用工业机器人且示教人员操作须熟练等缺点和限制,人们又开发了许多新的控制方式和装置,以使工业机器人能更好、更快地完成作业任务。

3. 脱机编程或预编程

脱机编程和预编程的含义相同,是指以工业机器人程序语言预先示教的方法编程。脱机编程有以下几个方面的优点:

(1)编程时可以不占用工业机器人,工业机器人可去做其他工作。

(2)可预先优化操作方案和运行周期。

(3)以前完成的过程或子程序可结合到待编的程序中去。

(4)可用传感器探测外部信息,从而使工业机器人做出相应的响应。这种响应使工业机器人可以在自适应的方式下工作。

(5)控制功能中,可以包含现有的计算机辅助设计(CAD)和计算机辅助制造(CAM)的信息。

(6)可以预先运行程序来模拟实际运动,而不会出现危险,即可在屏幕上模拟工业机器人运动来辅助编程。

(7)为达到不同的工作目的,只需替换一部分待定的程序。

在非自适应系统中,没有外界环境的反馈,仅有的输入是各关节传感器的测量值,从而可以使用简单的程序设计手段。

3.5.2 编程的要求

1. 能够建立世界坐标系

在进行工业机器人编程时,需要一种描述物体在三维空间内运动的方式,所以需要给工业机器人及其相关物体建立一个基础坐标系。这个坐标系与大地相连,称为世界坐标系(world coordinate system,WCS)。为了方便工业机器人工作,也可以建立其他坐标系,但建立其他坐标系需要同时建立这些坐标系与世界坐标系的变换关系。工业机器人编程系统应具有在各种坐标系下描述物体位姿的能力和建模能力。

2. 能够描述工业机器人作业

工业机器人作业的描述与其环境模型密切相关,编程语言水平决定了作业的描述水平。现有的机器人语言需要给出作业顺序,由语法和词法定义输入语句,并由它描述整个作业过程。例如,装配作业可描述为世界模型的一系列状态,这些状态可用工作空间内所有物体的位姿给定。这些物体的位姿也可利用物体间的空间关系来说明。

3. 能够描述工业机器人运动

描述工业机器人需要进行的运动是工业机器人编程语言的基本功能之一。用户可以运用机器人语言中的运动语句使工业机器人与路径规划器相连接;用户可以规定路径上的点及目标点,决定是否采用点插补运动或笛卡儿直线运动;用户还可以控制运动速度或运动持续时间。

4. 允许用户规定执行流程

同一般的计算机编程语言一样,工业机器人编程系统允许用户规定执行流程,包括试验和转移、循环、调用子程序以及中断等。

通常需要用某种传感器来监控不同的流程执行过程,然后通过中断或登记通信,使工业机器人系统能够反应由传感器检测到的一些事件。有些机器人语言提供规定这种事件的监控器。

5. 具有良好的编程环境

如同计算机系统一样,一个好的编程环境有助于提高程序员的工作效率。大多数工业机器人编程语言含有中断功能,以便在程序开发和调试过程中每次只执行一条单独语句。根据工业机器人编程的特点,其编程支撑软件应具有下列功能:

(1) 在线修改和重启功能。工业机器人在作业时需要执行复杂的动作和花费较长的执行时间,当任务在某一阶段失败后,从头开始运行程序并不总是可行的,因此,编程软件或系统必须有在线修改程序和随时重新启动的功能。

(2) 传感器输出和程序追踪功能。因为工业机器人和环境之间的实时相互作用常常不能重复,因此,编程系统应能随着程序追踪记录传感器的输入输出值。

(3) 仿真功能。这一功能是指可以在没有工业机器人实体和工作环境的情况下进行不同任务程序的模拟调试。

6. 可提供人机接口和综合传感信号

在编程和作业过程中,编程系统应便于人与工业机器人之间进行信息交换,方便人在工业机器人出现故障时及时处理,确保安全。随着工业机器人动作和作业环境的复杂程度的增加,编程系统需要提供功能强大的人机接口。

机器人语言的一个极其重要的部分是与传感器的相互作用。机器人语言系统应当提供一般的决策机构,如"if( ) then( ) else""case( )""until( )""while( ) do( )"等,以便根据传感器的信息来控制程序的流程。

3.5.3　编程语言的分类和基本功能

工业机器人编程语言是一种程序描述语言,它能十分简洁地描述工作环境和工业机器人的动作,能把复杂的操作内容通过尽可能简单的程序来实现。工业机器人编程语言也和一般的程序语言一样,应当具有结构简明、概念统一、容易扩展等特点。从实际应用的角度来看,大多情况下都是操作者实时地操纵工业机器人工作,因此,工业机器人编程语言还应当简单易学,并且有良好的对话性。高水平的工业机器人编程语言还应能够做出并应用目标物体和环境的几何模型。在工作进行过程中,目标物体和环境的几何模型又是不断变化的,因此,性能优越的工业机器人编程语言会极大地减少编程的困难。

1．编程语言的分类

从描述操作命令的角度来看，工业机器人编程语言可以分为以下三种。

1）动作级编程语言

动作级编程语言以工业机器人末端执行器的动作为中心来描述各种操作，即要在程序中说明每个动作。这是一种最基本的描述方式，通常由使机械手末端从一个位置动作到另一个位置的一系列命令组成。

动作级编程语言的每一个命令（指令）都对应工业机器人的一个动作，如可以定义工业机器人的运动序列指令（MOVE），基本语句形式为 MOVE TO（目的地）。

动作级编程语言的代表是 VAL 语言，它的语句比较简单，易于编程。动作级编程语言的缺点是不能进行复杂的数学运算，不能接收复杂的传感器信号，仅能接收传感器的开关信号，并且和其他计算机的通信能力很差。VAL 语言不提供浮点数或字符串，而且子程序不含自变量。

使用动作级编程语言编程又可分为关节级编程和末端执行器级编程两种。

（1）关节级编程。

采用关节级编程会给出工业机器人各关节位移的时间序列，对工业机器人进行示教时，通过示教器上的操作键进行，有时需要对工业机器人的某个关节进行操作。

（2）末端执行器级编程。

末端执行器级编程是一种在作业空间内各种设定好的坐标系里编程的方法。在特定的坐标系内编程时，应在程序段的开始予以说明，系统软件将按说明的坐标系对下面的程序进行编译。

采用末端执行器级编程会给出工业机器人末端执行器的位姿和辅助机能（包括力觉、触觉、视觉等）的时间序列，以及作业用量、作业工具的选定等。

末端执行器级编程指令由系统软件解释执行。这类编程语言有的还具有并行功能。其基本特点是：①各关节的求逆变换由系统软件支持进行；②数据实时处理且导前于执行阶段；③使用方便，占内存较少；④指令语句有运动指令语句、运算指令语句、输入/输出和管理语句等。

2）对象级编程语言

靠对象物状态的变化给出大概的描述，把工业机器人的工作程序化的语言称为对象级编程语言。

对象级编程语言解决了动作级编程语言的不足带来的问题，它是以描述被操作物之间的关系（位置关系）为中心的编程语言。使用这种编程语言时，必须明确地描述操作对象之间的关系和工业机器人与操作对象之间的关系，它特别适用于组装作业。

对象级编程语言具有以下特点：

（1）运动控制。具有与动作级编程语言类似的功能。

（2）处理传感器信息。可以接受比开关信号复杂的传感器信号，并可利用传感器信号进行控制、监督以及修改和更新环境模型。

（3）通信和数字运算。能方便地和计算机的数据文件进行通信，数字计算功能强，可以进行浮点计算。

（4）具有很好的扩展性。用户可以根据实际需要，扩展语言的功能，如增加指令等。

作业时，对象级编程语言以近似自然语言的方式描述作业对象的状态变化。其指令语句是复合语句结构，用表达式记述作业对象的位姿时序数据，作业用量及作业对象承受的力、力矩等时序数据。

将使用对象级编程语言编制的程序输入编译系统后,编译系统将利用有关环境、工业机器人几何尺寸、末端执行器、作业对象、工具等的知识库和数据库对操作过程进行仿真,并解决以下问题:①根据作业对象的几何形状确定抓取位姿;②各种感受信息的获取及综合应用;③作业空间内各种事物状态的实时感受及其处理;④障碍回避;⑤和其他机器人及附属设备之间的通信与协调。

3）任务级编程语言

任务级编程语言是比较高级的机器人语言,允许用户对工作任务所要求达到的目标直接下命令,而不需要规定工业机器人所做的每一个动作的细节。只要按某种原则给出最初的环境模型和最终工作状态,工业机器人可自动进行推理、计算,最后自动生成工业机器人的动作。

任务级编程语言的概念类似人工智能中程序自动生成的概念。任务级工业机器人编程系统能够自动执行许多规划任务。例如,当发出"抓起螺杆"的命令时,该系统必须规划出一条避免与周围障碍物发生碰撞的机械手运动路径,自动选择一个好的螺杆抓取位姿,并把螺杆抓起。此时如果用前两种工业机器人编程语言（动作级或对象级）,所有这些选择都需要由程序员进行。也正因为任务级编程语言的特点,任务级编程系统软件必须能把指定的工作任务翻译为执行该任务的程序。显然,任务级编程语言的构成是十分复杂的,它必须具有人工智能的推理系统和大型知识库。这种编程语言现在仍处于基础研究阶段,还有许多问题没有解决。

到现在为止,已有多种机器人语言问世,有的是研究室里的实验语言,有的是商用的机器人语言。前者中比较有名的有美国斯坦福大学开发的 AL 语言、IBM 公司开发的 AutoPass 语言、英国爱丁堡大学开发的 RAPT 语言等;后者中比较有名的有由 AL 语言演变而来的 VAL 语言、日本九州大学开发的 IML 语言、IBM 公司开发的 AML 语言等。国外主要的机器人语言如表 3-5-1 所示。

表 3-5-1　国外主要的机器人语言

序号	语言名称	国家	研 究 单 位	简 要 说 明
1	AL	美国	Stanford AI Lab.	机器人动作及对象物描述
2	AutoPass	美国	IBM Watson Research Lab.	组装机器人用语言
3	LAMA-S	美国	MIT	高级机器人语言
4	VAL	美国	Unimation 公司	PUMA 机器人（采用 MC6800 和 LSI11 两级微型机）语言
5	ARIL	美国	Automatic 公司	用视觉传感器检查零件用的机器人语言
6	WAVE	美国	Stanford AI Lab.	操作器控制符号语言
7	DIAL	美国	Charles Stark Draper Lab.	具有 RCC 柔顺性手腕控制的特殊指令
8	RPL	美国	Stanford RI Int.	可与 Unimation 公司机器人操作程序结合,预先定义程序库
9	TEACH	美国	Bendix Corporation	适于两臂协调动作,和 VAL 一样是使用范围广的语言
10	MCL	美国	McDonnell Douglas Corporation	编程机器人、数控机床传感器、摄像机及其控制的计算机综合制造用语言

续表

序号	语言名称	国家	研究单位	简要说明
11	INDA	美国、英国	SIR International and Philips	相当于 RTL/2 编程语言的子集,处理系统使用方便
12	RAPT	英国	University of Edinburgh	类似 NC 语言 APT（用 DEC20.LSI11/2 微型机）
13	LM	法国	AI Group of IMAG	类似 Pascal,数据定义类似 AL;用于装配机器人（用 LSI11/3 微型机）
14	ROBEX	德国	Machine Tool Lab. TH Archen	具有与高级 NC 语言 EXAPT 相似结构的编程语言
15	SIGLA	意大利	Olivetti	仅用于 SIGMA 机器人的语言
16	MAL	意大利	Milan Polytechnic	两臂机器人装配语言,其特征是方便,易于编程
17	SERF	日本	三协精机制作所	控制 SKILAM 装配机器人（用 Z-80 微型机）的语言
18	PLAW	日本	小松制作所	适用于 RW 系列弧焊机器人的语言
19	IML	日本	九州大学	动作级机器人语言

2. 编程语言的基本功能

工业机器人编程语言的基本功能包括运算、决策、通信、机械手运动、工具指令和传感器数据处理等。许多正在运行的工业机器人系统只提供机械手运动和工具指令以及某些简单的传感器数据处理功能。工业机器人编程语言体现出来的基本功能都是在工业机器人系统软件的支持下形成的。

1）运算

在作业过程中执行规定运算的能力是工业机器人控制系统最重要的能力之一。

如果工业机器人未装任何传感器,那么就可能不需要对工业机器人作业程序规定什么运算。没有传感器的工业机器人只不过是一台适于编程的数控机器。

对于装有传感器的工业机器人所进行的最有用的运算是解析几何运算。运算结果能使工业机器人自行做出在下一步把工具或夹手置于何处的决定。用于解析几何运算的计算工具可能包括：①机械手解答及逆解答；②坐标运算和位置表示,如相对位置的构成和坐标的变化等；③矢量运算,如点积、叉积、长度、单位矢量、比例尺及矢量的线性组合等。

2）决策

工业机器人系统能够根据传感器输入信息做出决策,而不必执行任何运算。使用传感器数据进行计算得到的结果,是做出下一步该干什么这类决策的基础。这种决策能力使工业机器人控制系统的功能更强。

供采用的决策形式包括符号（正、负或零）检验、关系（大于、不等于等）检验、布尔变量（开或关、真或假）检验、逻辑检验（对一个计算字进行位组检验）及集合（一个集合的数、空集等）检验。

3）通信

工业机器人系统具有与操作人员进行通信的能力,允许工业机器人要求操作人员提供信息、告诉操作人员下一步该干什么及让操作人员知道工业机器人打算干什么。人机之间能够通过许多不同方式进行通信。

将工业机器人向操作人员提供信息的设备按复杂程度由低到高进行排列：

（1）信号灯，通过发光二极管，工业机器人能够给出显示信号。

（2）字符打印机、显示器。

（3）绘图仪。

（4）语言合成器或其他音响设备（铃、扬声器等）。

4）机械手运动

使用工业机器人编程语言可用许多不同的方法来规定机械手的运动。最简单的方法是向各关节伺服装置提供一组关节位置，然后等待伺服装置到达这些规定位置。比较复杂的方法是在机械手工作空间内插入一些中间位置。这种功能可以使所有关节同时开始运动和同时停止运动。

用与机械手（除 X-Y-Z 机械手外）的形状无关的坐标来表示工具位置，并用一台计算机对解答进行计算是更先进的方法。在笛卡儿空间内插入工具位置能使工具端点沿着路径跟随轨迹平滑运动。引入一个参考坐标系，用以描述工具位置，然后让该坐标系运动。这对许多情况下的机械手运动控制是很方便的。采用计算机配合计算，极大地提高了机械手的工作能力。这主要表现在以下几个方面：

（1）使很复杂的运动顺序的实现成为可能。

（2）使运用传感器控制机械手的运动成为可能。

（3）能够独立存储工具位置，而与机械手的设计及刻度系数无关。

5）工具指令

一个工具指令通常是由闭合某个开关或继电器而触发的，而继电器又可能把电源接通或断开，以直接控制工具运动，或者发送出一个小功率信号给电子控制器，让电子控制器去控制工具。直接控制是最简单的方法，对控制系统的要求也较少，可以用传感器来感受工具运动及其功能的执行情况。

对工业机器人主控制器来说，采用工具功能控制器就有可能对工业机器人进行比较复杂的控制。采用单独控制系统能够使工具功能控制器与工业机器人控制器协调一致地工作。这种控制方法已被成功地用于飞机机架的钻孔和铣削加工中。

6）传感器数据处理

用于机械手控制的通用计算机只有与传感器连接起来，才能发挥其全部效用。传感器数据处理是许多工业机器人程序编制中十分重要而又复杂的组成部分，如工业机器人采用触觉传感器、听觉传感器或视觉传感器则更是如此。例如，应用视觉传感器获取视觉特征数据、辨识物体和进行工业机器人定位时，对视觉数据的处理往往是极其费时的。

3.5.4 常用编程语言

1. AL 语言

1974 年由美国斯坦福大学开发的 AL 语言，是功能比较完善的工业机器人动作级编程语言，它还兼有对象级编程语言的某些特征，适用于装配作业的描述。AL 语言原设计是用于使具有传感器信息反馈的多台机器人并行或协调控制的编程。该语言具有高级语言 ALGQL 和 Pascal 的特点，可以编译成机器语言在实时控制机上执行，还具有实时编程语言的同步操作、条件操作等结构，同时支持现场建模。

1）基本语法

（1）程序由 BEGIN 开始，由 END 结束。

（2）语句与语句之间用";"隔开。

（3）变量先定义类型，后使用。通常变量名以英文字母开头，由字母、数字和下划线组成字符串，字母大小写不分。例如，定义工业机器人三种不同坐标系，可用以下语句：

FRAME Base,Beam,Feeder; {三种不同坐标系的变量定义}

（4）程序的注释用大括号括起来。

（5）变量赋值语句中如所赋的内容（值）为表达式，则先计算表达式的值，再把该值赋给等式左边的变量。

2）基本数据类型

（1）标量。

标量（SCALAR）是 AL 语言中最基本的数据类型，可以是时间、距离、角度等工业机器人能够感知或捕捉的数据，它可以进行加、减、乘、除和指数等运算，也可以进行三角函数、自然对数的运算。

AL 语言中有几个预先定义的标量：

SCALAR PI; {PI=3.14159}

SCALAR true,false; {true=1,false=0}

（2）矢量。

AL 语言中的矢量（VECTOR）与数学中的矢量类似，也具有相同的运算法则，可以由三个标量来构造，例如 VECTOR(1,0,0)。但需注意，三个标量表达式必须具有相同的量纲。

同样，AL 语言中也有预先定义的矢量：

VECTOR xhat,yhat,zhat,nilvect; {矢量说明}

其值定义为 xhat←VECTOR(1,0,0);yhat←VECTOR(0,1,0);zhat←VECTOR(0,0,1);nilvect←VECTOR(0,0,0)。

（3）旋转。

AL 语言中旋转（ROT）用来描述某坐标轴的旋转或绕某轴的旋转，以表示姿态。用 ROT 变量表示旋转时带有两个参数：一个是代表旋转轴的简单向量；另一个表示旋转角度。旋转的方向按"右手规则"进行。

nilrot 是 AL 语言中预先已说明的旋转，定义为 nilrot←ROT(zhat,0 * deg)。

（4）坐标系。

AL 语言中的坐标系（FRAME）数据用来建立坐标系，以描述作业空间中对象物体的姿态和位置，变量的值表示物体的固联坐标系与作业空间的参考坐标系之间的相对位置关系和姿态关系。作业空间的参考坐标系在 AL 语言中已预先用 Station 定义。作业空间中，任一坐标系可通过调用函数 FRAME 来构成。该函数有两个参数：一个表示姿态的旋转；另一个是表示位置的向量。

对于在某个坐标系中描述的向量，可以利用"WRT"操作符，以"向量 WRT 坐标系"的形式来表示，例如，zhat WRT Feeder 表示在参考坐标系中构造一个与 Feeder 坐标系中的 zhat 指向一致的向量。

（5）变换（TRANS）。

AL 语言中用 TRANS 来进行坐标之间的变换，与 FRAME 一样仅有旋转和向量两个参数。在执行 TRANS 时，先相对作业空间的基坐标系旋转，然后与向量参数相加，进行平移操作。

AL 语言中有一个预先说明的变换 niltrans，定义为 niltrans←TRANS(nilrot,nilvect)。

有了上述几种数据类型,特别是 FRAME 和 TRANS,就可以方便地描述作业环境和作业对象。

3) 主要语句及其功能

AL 语言中的主要语句为 MOVE 语句。MOVE 语句用来表示工业机器人由初始位置和姿态到目标位置和姿态的运动。在 AL 语言中,定义了 barm 为蓝色机械手,yarm 为黄色机械手。为了保证两台机械手在不使用时能处于平衡状态,AL 语言又定义了相应的停放位置 bpark 和 ypark。

假定机械手在任意位置,可使它运动到停放位置,所用的语句是

MOVE barm TO bpark;

如果要求在 4 s 内把机械手位移到停放位置,所用指令是

MOVE barm TO bpark WITH DURATION=4*seconds;

符号@可用在语句中,表示当前位置,如

MOVE barm TO @ -2*zhat*inches;

该指令表示机械手从当前位置向下移动 2 in(约为 0.0508 m)。由此可以看出,基本的 MOVE 语句具有以下形式:

MOVE <机械手> TO <目的地> <修饰子句>;

例如,MOVE barm TO 〈destination〉 VIA f1 f2 f3,表示机械手经过中间点"f1""f2""f3"移动到目标坐标系〈destination〉。

又如,MOVE barm TO block WITH APPROACH＝3 * zhat * inches 表示把机械手移动到在 Z 轴方向上离 block 3 in 的地方;如果用 DEPARTURE 代替 APPROACH,则表示离开 block。关于接近/退避点,可以通过设定坐标系的一个矢量来表示,如

WITH APPROACH= <表达式> ;

WITH DEPARTURE= <表达式> ;

4) 采用 AL 语言程序设计举例

要求用 AL 语言编制程序控制工业机器人,使其把螺栓插入立柱中一个孔里,如图 3-5-2 所示。这个作业需要把工业机器人手爪从 A 点移至 B 点,抓取螺栓,经过 C 点再把它移至导板孔上方 D 点(见图 3-5-2),并把螺栓插入孔里。

编制程序的步骤如下:

(1) 定义基座、导板、料斗、导板孔、螺栓头等的位置和姿态。

(2) 把装配作业划分为一系列动作,如移动工业机器人、抓取物体和完成插入等。

(3) 加入传感器,以发现异常情况和监视装配作业的过程。

(4) 重复步骤(1)至步骤(3),调试改进程序。

按照上面的步骤,编制的程序如下:

BEGIN insertion

{数据类型说明}

FRAME Beam,Base,Feeder;

FRAME Bolt_grasp,Bolt_tip,Beam_bore;

FRAME A,B,C,D;

{设置变量}

Bolt_diameter←1*inches;

Bolt_height←5*inches;

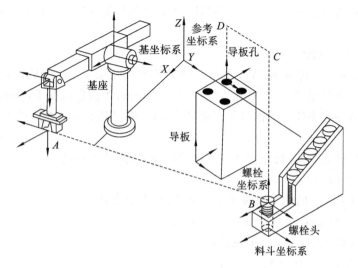

图 3-5-2　工业机器人插螺栓作业

```
tries←0;
grasped←false;
{定义基座坐标系}
Beam←FRAME(ROT(z,90*deg),VECTOR(20,15,0)*inches);
Base←FRAME(nilrot,VECTOR(20,0,15)*inches);
Feeder←FRAME(nilrot,VECTOR(25,40,0)*inches);
{定义特征坐标系}
Bolt_tip←Feeder*TRANS(nilrot,nilvect);
Bolt_grasp←Bolt_tip*TRANS(nilrot,VECTOR(0,0,5)*inches);
Beam_bore←Beam*TRANS(nilrot,VECTOR(2,12,20)*inches);
{定义经过的点的坐标系}
A←Feeder*TRANS(nilrot,VECTOR(0,0,5)*inches);
B←Feeder*TRANS(nilrot,VECTOR(0,0,8)*inches);
C←Beam_bore*TRANS(nilrot,VECTOR(0,0,5)*inches);
D←Beam_bore*TRANS(nilrot,Bolt_height*Z);
{张开手爪}
OPEN bhand TO Bolt_diameter+1*inches;
{使手爪准确定位于螺栓上方}
MOVE barm TO Bolt_grasp VIA A
WITH APPROACH=-Z WRT Feeder;
{试着抓取螺栓}
DO
CLOSE bhand TO 0.9*Bolt_diameter;
IF bhand<Bolt_diameter THEN BEGIN;
{抓取螺栓失败,再试一次}
OPEN bhand TO bolt_diameter+1*inches;
MOVE barm TO @-1*Z*inches;
```

```
END ELSE grasped←true;
tries←tries+1;
UNTIL grasped OR (tries>3);
{如果尝试 3 次未能抓取螺栓,则取消这一动作}
IF NOT grasped THEN ABORT;   {抓取螺栓失败}
MOVE barm TO B VIA A
WITH DEPARTURE=Z WRT Feeder;
{将手臂经过 A 运动到 B}
MOVE barm TO D VIA C
WITH APPROACH= - Z WRT Beam_bore;
{将手臂经过 C 运动到 D}
{检验是否有孔}
MOVE barm TO @ - 0.1*Z*inches ON FORCE(Z)> 10*ounce
DO ABORT;   {无孔}
{进入柔顺性插入}
MOVE barm TO Beam_bore DIRECTLY
WITH FORCE(z)= - 10*ounce;
WITH FORCE(x)=0*ounce;
WITH FORCE(y)=0*ounce;
WITH DURATION=5*seconds;
END insertion
```

2. LUNA 语言

LUNA 语言是日本 SONY 公司开发用于控制 SRX 系列 SCARA 平面关节型工业机器人的一种特有的语言。LUNA 语言具有与 BASIC 语言相似的语法,它是在 BASIC 语言基础上开发出来的,且增加了能描述 SRX 系列机器人特有的功能语句。该语言简单易学,是一种着眼于末端执行器动作的动作级编程语言。

1) 概要

LUNA 语言使用的数据类型有标量(整数或实数)以及由 4 个标量组成的矢量,它用直角坐标系来描述工业机器人和目标物体的位姿,使操作人员易于理解,而且用来描述的坐标系与工业机器人的结构无关。LUNA 语言的命令以指令形式给出,由解释程序来解释。其指令又可以分为由系统提供的基本指令和由用户用基本指令定义的用户指令。LUNA 语言的指令如表 3-5-2 所示。

2) 往返操作的描述

工业机器人的操作中,很多基本动作都是有规律的往返动作。工业机器人末端执行器由 A 点移动(平移)到 B 点,然后移动到 C 点(见图 3-5-3),如此往返运动,我们用 LUNA 语言来编制程序:

```
I0:DO PA PB PC GO 10
```

可见,用 LUNA 语言可以极为简便地编制动作程序。

表 3-5-2　LUNA 语言的指令

分　类	指令形式	含　义
描述工业机器人动作的命令	DO	工业机器人执行单行 DO 语句
	In(ON/OFF)	输入开/关 I1～I16
	Ln(ON/OFF)	输出开/关 L1～L16
	Pn(m)	运动到达点 Pn(m)(n＝0～9;m＝0～255)
	VEL(n)	设置运动速度(n＝1%～100%)
	DLY(t)	设置等待时间(t＝0.01～327.67 s)
	OVT(t)	设置超限时间(t＝0.1～25.5 s)
	FOS(n)	加速执行移动指令之后的指令
	ACC(n)	设置加速时间(n＝1～10)
	LINE	线性插补
	CIRCLE	圆弧插补
	SHIFT	在 4 条轴上提供同步的关联动作
程序控制用命令	GO	程序无条件转移到指定的语句号
	STOP	暂停
	CALL	调用子程序
	RET	子程序返回
	IF　THEN	条件转移
	FOR　TO	循环指令
	STEP	循环步长
	NEXT	循环终止
	END	程序结束
点数据命令	Pn(m)	设置点数据
	OFFSET	移动坐标轴
	RESET	清除 OFFSET
	LIMIT	设置点数的极限误差
	PSHIFT	位移点序号
	RIGHT	设置右手坐标系
	LEFT	设置左手坐标系

3. AutoPass 语言

AutoPass、LUMA、RAPT 等都属于对象级编程语言。AutoPass 是 IBM 公司下属的一个研究室提出来的工业机器人编程语言,它像工业机器人的组装说明书一样,是针对所描述的工业机器人操作的语言。使用这种语言的程序把工业机器人工作的全部规划分解成放置部件、插入部件等宏功能状态变化指令来描述。AutoPass 语言的编译是用称作环境模型的数据库,边模拟工作执行时环境的变化边决定详细动作,做出对工业机器人的工作路径和数据的指令。AutoPass 语言的指令分成以下四组:

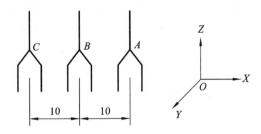

图 3-5-3　末端执行器的移动(平移)

（1）状态变更语句：PLACE、INSERT、EXTRACT、LIFT、LOWER、SLIDE、PUSH、ORIENT、TURN、GRASP、RELEASE、MOVE。

（2）工具语句：OPERATE、CLUMP、LOAD、UNLOAD、FETCH、REPLACE、SWITCH、LOCK、UNLOCK。

（3）紧固语句：ATTACH、DRIVE-IN、RIVET、FASTEN、UNFASTEN。

（4）其他语句：VERIFY、OPEN-STATE-OF、CLOSED-STATE-OF、NAME、END。

例如，对于 PLACE 的描述语法为

PLACE <object> <preposition phrase> <object>

<grasping phrase> <final condition phrase>

<constraint phrase> <then hold>

其中，〈object〉是对象名；〈preposition phrase〉表示 ON 或 IN 那样的对象物间的关系；〈grasping phrase〉提供对象物的位置和姿态、抓取方式等；〈constraint phrase〉是末端执行器的位置、方向、力、时间、速度、加速度等约束条件的描述选择；〈then hold〉是指令工业机器人保持现有位置。

下面是 AutoPass 语言程序示例。从中可以看出，采用这种语言编写的程序描述易懂，但是在技术上仍有很多问题没有解决。

OPERATE nutfeeder WITH car-ret-tab-nut AT fixture.nest

PLACE bracket IN fixture SUCH THAT bracket.bottom

PLACE interlock ON bracket SUCH THAT interlock.hole IS ALIGNED WITH bracket.top

DRIVE IN car-ret-intlk-stud INTO car-ret-tab-nut AT interlock.hole

SUCH THAT TORQUE is EQ12.0 IN-LBS USING-air-driver ATTACHING bracket AND interlock

NAME bracket interlock car-ret-intlk-stud car-ret-tab-nut ASSEMBLY support-bracket

4. RAPT 语言

RAPT 语言是英国爱丁堡大学开发的实验用工业机器人编程语言，它的语法基础来源于著名的数控语言 APT。

RAPT 语言可以详细地描述对象物的状态和各对象物之间的关系，能指定一些动作来实现各种结合关系，还能自动计算出工业机器人手臂为了实现操作所需的动作参数。由此可见，RAPT 语言是一种典型的对象级语言。

RAPT 语言中，对象物可以用一些特定的面来描述，这些特定的面是由平面、直线、点等基本元素定义的。如果物体上有孔或突起物，那么在描述对象物时要明确说明，此外还要说明各

157

个组成面之间的关系(平行、相交)及两个对象物之间的关系。如果能给出基坐标系、对象物坐标系、各组成面坐标系的定义及各坐标系之间的变换公式,则 RAPT 语言能够自动计算出使对象物结合起来所必需的动作参数,这是 RAPT 语言的一大特征。

为了简便起见,此处讨论的物体只限于平面、圆孔和圆柱,操作内容只限于把两个物体装配起来。假设要组装的部件都是由数控机床加工出来的,具有某种通用性,部件可以由下面这种程序块来描述:

BODY/<部件名> ;

<定义部件的说明>

TERBODY;

其中,部件名采用数控机床的 APT 语言中使用的符号;说明部分可以用 APT 语言来说明,也可以用平面、轴、孔、点、线、圆等部件的特征来说明。

平面的描述有下面两种:①FACE/〈线〉,〈方向〉;②FACE/HORIZONTAL〈Z 轴上的坐标值〉,〈方向〉。其中,第一种形式用于描述与 Z 轴平行的平面。〈线〉是由 2 个〈点〉定义的,也可以用 1 个〈点〉和与某个〈线〉平行或垂直的关系来定义,而〈点〉则用(x,y,z)坐标值给出。〈方向〉是指平面的法线方向,法线方向总是指向物体外部。描述法线方向的符号有 XLARGE、XSMALL 和 YSMALL。XLARGE 表示在含有〈线〉并与 XY 平面垂直的平面中,取其法线矢量在 X 轴上的分量与 X 轴正方向一致的平面,那么给定一个〈线〉和一个法线矢量,就可以确定一个平面。第二种形式用来描述与 Z 轴垂直的平面与 Z 轴相交点的坐标值,其法线矢量的方向用 ZLARGE 或 ZSMALL 来表示。

轴或孔也有类似的描述:①SHAFT 或 HOLE/〈圆〉,〈方向〉;②SHAFT 或 HOLE/AXIS〈线〉,RADIUS〈数〉,〈方向〉。前一种描述用一个圆或轴线方向给定,〈圆〉的定义方法为

CIRCLE/CENTER <点> ,RADIUS <数> ;

其中,〈点〉为圆心坐标,RADIUS〈数〉表示半径值。例如,用 C1 表示一个圆,其圆心在 $P5$ 处,半径为 R,可描述为

C1= CIRCLE/CENTER P5,RADIUS R;

HOLE/〈圆〉,〈方向〉表示一个轴线与 Z 轴平行的圆孔,圆孔的大小与位置由〈圆〉指定,其外向方向由〈方向〉指定(ZLARGE 或 ZSMALL)。

与 Z 轴垂直的孔则用下述语句表示:

HOLE/AXIS <线>,RADIUS <数>,<方向>;

孔的轴线由〈线〉指定,半径由〈数〉指定,外向方向由〈方向〉指定(XLARGE、XSMALL、YLARGE 或 YSMALL)。

由上面这些基本元素可以定义部件,并给部件起个名字。部件一旦被定义,它就和基本元素一样,可以独立地或与其他元素结合再定义新的部件。被定义的部件,只要改变其数值,便可以描述同类型的、不同尺寸的部件。这种定义方法具有通用性,即可扩展性。

5. VAL 语言

VAL 语言适用于工业机器人两级控制系统,上级是 LAI11/23,工业机器人各关节则可由 6503 微处理器控制。上级还可以和用户终端、软盘、示教器、I/O 模块及机器视觉模块等交联。在调试过程中,VAL 语言可以和 BASIC 语言及 6503 汇编语言联合使用。

VAL 语言目前主要用在各种类型的 PUMA 机器人及 UNIMATE2000 和 UNIMATE4000 系列机器人上。在 VAL 语言中,工业机器人末端位姿用齐次变换表示。当精

度要求较高时,可以用精确点的位姿来表示末端位姿。VAL 语言的硬件支持系统如图 3-5-4 所示。VAL 语言系统的作用流程如图 3-5-5 所示。

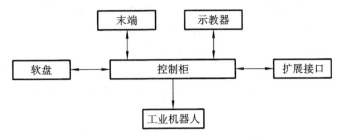

图 3-5-4　VAL 语言的硬件支持系统

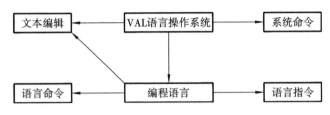

图 3-5-5　VAL 语言系统的作用流程

VAL 语言的指令可分为两类,即程序指令和监控指令。

1) 程序指令

程序指令可分为以下六种:

(1) 运动指令,包括 GO、MOVE、MOVE1、MOVES、DRAW、APPRO、APPROS、DEPART、DRIVE、READY、OPEN、OPEN1、RELAX、GRASP、DELAY 等。

(2) 机器人位姿控制指令,包括 RIGHTY、LEFTY、ABOVE、BELOW、FLIP、NOFLIP 等。

(3) 赋值指令,包括 SET1、TYPE1、HERE、SET、SHIFT、TOOL、INVERSE、FRAME 等。

(4) 控制指令,包括 GOTO、GOSUB、RETURN、IF、IFSIG、REACT、REACT1、IGNORE、SIGNAL、WAIT、PAUSE、STOP 等。

(5) 开关量赋值指令,包括 SPEED、COARSE、FINE、NONULL、NULL、INTOFF、INTON 等。

(6) 其他指令,包括 REMARK、TYPE 等。

2) 监控指令

监控指令主要有以下六种。

(1) 定义位姿指令,有如下几种:①POINT——末端执行器位置、姿态的齐次变换或以关节位置表示的精确点位赋值;②DPOINT——取消位置、姿态的齐次变换或精确点位的已赋值;③HERE——定义当前的位置和姿态;④WHERE——显示工业机器人在直角坐标系中的位置、姿态、关节位置和手爪张开量;⑤BASE——定义工业机器人基坐标系位置;⑥TOOL1——对工具末端相对于工具支承端面的位置、姿态赋值。

(2) 程序编辑指令,用 EDIT 指令进入编辑状态后,可以使用 C、D、E、I、L、P、R、S、T 等编辑指令字。

(3) 列表指令,有如下几种:①DIRECTORY——显示存储器中的全部用户程序名;②LISTL——显示位置变量值;③LISTP——显示用户的全部程序。

(4) 存储指令,有如下几种:①FORMAT——格式化磁盘;②STOREP——在磁盘文件内存储指定程序；③STOREL——存储用户程序中注明的全部位置变量名字和值；④LISTF——显示软盘中当前输入的文件目录；⑤LOADP——将文件中的程序送入内存；⑥LOADL——将文件中指定的位置变量送入内存；⑦DELETE——撤销磁盘中的指定文件；⑧COMPRESS——压缩磁盘空间；⑨ERASE——擦除软盘中的内容并初始化软盘。

（5）控制程序执行指令，有如下几种：①ABORT——紧急停止；②DO——执行单步指令；③EXECUTE——按给定次数执行用户程序；④NEXT——控制程序单步执行；⑤PROCEED——在某步暂停、急停或运行错误后，自下一步起继续执行程序；⑥SPEED——运动速度选择。

（6）系统状态控制指令，有如下几种：①CALIB——校准关节位置传感器；②STATUS——显示工业机器人状态；③FREE——显示未使用的存储容量；④ENABLE——开、关系统硬件；⑤ZERO——清除全部用户程序和定义的位置，重新初始化；⑥DONE——停止监控程序，进入硬件调试状态。

6. RAPID 语言

RAPID 语言应用程序是由系统模块和程序模块构成的。系统模块包含主程序，一般用于系统方面的控制；而程序模块可由操作者来构建完成工业机器人的动作控制。所有的 ABB 机器人都自带两个系统模块——USER 模块和 BASE 模块，使用时系统自动生成的任何模块都不能进行修改。每一个程序模块包含了程序数据、编程指令、中断程序和功能四种对象。

1）程序数据

程序数据是在程序模块中设定的一些环境数据，创建的程序数据由同一个模块或其他模块的指令进行引用。

ABB 机器人程序数据存储的类型有变量（VAR）、可变量（PERS）及常量（CONST）。

（1）变量。

变量型数据在程序执行的过程中和停止时，会保持当前的数值。但如果程序指针被移到主程序后，此数值会丢失。

举例说明：

VAR num length:=0;　{名称为 length 的数字数据}

VAR string name:="John";　{名称为 name 的字符数据}

VAR bool finished:=FALSE;　{名称为 finished 的布尔量数据}

（2）可变量。

可变量最大的特点是，无论程序的指针如何，都会保持最后赋予的值，直到对其进行重新赋值。

举例说明：

PRES string text:="Hello";　{名称为 text 的字符数据}

PRES num nbr:=1;　{名称为 nbr 的数字数据}

（3）常量。

常量的特点是在定义时已被赋予数值，且不能在程序中进行修改，除非手动修改。

举例说明：

CONST num givgg:=1;　{名称为 givgg 的数字数据}

CONST string greating:="Hello";　{名称为 greating 的字符数据}

160

2) 编程指令

编程指令可分为以下六种。

(1) 基本运动指令（MoveL、MoveC、MoveJ、MoveAbsJ）。

MoveL：线性运动指令。工业机器人的工具中心点（tool center point，TCP）从起点到终点之间的路径始终保持为直线，如图 3-5-6 所示。例如，"MoveL p1，v100，z10，tool1"，其中 p1 为目标位置；v100 为工业机器人运行速度；z10 为转弯区数据；tool1 为工具坐标。

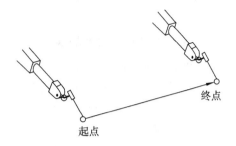

图 3-5-6　MoveL 运动

MoveC：圆弧运动指令。工业机器人沿着可到达的空间范围内的三个点运动，第一个点为圆弧的起点，第二个点为圆弧的中间点，第三个点为圆弧的终点，如图 3-5-7 所示。例如，"MoveC p1，p2，v100，z1，tool1"。

MoveJ：关节运动指令。在路径精度要求不高的情况下，工业机器人的工具中心点从一个位置移动到另一个位置，两个位置之间的路径不一定是直线，如图 3-5-8 所示。

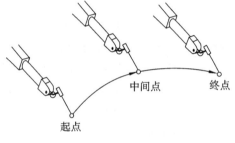

图 3-5-7　MoveC 运动

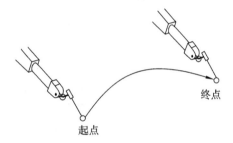

图 3-5-8　MoveJ 运动

MoveAbsJ：绝对位置运动指令。工业机器人可以使用六个轴和外轴的角度来定义目标位置数据。

(2) I/O 控制指令。

I/O 控制指令常用的有如下四种：①DO，指工业机器人输出信号；②DI，指工业机器人输入信号；③SET，用于数字输出设置，"1" 为接通，"0" 为断开；④RESET，复位输出指令。

(3) 程序流程指令。

程序流程指令主要有 IF 判断执行指令和 WHILE 循环执行指令。

(4) 停止指令。

停止指令包括：①STOP 软停止指令，工业机器人停止运行，直接运行下一句；②EXIT 硬停止指令，工业机器人停止运行，复位。

(5) 赋值指令。

赋值指令的语句形式：

```
Date:= value
```

(6) 等待指令。

等待指令的语句形式：

```
WaitTime(time)
```

3.5.5 编程的相关问题

工业机器人编程过程中也存在所有传统的计算机编程问题,以及因实际情况引起的其他问题。

1. 实际模型和内部模型的误差

工业机器人编程语言系统的特点主要表现在计算机中建立起的工业机器人作业环境的内部模型上,即使这个内部模型比较简单,要做到内部模型与实际(环境)模型完全一致也是非常困难的。这两个模型的差异常会使工业机器人抓持物体操作困难或失败,或在操作中发生碰撞,或引起其他问题。

在编程的初始阶段,要建立起实际模型和内部模型的一致性,并保证将这种一致性贯穿整个程序的执行过程。由于工业机器人的工作环境是变化的,实现这两个模型的一致是很困难的。除了环境中物体的位置不能确定外,工业机器人本身也存在误差,用户对工业机器人的精度要求往往比它能达到的高很多。此外,控制精度在工业机器人的作业范围里是变化的,这样就给保持两个模型的一致性带来了很大的困难。

2. 程序前后的关联性

自下而上的编程方法是一种编写大型计算机程序的标准方法,采用这种方法,一般先开发小的低级别的程序段,然后将这些程序段汇总成一个较大的程序段,最后得到一个完整的程序。然而,进行工业机器人语言编程时,经单独调试证明能可靠工作的小程序段,放在大程序中执行时往往会失效。这是由于工业机器人语言编程受工业机器人的位姿和运动速度的影响比较大。

工业机器人程序对初始条件(如末端执行器的初始位置)很敏感。初始位置影响运动轨迹,同时也会影响末端执行器在某一运动部分的速度。可以看出,工业机器人程序前后语句间存在依赖关系,受工业机器人精度的影响,在某一地点为完成某一种操作而编制的程序,当用于不同地点进行同一种操作时,常常需要做适当的调整。

在调试工业机器人程序时,比较稳妥的方法是让工业机器人缓慢地运动,这样在其运动出现失误(如与周围物体发生碰撞)时,工业机器人就能及时地停止运动,避免发生危险。例如,程序是在比较缓慢的速度下调好的,而在实际运行时,工业机器人的运动速度常常要增加,这样就会使运动的许多方面发生改变,因为工业机器人控制系统在高速情况下会产生较大的伺服误差。

3. 误差校正

在进行工业机器人语言编程时,需处理的关于实际环境的另一个直接问题就是,物体没有精确处在规定的位置,这样可能使一些运动失效,因此,在编程时需考虑如何探测这些误差,并对其进行校正。

1) 探测误差

因为工业机器人的感知和推理能力一般十分有限,因此,误差检测通常是很困难的。为了检测一个误差,工业机器人程序运行时应当包括某种直观的测试。例如,操作机械手臂在进行一个插入动作时,工业机器人手爪位置如果没有发生变化,表明可能发生了卡死情况,如果位置变化太大,则表明销钉可能已从手爪中滑落。

程序中的每一条运动语句都可能会失效,所以这些直观的检查可能很烦琐,并且可能会比程序的其他部分需要占用更多的存储空间。试图处理所有可能的误差是非常困难的,通常只对几种最有可能失效的语句进行检查。在编程开发阶段,就应对工业机器人的人机交换部分及可能失效的部分进行大量的测试。

2)校正误差

一旦检测出误差,就要对其进行校正。误差校正可以依靠编程来实现,或者由用户进行人工干预,也可以两者结合进行。显而易见,如何校正误差是工业机器人编程中很重要的一部分。

3.5.6　示教再现过程和示教编程

示教再现是指控制系统可以通过示教器或手把手对工业机器人进行示教,将动作顺序、运动速度、位置等信息用一定的方法预先提供给工业机器人,再由工业机器人的记忆装置将所示教的操作过程自动记录在磁盘、磁带等存储器中,当需要再现操作时,重放存储器中存储的内容即可。如果需要更改操作内容,只需要重新示教一遍或更换预先录好程序的存储器即可,这样使重编程序极为简便和直观。

工业机器人的示教再现过程分为以下四个步骤进行:

步骤一:示教。操作人员把规定的目标动作(包括每个运动部件、每个运动轴的动作)一步一步地示教给工业机器人。示教的简繁标志着工业机器人自动化水平的高低。

步骤二:记忆。工业机器人将操作人员所示教的各个点的动作顺序信息、动作速度信息、位姿信息等记录在存储器中。存储信息的形式、存储量的大小决定了工业机器人能够进行的操作复杂程度的高低。

步骤三:再现。根据需要,将存储器所存储的信息读出,向执行机构发出具体的指令,工业机器人根据给定顺序或者工作情况,自动选择相应的程序再现,这一功能反映了工业机器人对工作环境的适应性。

步骤四:操作。工业机器人以再现信号作为输入指令,使执行机构重复示教过程规定的各种动作。

在示教—再现这一动作循环中,示教和记忆同时进行,再现和操作同时进行。这种方式是对工业机器人进行控制比较方便和常用的方式之一。

示教编程案例如下。

应用工业机器人焊接如图 3-5-9 所示的两块钢板。应编写如下程序:

```
PROC rWeldingPathA()
MoveJ A01, vmax, z10, tWeldGun\WObj: =
wobjStationA;  //程序点 1 位置记录
MoveJ A02, v1000, z10, tWeldGun\WObj: =
wobjStationA;  //程序点 2 位置记录
ArcLStart  A03, v1000, sm1, wd1, fine,
tWeldGun\WObj:= wobjStationA;  //程序点 3
位置记录(启弧)
ArcL A04,v100,sm1,wd1,z1,tWeldGun\WObj:=wobjStationA;  //程序点 4 位置记录
(焊接)
ArcCEnd A05,pWeld_A10,v100,sm1,wd1,fine,tWeldGun\WObj:=wobjStationA;
//程序点 5 位置记录(焊接结束)
```

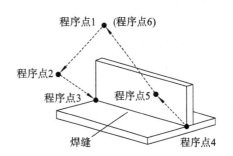

图 3-5-9　应用工业机器人焊接钢板

```
MoveL A06,vmax,z10,tWeldGun\WObj:=wobjStationA;   //程序点 6 位置记录
ENDPROC
```

3.5.7 离线编程系统

工业机器人编程技术正在迅速发展,已经成为工业机器人技术向智能化发展的关键技术之一,尤其是工业机器人离线编程(offline programming,OLP)系统。它是一种已经被广泛应用的、以计算机图形学为依托的工业机器人编程语言,它可以使工业机器人程序的开发在不访问工业机器人本体的情况下进行。不论是作为当今工业自动化装备的辅助编程工具,还是作为工业机器人研究的平台,离线编程系统都具有重要的意义。

1. 特点和要求

早期的工业机器人主要应用于大批量生产,如自动生产线上的点焊、喷涂,故编程所花费的时间相对比较少,示教编程可以满足这些工业机器人作业的要求。随着工业机器人应用范围的扩大、任务复杂程度的增加,示教编程方式已很难满足其作业要求。在 CAD/CAM/Robotics 一体化过程中,由于工业机器人工作环境的复杂性,对工业机器人及其工作环境乃至生产过程的计算机仿真是必不可少的。工业机器人离线编程(仿真)系统的任务就是在不接触实际工业机器人及其工作环境的情况下,通过图形技术,提供一个和工业机器人进行交互作用的虚拟工作环境。

表 3-5-3 所示为示教编程和离线编程两种方式的比较。

表 3-5-3　示教编程和离线编程的比较

示　教　编　程	离　线　编　程
需要实际工业机器人系统和工作环境; 编程时工业机器人停止工作; 在实际系统上检验程序; 编程的质量取决于编程者的经验; 很难实现复杂的工业机器人运动轨迹	需要工业机器人系统和工作环境的图形模型; 编程不影响工业机器人工作; 通过仿真检验程序; 可用 CAD 方法进行最佳轨迹规划; 可实现复杂运动轨迹的编程

与在线示教编程相比,离线编程系统具有如下优点:①减少工业机器人不工作时间,当对下一个任务进行编程时,工业机器人仍可在生产线上工作;②使编程者远离危险的工作环境;③使用范围广,可以对各种机器人进行编程;④便于和 CAD/CAM 系统结合,做到 CAD/CAM/Robotics 一体化;⑤可使用高级计算机编程语言对复杂任务进行编程;⑥便于修改工业机器人程序。

工业机器人编程语言系统在数据结构的支持下,可用符号描述工业机器人的动作,也有一些工业机器人语言具有简单的环境构型功能。但是,由于目前的计算机编程语言多为动作级或对象级,编程工作相当繁重。作为高水平编程语言的任务级编程语言系统目前还在研制之中。任务级编程语言系统除了要求更加复杂的工业机器人环境模型支持外,还需要利用人工智能,以自动生成控制决策和产生运动轨迹。离线编程系统可以看作动作级和对象级编程语言图形方式的延伸,是从动作级编程语言发展到任务级编程语言所必须经过的阶段。从这一点看,离线编程系统是研究开发任务级编程语言系统的一个很重要的基础。

离线编程系统是当前工业机器人实际应用的一个必要手段,也是开发和研究任务级规划方式的有力工具。通过离线编程可以建立起工业机器人与 CAD/CAM 之间的联系。

设计离线编程系统时应考虑以下几个方面：①工业机器人的工作过程的位姿；②工业机器人和工作环境的三维模型；③工业机器人工作过程的几何学、运动学和动力学知识；④基于图形显示和可进行工业机器人运动图形仿真的关于上述三个方面的软件系统；⑤轨迹规划和检查算法，如检查工业机器人关节角超限与否，检测碰撞情况，以及规划工业机器人在工作空间的运动轨迹等；⑥传感器的接口和仿真，利用传感器的信息进行决策和规划；⑦通信功能，即离线编程系统所生成的运动代码到各种工业机器人控制柜的通信；⑧用户接口，提供有效的人机交互界面，便于人工干预和进行系统的操作。

另外，由于离线编程系统是基于工业机器人系统的图形模型来模拟工业机器人在实际环境中的工作而进行编程的，为了使编程结果更符合实际情况，该系统应能够计算仿真模型和实际模型间的误差，并且要尽量减小两者间的差别。

2. 组成

离线编程系统组成如图 3-5-10 所示，主要包括用户接口、机器人系统三维几何构型、运动学计算、轨迹规划、三维图形动态仿真、通信接口和误差校正等部分。

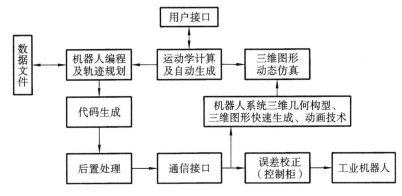

图 3-5-10　离线编程系统组成

1）用户接口

离线编程系统的一个关键问题是能否方便地构建工业机器人编程系统的环境模型，便于人机交互，因此，用户接口就非常重要。工业机器人一般提供两个用户接口，一个用于示教编程，另外一个用于语言编程。如采用示教编程方式，可以用示教器直接编制工业机器人程序；采用语言编程方式，则是用工业机器人编程语言编制程序，使工业机器人完成给定的任务。目前这两种方式已广泛地应用于工业机器人领域。

由工业机器人编程语言发展形成的离线编程系统把工业机器人编程语言作为用户接口的一部分，用工业机器人编程语言对工业机器人运动程序进行修改和编辑。用户接口的语言部分具有与工业机器人编程语言类似的功能，因此在离线编程系统中需要仔细设计。关于用户接口，另一个关键是对工业机器人系统进行图形编辑。为便于操作，一般将用户接口设计成交互式的，用户可以用鼠标器标明物体在屏幕上的方位，并能交互修改环境模型。好的用户接口可以帮助用户方便地进行整个系统的构型和编程的操作。

2）机器人系统的三维几何构型

离线编程系统的一个基本功能是利用图形描述对工业机器人和工作单元进行仿真，这就要求对工作单元中的工业机器人所有的卡具、零件和刀具等进行三维实体几何构型。目前用于机器人系统三维几何构型的主要有以下三种方法，即结构的立体几何表示、扫描变换表示和边界表示，其中最便于计算机表示、运算、修改和显示形体的构型方法是边界表示。机器人系统的几何构型大多采用以上三种形式的组合。

为了构造工业机器人系统的三维模型,最好采用零件和工具的 CAD 模型,直接从 CAD 系统获得,使 CAD 数据共享。正因为对从设计到制造的 CAD 集成系统的需求越来越迫切,所以离线编程系统包括 CAD 建模子系统,也有人把离线编程系统本身作为 CAD 系统的一部分。若把离线编程系统作为单独的系统,则必须具有适当的接口以便与外部 CAD 系统进行模型转换。

3)运动学计算

运动学计算分运动学正解和运动学反解两部分。运动学正解是给出工业机器人运动参数和关节变量,计算工业机器人末端位姿;运动学反解则是由给定的末端位姿计算相应的关节变量。离线编程系统应具有自动生成运动学正解和反解的功能。

就运动学反解而言,离线编程系统与控制柜的联系方式有两种:一是用离线编程系统代替工业机器人控制柜的逆运动学,将工业机器人关节坐标值传送给控制柜;二是将直角坐标值传送给控制柜,由控制柜提供的逆运动学方程求解工业机器人的形态。第二种方式较第一种方式好,尤其是在工业机器人制造商已经开始在他们生产的工业机器人上配置机械臂特征标定规范的情况下。这些标定规范为每台工业机器人制订了独立的逆运动学模型,因此,在直角坐标系下和工业机器人控制柜通信效果要好一些。在关节坐标系下和工业机器人控制柜通信时,离线编程系统运动学反解方程式应和工业机器人控制柜所采用的公式一致,如 PUMA-560 机器人(见图 3-5-11),当关节 5 在零位且 4 轴和 6 轴处在一直线上时,工业机器人控制柜先解出关节 4 和关节 6 的角度之和,然后根据某一准则,唯一地确定出关节 4 和关节 6 的数值。在离线编程系统中,运动学反解也采用类似的准则。此外,还有可行解的选择问题,如 PUMA-560 机器人从直角坐标系转换到关节坐标系有八组可行解,需要引入一个准则,以唯一地确定出可行解。为了使仿真模型相对于实际情况的误差较小,离线编程系统所采用的规则应和工业机器人控制柜所采用的准则一致。

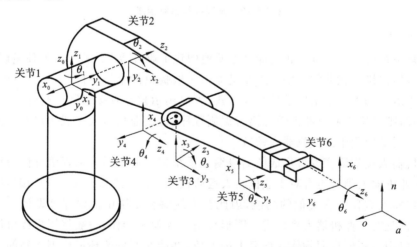

图 3-5-11　PUMA-560 机器人结构和坐标系

4)轨迹规划

在离线编程系统中,除了需对工业机器人静态位置进行运动学计算外,还应该对工业机器人在工作空间的运动轨迹进行仿真。由于不同的机器人厂家所采用的轨迹规划算法差别较大,离线编程系统应对工业机器人控制柜所采用的算法进行仿真。

工业机器人的运动轨迹分为两种类型,即自由运动(仅由初始状态和目标状态定义)和依赖于轨迹的约束运动。自由移动没有约束条件,而约束运动受到路径、运动学和动力学的约束。轨迹规划器接收路径设定和约束条件的输入信号,并输出起始点和终止点之间按时间排列的中间形态(如位姿、速度、加速度等)序列,它们可用关节空间和直角坐标空间表示。轨迹规划器采用轨迹规划算法,如关节空间的插补、直角坐标空间的插补计算等。同时,为了发挥离线编程系统的优点,轨迹规划器还应具备可达空间的计算、碰撞的检测等功能。

5)三维图形动态仿真

离线编程系统在对工业机器人运动进行规划后,将形成以时间序列排列的工业机器人各关节的关节角序列。经过运动学正解方程式,就可得出与之相应的工业机器人不同的位姿。将这些位姿参数通过离线编程系统的构型模块,产生出对应每一位姿的一系列工业机器人图形,然后将这些图形在计算机屏幕上连续地显示出来,产生动画效果,从而实现对工业机器人运动的动态仿真。工业机器人动态仿真是离线编程系统的重要内容,它能逼真地模拟工业机器人的实际工作过程,为编程者提供直观的可视图形,进而可以检验编程的正确性和合理性。此外,编程者还可以通过对图形的多种操作,获得更为丰富的信息。

6)通信接口

在离线编程系统中,通信接口起着连接软件系统和工业机器人控制柜的桥梁作用。利用通信接口,可以把仿真系统所生成的工业机器人运动程序转换成工业机器人控制柜可以接收的代码。

为工业机器人所配置的机器人语言由于生产厂家的不同而差异很大,这样就给离线编程系统的通用性、实用化带来了很大限制。离线编程系统实用化的一个主要问题是缺乏标准的通信接口,而标准通信接口的功能是将工业机器人仿真程序转化成各种工业机器人控制柜可接收的格式。为解决该问题,一种方法是选择一种较为通用的机器人语言,然后对该语言进行加工(后置处理),使其转换成控制柜可以接收的语言。直接进行语言转化有两个优点:一是使用者不需要学习全部机器人语言,就能对不同的工业机器人进行编程;二是在很多工业机器人应用的场合,采用这种方法从经济上看是合算的。但是,直接进行语言转化是很复杂的,这主要是由于目前工业上所使用的机器人语言种类很多。另外一种方法是将离线编程的结果转换成工业机器人可接收的代码,采用这种方法时需要一种翻译系统,以便快速生成工业机器人运动程序代码。

7)误差校正

离线编程系统中的仿真模型(理想模型)和实际的工业机器人模型之间存在误差,产生误差的主要因素如下:

(1)工业机器人:①连杆制造的误差和关节偏置的变化,这些结构上小的误差将会使工业机器人末端产生较大的误差;②工业机器人结构的刚度不足,在重负载情况下会产生较大的误差;③相同型号工业机器人存在不一致性,在仿真系统中,型号相同的工业机器人的图形模型是完全一样的,而在实际情况下往往存在差别;④控制器的数字精度主要受微处理器字符长度及控制算法计算效率的影响。

(2)作业范围:①在作业范围内,很难准确地确定出物体(如工业机器人、工件等)相对于基准点的方位;②外界工作环境(如温度)的变化,会对工业机器人的性能产生不利的影响。

(3)离线编程系统:离线编程系统的数字精度或实际世界坐标系模型数据的质量不高会导致误差的产生。

以上这些因素,都会使离线编程系统工作时产生很大的误差。有效地校正误差,是离线编程系统进入实用化阶段的关键。目前误差校正的方法主要有两种:一是用基准点,即在工作空间内选择一些基准点(一般不少于三点),这些基准点具有较高的位置精度,通过离线编程系统规划使工业机器人运动到基准点,根据两者之间的差异形成误差补偿函数;二是利用传感器(力觉传感器或视觉传感器等)形成反馈,在离线编程系统所提供的工业机器人位置的基础上,靠传感器来完成局部精确定位。第一种方法主要用于精度要求不高的场合(如喷涂作业);第二种方法主要用于要求较高精度的场合(如装配作业)。

3.5.8　RobotStudio 软件介绍

RobotStudio 是一款优秀的计算机仿真软件产品。为帮助用户提高生产率,降低购买与使用工业机器人解决方案的总成本,ABB 公司开发了一个适用于工业机器人寿命周期各个阶段的软件产品家族——RobotStudio。

1. 使用阶段及作用

规划与可行性:在规划与定义阶段,RobotStudio 软件可让用户在实际构建工业机器人系统之前先进行设计和试运行。用户还可以利用该软件确认工业机器人是否能到达所有编程位置,并计算解决方案的工作周期。

编程:在设计阶段,RobotStudio 软件中的程序编辑器(ProgramMaker)将帮助用户在个人计算机上创建、编辑和修改工业机器人程序和各种数据文件。

2. 主要功能

使用 RobotStudio 软件可以实现以下主要功能:

(1) CAD 导入。RobotStudio 软件可轻易地以各种主要的 CAD 格式导入数据,包括 IGES、SAT、STEP、VRML、VDAFS、ACIS 和 CATIA。通过使用此类非常精确的 3D 模型数据,工业机器人程序设计员可以生成更为精确的工业机器人程序,从而提高产品质量。

(2) 自动路径生成。这是 RobotStudio 软件最节省时间的功能之一。它通过使用待加工部件的 CAD 模型,可在短短几分钟内自动生成跟踪曲线所需的工业机器人位置。如果人工执行此项任务,则可能需要数小时甚至数天。

(3) 自动分析伸展能力。此便捷功能可让操作人员灵活移动工业机器人或工件,直至所有位置均达到,运用此便捷功能可在短短几分钟内验证和优化工作单元布局。

(4) 碰撞检测。使用 RobotStudio 软件,可以对工业机器人在运动过程中是否可能与周边设备发生碰撞进行一个验证与确认,以确保工业机器人离线编程得出的程序的可用性。

(5) 在线作业。使用 RobotStudio 软件与真实的工业机器人进行连接通信,对工业机器人进行便捷的监控、程序修改、参数设定、文件传送及备份恢复的操作,使调试与维护工作更轻松。

(6) 模拟仿真。根据设计,在 RobotStudio 软件中进行工业机器人工作站的动作模拟仿真及周期节拍仿真,可为工程的实施提供真实的验证。

(7) 应用工艺功能包。RobotStudio 软件针对不同的应用推出功能强大的工艺功能包,将工业机器人更好地与工艺应用进行有效的融合。

(8) 二次开发。RobotStudio 软件提供功能强大的二次开发平台,使工业机器人应用可实现更多的可能,也可满足工业机器人的科研需要。

RobotStudio 软件的缺点是它只支持 ABB 公司生产的工业机器人,与其他品牌工业机器人间的兼容性很差。

RobotStudio 软件的工作界面如图 3-5-12 所示。

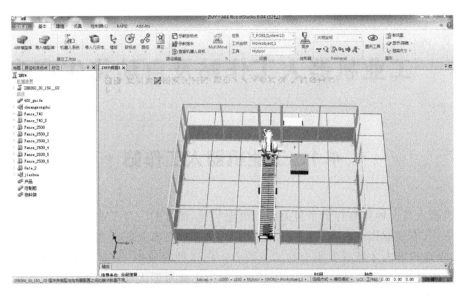

图 3-5-12   RobotStudio 软件的工作界面

◀ 思考与练习 ▶

1. 工业机器人控制系统有哪些特点？

2. 工业机器人控制方式有哪些？

3. 构成工业机器人系统的要素主要有哪些？试绘制要素间的关系图。

4. 工业机器人控制系统硬件部分由哪些器件组成？

5. 工业机器人系统的结构方面通常有哪几种控制方式？

6. 工业机器人控制策略有哪些？

7. 工业机器人驱动器（驱动系统）中常用的电动机有哪几种？各适用于什么场合？哪种精度最高？

8. 工业机器人常用的传感器有哪些？

9. 传感器的性能指标有哪些？

10. 内部传感器有哪些？外部传感器有哪些？

11. 工业机器人的运动控制卡的功能是什么？

12. 控制系统中对伺服进给系统的要求是什么？

13. I/O 模块的主要功能是什么？

14. 工业机器人编程常用的语言有哪些？

第 4 章

工业机器人工作站及自动化生产应用

◀ 4.1 工业机器人工作站 ▶

工业机器人是一种具有若干个自由度的机电装置,孤立的一台工业机器人在生产中没有任何实用价值,只有根据作业内容、形式等工艺因素,给工业机器人配以相适应的辅助机械装置等周边设备,工业机器人才能成为实用的加工设备。在这种构成中,工业机器人及其控制系统应尽量选用标准装备,对于个别特殊的场合需设计专用工业机器人和末端执行器以及其他外围设备等,形成专用的工业机器人工作站。工业机器人工作站随应用场合和工件特点的不同存在着较大差异,因此,这里只能就典型的工业机器人工作站进行介绍。

工业机器人工作站的开发方向如下。

(1) 工业机器人工作站的自动化。

工业机器人能够解放人的双手,将人从恶劣的劳动环境中替换出来,但是由于环境及技术原因,仍有很多工作是无法通过工业机器人完成的,比如汽车行业常见的螺柱焊,由于送钉问题,一直无法很好地解决使用工业机器人进行自动焊接的问题。这是工业机器人工作站发展的一个前沿方向。

(2) 工业机器人工作站的精度化。

使用工业机器人最大的优点就是能够保证工作的精确性,最大限度地保证工作质量。目前,为了提高工业机器人工作站的精度,从各个方面出发提高工业机器人性能,人们进行了大量研究,比如采用先进的工业机器人运动学算法,以期更好地控制工业机器人各个伺服电动机的运动,从而保证工业机器人运动的精度。

(3) 工业机器人工作站管理的数字化和人性化。

数字化、人性化的开发方向要求工业机器人工作站的管理软件、控制系统在一定程度上实现人性化、智能化,以提高生产和管理性能。

(4) 工业机器人工作站的柔性化。

产品更新换代日益频繁,这要求工业机器人工作站能够最快地从一种产品切换到另一种产品,以降低生产成本。同时,由于场地、产品复杂性等问题的出现,工业机器人工作站应能够在不同的要求下完成不同的工作,这就要求工业机器人工作站在设计时拥有较高的柔性。比如,工业机器人工作站采用双工业机器人协调控制,其中一个工业机器人夹持工件,另外一个工业机器人夹持作业工具,这样就能够适应不同的产品加工而不用更换夹具,极大地方便了生产并降低了成本。

4.1.1 工业机器人工作站的组成和特点

1. 组成

工业机器人工作站是按特定工序作业的独立生产系统,也可称为工业机器人工作单元,如

图 4-1-1 所示。它主要由工业机器人及其控制系统、辅助设备以及其他周边设备所构成。

工业机器人工作站是以工业机器人为加工主体的作业系统,由于工业机器人具有可再编程的特点(当加工产品更换时,可以重新编写工业机器人的作业程序),该作业系统可实现工作任务的柔性要求。

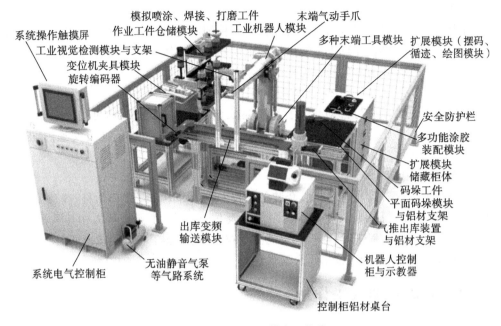

图 4-1-1　工业机器人工作站

需要注意的是,工业机器人只是整个作业系统(工作站)的一部分,作业系统包括工装、变位器、辅助设备等周边设备,应该对它们进行系统集成,使之构成一个有机整体,这样才能完成任务,满足生产需求。

工业机器人工作站系统集成一般包括硬件集成和软件集成。硬件集成需要根据需求对各个设备接口进行统一定义,以满足通信要求;软件集成则需要对整个系统的信息流进行综合,然后控制各个设备按流程运转。

构建工业机器人工作站是一项较为灵活多变、关联因素甚多的技术工作。构建工业机器人工作站的一般原则有:

(1)前期必须充分分析作业对象,拟订最合理的作业工艺;

(2)工作站必须满足作业的功能要求和环境条件;

(3)工作站必须满足生产节拍要求;

(4)工作站整体及各组成部分必须完全满足安全规范和标准;

(5)工作站各设备和控制系统应具有故障显示和报警装置;

(6)工作站应便于维护修理;

(7)工作站操作系统应简单明了,便于操作和人工干预;

(8)工作站操作系统应便于联网控制;

(9)工作站应便于组线;

(10)工作站应经济、实惠,可快速投产,等等。

2.特点

工业机器人工作站的特点如下。

1）技术先进

工业机器人工作站集精密化、柔性化、智能化、软件应用开发等先进制造技术于一体，通过在作业过程中实施检测、控制、优化、调度、管理和决策，达到增加产量、提高质量、降低成本、减少资源消耗和环境污染的目的，是工业自动化水平的最高体现。

2）技术升级

工作站中的工业机器人与自动化成套装备具有精细制造、精细加工和柔性生产等升级后的技术的特点，是继动力机械、计算机之后出现的全面延伸人的体力和智力的新一代生产工具，是实现生产数字化、自动化、网络化和智能化的重要手段。

3）应用领域广泛

工作站中的工业机器人与自动化成套装备是实施生产的关键设备，可用于制造、安装、检测、物流等生产环节，并广泛应用于汽车整车及汽车零部件、工程机械、轨道交通、低压电气电力、IC装备、烟草、金融、医药、冶金及印刷出版等行业。

4）技术综合性强

工作站中的工业机器人与自动化成套装备的技术集中并融合了多门学科，涉及多个技术领域，包括工业机器人控制技术、工业机器人动力学及仿真技术、工业机器人构建有限元分析技术、激光加工技术、模块化程序设计技术、智能测量技术、建模加工一体化技术、工厂自动化技术以及精细物流技术等先进技术，技术综合性强。

4.1.2 弧焊机器人工作站

1. 弧焊的原理

弧焊是指在电极与焊接母材之间接上电源装置，通以低电压、大电流，产生的电弧放电又产生巨大热量使母材（有时因焊接方式不同，还包括焊接线材在内）熔化并连接在一起。由于弧焊的焊接强度高，焊缝的水密性和气密性好，可以减轻构造件的质量，因此弧焊广泛应用于造船、建筑、工业机械、车辆等领域。按照电极是否消耗，弧焊分为熔极式和非熔极式两种。熔极式弧焊有气体保护弧焊、自保护弧焊、埋弧焊等；非熔极式弧焊有钨极惰性气体（tungsten inert gas，TIG）保护弧焊、等离子弧焊等。因为弧焊机器人不受焊接姿态的限制，而且电弧看得见，容易控制，所以气体保护弧焊中的金属极活性气体（metal active gas，MAG）保护弧焊、金属极惰性气体（metal inert gas，MIG）保护弧焊等的应用很广泛。弧焊时焊丝周围不断形成氧化活性气体——二氧化碳或二氧化碳与氩气混合保护气流，因此，弧焊适用于软钢或低合金钢的焊接。仅采用二氧化碳气体进行保护的弧焊称为二氧化碳气体保护弧焊。MIG保护弧焊的惰性保护气体通常为氩气或氮气等，它适用于不锈钢镍合金、铜合金等的焊接。

2. 弧焊机器人工作站系统组成

弧焊机器人工作站系统由弧焊机器人系统、焊接系统、焊枪清理装置和夹具变位系统组成，如图4-1-2所示。弧焊机器人工作站一般由弧焊机器人本体、弧焊机器人控制柜、示教器、焊接电源和接口、送丝机构、焊丝盘支架、送丝软管、焊枪、防撞传感器、操作控制盘及各设备间相连接的电缆、保护气体软管和冷却水管、弧焊机器人机座、工作台、工件夹具、围栏、安全保护设施和排烟罩等组成，必要时可再加一套焊枪喷嘴清理及剪丝装置，除夹具须根据工件情况单独设计外，其他的都是标准的通用设备或简单的结构件。典型的弧焊机器人工作站如图4-1-3所示。利用简易的弧焊机器人工作站进行焊接时，工件只是被夹紧固定而不会变位，且由于其结构简单，可由工厂自行成套，工厂只需购进弧焊机器人，其他可自己设计、制造和成套。但必须

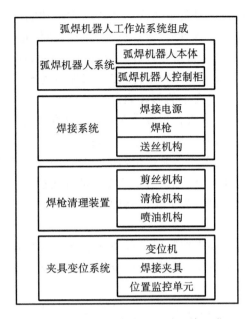

图 4-1-2　弧焊机器人工作站系统组成

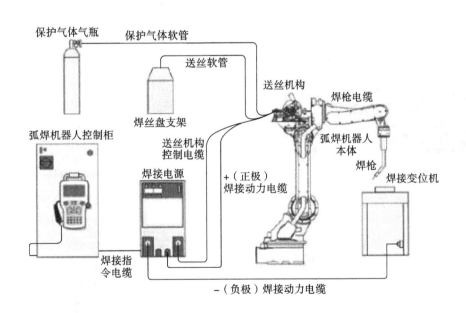

图 4-1-3　典型的弧焊机器人工作站

指出的是,这仅仅是就简易的弧焊机器人工作站而言,较为复杂的弧焊机器人工作站最好还是由弧焊机器人工程应用开发专业公司提供成套交钥匙服务。

3. 弧焊机器人工作站工作过程及要点

弧焊过程比点焊过程要复杂得多,工具中心点(TCP)也就是焊丝端头的运动轨迹、焊枪姿态、焊接参数都要求做到精确控制,所以,弧焊机器人工作站除了需具备焊接的一般功能外,还必须具备一些满足特定弧焊要求的功能。虽然从理论上讲,有五个轴的工业机器人可以用于弧焊,但是对于形状复杂的焊缝,用五轴工业机器人实现焊接会有困难,因此,除非焊缝比较简单,否则应尽量选用六轴工业机器人。弧焊机器人除进行"之"字形拐角焊或小直径圆焊缝焊接时其轨迹应贴近示教的轨迹外,还应具备不同摆动样式的软件功能供编程时选用,以便进行摆动焊接,而且摆动到每一周期中的停顿点处,弧焊机器人应自动停止向前运动,以满足工艺要求。此外,弧焊机器人还应有接触寻位、自动寻找焊缝起点位置、电弧跟踪和自动再引弧等功能。

操作人员通过示教器操作弧焊机器人本体,使其末端运动至所需的轨迹点,记录该点各关节伺服电动机编码器信息,并通过命令的形式确定运动至该点的插补方式、速度、精度等,然后由弧焊机器人控制器按照这些命令查找相应的功能代码并存放到某个指定的示教数据区,再由弧焊机器人控制柜中的计算器将其转换成各个轴运动的脉冲。弧焊机器人本体的运动精度与其伺服电动机的性能有着很大的关系。弧焊机器人能够根据速度和精度合理安排各个轴的运动方式,一般其速度和精度是相互制约的:为了获得高的焊接速度,往往在一些转角比较大的地方由于运动惯性不能得到高的精度;为了获得高的精度,就不得不牺牲一定的速度。这在焊接一些大转角焊缝时必须注意。

再现示教的运动时,弧焊机器人控制器将自动逐条读取示教命令和其他相关数据,进行解读、计算;做出判断后,将相应控制信号和数据送至各关节伺服系统,驱动弧焊机器人精确地再现示教动作。这个过程称为自动翻译。

弧焊机器人工作站外围设备包括焊接电源、送丝机构(见图4-1-4)、焊枪(见图4-1-5)、焊枪清理装置(由剪丝机构(见图4-1-6)、清枪机构和喷油机构组成)以及保护气体装置(见图4-1-7)。这些外围设备在弧焊机器人控制柜的控制下与弧焊机器人配合完成弧焊任务。

图 4-1-4 送丝机构

图 4-1-5 焊枪

图 4-1-6 剪丝机构

图 4-1-7 保护气体装置

焊接电源是弧焊机器人工作站中最重要的设备,因为焊接电源的性能强烈影响着焊接质量。一个能够精确控制电压、电流的焊接电源也能很好地控制焊接质量。焊接电源能与弧焊机器人控制柜通过I/O模块通信,焊接信号和焊接参数通过工业机器人控制柜传递给焊接电源。

送丝机构保证在焊接过程中不断均匀送入焊丝以补充焊丝的消耗。在送丝过程中,送丝机构应保证送丝的稳定、均匀,否则容易卡住,从而造成送丝困难,影响焊接质量。送丝机构绑定在弧焊机器人上,其大小、重量对弧焊机器人的空间运动有着一定的影响,太大和太重的送丝机构往往会增大弧焊机器人的负荷,增大弧焊机器人的运动惯性,从而降低弧焊机器人运动时的稳定性和精确性。

剪丝机构采用焊枪自触发结构设计,不需要再使用电磁阀对它进行控制,简化了电气控制。

在焊枪工作一段时间后,其内部可能存在一些焊渣,为了保证焊接质量,需要通过清枪机构定期清理焊渣。使用喷油机构使硅油能到达焊枪喷嘴的内表面,确保焊渣与喷嘴不会发生死粘连。喷油机构一般设计在清枪机构中,弧焊机器人通过一个动作就可以完成喷油和清枪,在控制上,清枪-喷油机构仅需要一个启动信号就可以按照规定好的动作顺序启动。

目前使用较多的焊接保护气体是二氧化碳和氩气。这两种保护气体有其各自的优缺点。由于二氧化碳气体热物理性能的特殊影响,使用常规焊接电源时,焊丝端头熔化金属不可能形成平衡的轴向自由过渡,通常需要采用短路和熔滴缩颈爆断的措施,因此,与 MIG 保护弧焊自由过渡相比,二氧化碳气体保护弧焊飞溅较多。但如果采用优质焊机,且参数选择合适,二氧化碳气体保护弧焊可以得到很稳定的焊接质量,使飞溅降低到最小的程度。由于所用保护气体价格低廉,采用短路过渡时焊缝成形良好,加上使用含脱氧剂的焊丝即可获得无内部缺陷的高质量焊接接头,二氧化碳气体保护弧焊目前已成为黑色金属材料最重要的焊接方法之一。使用氩气保护时,氩气不参与熔池的冶金反应,因此,氩气体保护弧焊适用于质量要求较高或易氧化的金属材料(如不锈钢、铝、钛、锆等)的焊接,但成本较高。保护气体也可以氩气为主,加入适量的二氧化碳(15%~30%)或氧气(0.5%~5%)。与二氧化碳气体保护弧焊相比,这种保护弧焊成形较好,质量较佳;与熔化极惰性气体保护弧焊相比,这种保护弧焊熔池较活泼,冶金反应较佳。

考虑到一些特殊零件的焊接,如圆管的环缝焊,弧焊机器人工作站采用带外部回转轴的变位机(见图 4-1-8)与弧焊机器人协同运动的方式来保证最佳的焊接姿态。外部回转轴可以单独转动,也可以与弧焊机器人保持一定的速度关系协同转动。使用外部回转轴可以让弧焊机器人在焊接时轻松到达一些以往难以到达的位置,也可以与弧焊机器人协作,以获得具有特殊形状的焊缝。在外部回转轴上固定着工件夹具。工件夹具根据工件定制,对工件起固定作用。

图 4-1-8　变位机

为了使弧焊机器人工作站具有更大的柔性,不少弧焊机器人工作站开始采用一台工业机器人夹持工件,另一台工业机器人进行作业的方式。其中,夹持工件的工业机器人称为夹持机器人,进行作业的工业机器人称为作业机器人。因为工业机器人灵活性大,所以不用针对不同工件设计专用夹具,同时,夹持机器人自身也有很高的自由度,可以与作业机器人相配合,二者协同进行各种复杂轨迹的作业。这也是目前弧焊机器人工作站的发展方向。但是,这种方式也存在着缺点,即由于夹持机器人的夹具不能夹持太重的工件,所以一些大型的工件无法通过这种方式完成焊接。这种工作方式适合小而复杂的工件,且由于采用了夹持机器人,可以在同一个工作站内针对不同的工件进行作业,与传统工作站相比有着很大的优势。

还有一种降低生产成本、提高弧焊机器人工作站柔性化程度的方式,就是采用工具转换器这一外围设备。这是弧焊机器人工作站的另一个发展方向。工具转换器适用于弧焊机器人在工作中需要变换作业工具的场合。在实际生产中,弧焊机器人工作站频繁遇到的一个问题就是,一个工件往往需要经过多种焊接工艺才能完成焊接。比如,要完成一个汽车盖板的焊接,需要一个工业机器人对工件做螺柱焊,一个工业机器人对工件做点焊,这不仅增加了投入成本(因为增加了一个工业机器人工作站),并且工件不能一次性焊接完成,降低了生产效率。工具转换器的出现解决了这一问题,做完螺柱焊后,只需进行转换焊枪的操作,即可用同一工作站完成点焊工作。工具转换器的结构分为两个部分,一部分安装在弧焊机器人的法兰盘上,另一部分安装在作业工具上,工作时,将相应的转换器结构对接,可实现水电气的无缝结合。目前,工具转换器大多采用模块化设计,实际中需要的模块(如额外的通信模块、额外的强电模块等)可以单独配置,极大地丰富了弧焊机器人工作站的应用范围。

操作控制器是操作人员直接和弧焊机器人进行人机交互的设备。通过使用操作控制器,操作人员能够简单高效地对弧焊机器人进行控制。操作控制器上一般设有伺服接通、报警指示、紧急停止、系统启动、异常复位等按钮,以完成不同的控制功能。

中大型的弧焊机器人工作站往往会配有专门的 PLC 控制器。专门的 PLC 控制器能够提供更加复杂的功能、更加可控的操作和更加人性化的人机互动界面。常用的 PLC 控制器厂家如西门子公司、欧姆龙公司等开发研制出具有强大功能的专用的 PLC 控制器。专门的 PLC 控制器在工厂环境中起到维护整个弧焊机器人工作站并使之稳定、高效的作用。

另外,弧焊机器人工作站还有其他一些常见的外围设备,比如三色灯、蜂鸣器等,这些外围设备可为弧焊机器人工作站提供一些辅助功能。

4. 弧焊机器人工作站的应用

弧焊机器人工作站的应用范围很广,除了汽车行业之外,在通用机械、金属结构、航空、航天、机车车辆及造船等行业都有应用。目前,弧焊机器人工作站适用于多品种中小批量生产,配有焊缝自动跟踪传感器(如电弧传感器、激光视觉传感器等)和熔池形状控制系统等,可对环境的变化进行一定范围内的适应性调整。

5. 弧焊机器人工作站技术的发展趋势

1)光学式焊接传感器

当前较为普及的焊缝自动跟踪传感器为电弧传感器,但在进行焊枪不宜抖动的薄板焊接或对焊时,电弧传感器具有局限性,因此,检测焊缝(焊缝跟踪)可采用下述三种方法:第一种,把激光束投射到工件表面,通过光点位置检测焊缝;第二种,让激光透过缝隙,然后投射到与焊缝正交的方向,通过工件表面的缝隙光迹检测焊缝;第三种,用 CCD 摄像机直接监视焊接熔池,根据弧光特征检测焊缝。目前,光学式焊接传感器有若干课题尚待解决,如光源和接收装置(CCD

摄像机)必须做得很小、很轻才便于安装在焊枪上,光源投光须注意与弧光、飞溅、环境光源进行隔离等。

2)标准焊接条件设定装置

为了保证焊接质量,在弧焊机器人作业前应根据工件的坡口、材料等情况正确选择焊接条件(包括焊接电流、焊接电压、焊接速度、焊枪角度和接近位置等)。以往的做法是按各组件的情况凭经验试焊,确定合适的焊接条件,这样时间和劳动力的投入都比较大。目前,一种标准焊接条件设定装置已经问世并进入实用阶段,它利用微型机事先把各种焊接对象的标准焊接条件存储下来,作业时以人机对话的形式从中加以选择即可。

3)离线示教

离线示教大致有两种方法:一种是在生产线外另外安装一台主导工业机器人,用它模仿焊接作业的动作,然后将制成的示教程序传送给生产线上的弧焊机器人;另一种是借助计算机图形技术,在阴极射线显像管(cathode ray tube,CRT)上按工件与工业机器人的配置关系对焊接动作进行仿真,然后将示教程序传给生产线上的弧焊机器人。需要注意的是,后一种方法还留有若干课题有待今后进一步研究,如工件和周边设备图形输入的简化,弧焊机器人、焊枪和工件焊接姿态检查的简化,焊枪与工件干涉检查的简化等。

4)逆变电源

在弧焊机器人工作站的外围设备中有一种逆变电源,它由于靠控制器来控制,因此能极精细地调节焊接电流,可在加快薄板焊接速度、减少飞溅、提高效率等方面发挥作用。

4.1.3 点焊机器人工作站

点焊机器人在汽车焊装生产线中被大量使用,用于焊接车门、底板、侧围、车身总成等。在目前的汽车焊装生产线中多为多台点焊机器人同时作业,生产线两侧排列多台点焊机器人,输送机械将车体传送到不同工位后,多台点焊机器人同时进行作业,形成流水线,大大提高了生产效率。汽车焊装生产线上可以按照工位划分多个点焊机器人工作站,每个工作站由点焊机器人本体、点焊机器人控制器、工装夹具、焊接系统(包括焊钳、焊接电源)、气动系统、冷却系统组成,有时还需快换装置,以在焊接过程中换装不同的焊钳。焊钳是指将点焊用的电极、焊枪架、加压装置等紧凑汇总的焊接装置。点焊机器人焊钳可分为 C 形焊钳(见图 4-1-9)和 X 形焊钳(见图 4-1-10)两种。C 形焊钳用于点焊垂直位置及近似垂直的倾斜位置的焊缝;X 形焊钳则主要用于点焊水平位置及近似水平的倾斜位置的焊缝。点焊机器人焊钳安装在点焊机器人末端,是受焊接控制器与点焊机器人控制器控制的一种焊钳。点焊机器人焊钳具有环保、焊接时轻柔接触工件、低噪声、能提高焊接质量、有超强的可控性等特点。

图 4-1-9 C 形焊钳

图 4-1-10 X 形焊钳

整条汽车焊装生产线还需中央控制器(PLC或计算机)。

一般装配一台汽车的车体需要完成 3 000~4 000 个焊点,而其中的 60% 是由点焊机器人完成的。在有些大批量汽车生产线上,服役的点焊机器人多达 150 台。汽车工业引入点焊机器人已取得了下述明显效益:①改善多品种混流生产的柔性;②提高焊接质量;③提高生产率;④把工人从恶劣的作业环境中解放出来。点焊机器人已成为汽车生产行业的支柱之一。

1. 点焊原理

点焊是一种将被焊接材料重叠后用电极加压,在短时间内通以大电流,使加压部分局部熔化实现结合的电阻焊接方法。点焊原理如图 4-1-11 所示。熔融的结合部位被称为熔核,形成熔核的焊接条件参数为电极前端的直径、施加的压力、焊接电流、通电时间等。与其他焊接方式相比,点焊的焊接条件相对简单。

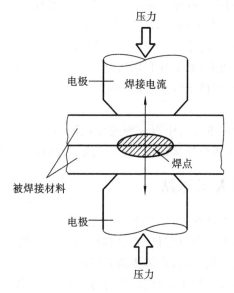

图 4-1-11 点焊原理

2. 点焊机器人工作站的组成

点焊机器人工作站主要包括点焊机器人本体、点焊机器人控制器、焊钳(含阻焊变压器),以及水、电、气等辅助部分组成。点焊机器人工作站系统原理如图 4-1-12 所示。典型的点焊机器人工作站的组成如图 4-1-13 所示。

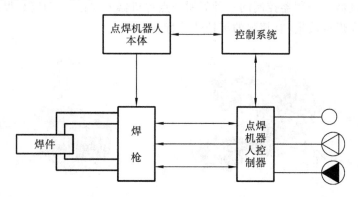

图 4-1-12 点焊机器人工作站系统原理

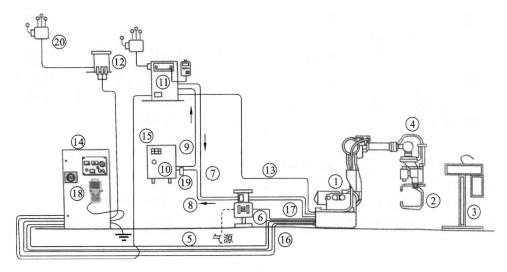

图 4-1-13　点焊机器人工作站的组成

①—点焊机器人本体(ES165D)；②—伺服焊钳；③—电极修磨机；④—手部集合电缆；⑤—焊钳伺服控制电缆；
⑥—气/水管路组合体；⑦—焊钳冷水管；⑧—焊钳回水管；⑨—点焊控制箱冷水管；⑩—冷水阀组；⑪—点焊控制箱；
⑫—点焊机器人变压器；⑬—焊钳供电电缆；⑭—点焊机器人控制柜；⑮—点焊指令电缆；⑯—点焊机器人供电电缆；
⑰—焊钳进气管；⑱—点焊机器人示教器；⑲—冷却水流量开关；⑳—电源提供

3. 点焊机器人焊接条件

焊接电流、通电时间和电极加压力被称为工作站中点焊机器人焊接的三大条件。在点焊机器人进行焊接的过程中,这三大条件互相作用,具有非常紧密的联系。

1) 焊接电流

焊接电流是指点焊机器人变压器的二次回路中流向焊接母材的电流。在普通的单相交流式电焊机中,在点焊机器人变压器的初级线圈流通的电流,将乘以点焊机器人变压器线匝比(指初级线圈的匝数 N_1 和次级线圈的匝数 N_2 的比,即 N_1/N_2)后流向点焊机器人次级线圈。在合适的电极加压力下,大小合适的电流在合适的时间范围内导通后,接合母材间会形成共同的熔合部,在冷却后形成接合部(熔核)。但是,电流过大会导致熔合部材料飞溅出来(飞溅)以及电极黏结在母材上(熔敷)等故障现象。此外,还会导致熔接部位形变过大。

2) 通电时间

通电时间是指焊接电流导通的时间。在焊接电流大小固定的情况下改变通电时间,会导致焊接部位所能够达到的最高温度不同,从而导致形成的熔核大小不一。一般而言,选择小的焊接电流、延长通电时间不仅会造成大量的热能损失,而且会导致对不需要焊接的地方进行加热的现象。特别是对像铝合金等热传导好的材料以及小零件等进行焊接时,必须使用足够大的焊接电流、在较短的时间内焊接。

3) 电极加压力

电极加压力是指加载在焊接母材上的压力。电极加压力起到了夹持接合部位的夹具的作用,同时电极本身起到了保证焊接电流导通稳定的作用。设定电极加压力时,有时也会采用在通电前进行预压、在通电过程中进行减压、在通电末期再次增压等特殊的方式。点焊时,电极加力,热熔形成塑性环,可防止周围气体侵入,防止液态熔核金属沿板缝向外喷溅。

此外,还有一个影响到熔核直径的条件,那就是电极顶端直径(面积)。焊接电流大小固定不变时,电极顶端直径(面积)越大,焊接电流的密度则越小,在相同时间内可以形成的熔核直径也就越小。

好的焊接条件是指焊接电流、通电时间、电极加压力合适,能够形成与电极顶端直径相同的熔核。此外,焊接母材的厚度的组合在某种程度上也决定了熔核直径的大小,母材厚度的组合决定了,则使用的电极顶端直径也就决定了,相关的电极加压力、焊接电流以及通电时间的组合也可以决定了。如果想要形成直径比母材厚度还大的熔核,则需要选择具有更大顶端直径(面积)的电极,当然同时还需要使用较大的焊接电流以保证获得所需的电流密度。

4. 点焊机器人选用或引进注意事项

选用或引进点焊机器人时,必须注意以下几点:

(1)必须使点焊机器人实际可达到的工作空间大于焊接所需的工作空间。焊接所需的工作空间由焊点位置和焊点数量确定。

(2)点焊速度与生产线生产速度必须匹配。先根据生产线生产速度和焊点数量确定单点工作时间,而点焊机器人的单点焊接时间(含加压时间、通电时间、维持时间、移位时间等)必须小于此值,即点焊速度应大于或等于生产线生产速度。

(3)按工件的形状和种类、焊缝位置选用焊钳。垂直位置及近似垂直的倾斜位置的焊缝选用 C 形焊钳,水平位置及近似水平的倾斜位置的焊缝选用 X 形焊钳。

(4)应选内存容量大、示教功能全、控制精度高的点焊机器人。

(5)需采用多台点焊机器人时,应确定是否采用多种型号,并应考虑点焊机器人与多点焊机及简易直角坐标工业机器人并用等问题。当点焊机器人间隔较小时,应注意动作顺序的安排,可通过点焊机器人群控或相互间的连锁作用避免干涉。

根据以上注意事项,再从经济效益、社会效益方面进行论证后,方可决定是否采用点焊机器人及所需点焊机器人的台数、种类等。

5. 点焊机器人工作站的发展动向

目前正在开发一种新的点焊机器人工作站系统。这种系统力图把焊接技术与 CAD 技术、CAM 技术完美地结合起来,以提高生产准备工作的效率,缩短产品设计投产的周期,从而取得更高的效益。该系统拥有关于汽车车体结构信息、焊接条件计算信息和点焊机器人机构信息的数据库,并可利用该数据库方便地进行焊枪选择和点焊机器人配置方案设计,示教数据则通过网络、磁带或软盘输入点焊机器人控制器。点焊机器人控制器具有很强的数据转换功能,能针对点焊机器人本身不同的精度和工件之间的相对几何误差及时进行补偿,以保证足够的工程精度。与传统的手工设计—示教系统相比,该系统可以节省 50% 的工作量,把设计至投产的周期缩短。现在该点焊机器人工作站系统正在向汽车行业之外的电气、建筑机械行业普及,能适应该系统的焊接机器人正在开发中。

4.1.4　装配机器人工作站

装配是产品生产的后续工序,在制造业中占有重要地位,在人力、物力、财力消耗中占有很大比例。作为一种新兴的工业机械,装配机器人应运而生。装配机器人是指在工业生产中,用于装配生产线上,对零件或部件进行装配的工业机器人。它属于高、精、尖的机电一体化产品,是集光学技术、机械技术、微电子技术、自动控制技术和通信技术于一体的高科技产品,具有很高的功能和附加值。

装配机器人在各领域应用的工业机器人中只占很小的份额。究其原因,一方面,装配操作本身比焊接、喷涂、搬运等更复杂;另一方面,工业机器人装配技术目前还存在一些亟待解决的问题,如对装配环境要求高,装配效率低,缺乏感知与自适应的控制能力,难以完成变动环境中的复杂装配,对装配机器人的精度要求较高,易出现装不上或卡死现象等。尽管存在上述问题,由于装配具有重要的意义,装配领域仍将是未来工业机器人技术发展与应用的焦点之一。

1. 装配机器人工作站的组成

装配机器人工作站由装配机器人本体、驱动系统和控制系统三个基本部分组成。装配机器人本体即基座和执行机构,执行机构包括臂部、腕部和手部。大多数装配机器人有 3~6 个自由度,其中腕部通常有 1~3 个自由度。驱动系统包括动力装置和传动机构,用于使执行机构产生相应的动作。控制系统按照输入的程序对驱动系统和执行机构发出指令信号,并进行控制。

带有传感器的装配机器人可以很好地顺应对象进行柔性的操作。装配机器人经常使用的传感器有视觉传感器、触觉传感器、接近觉传感器和力觉传感器等。视觉传感器主要用于零件或工件的位置补偿,零件的判别、确认等。触觉传感器和接近觉传感器一般固定在指端,用来补偿零件或工件的位置误差,防止碰撞等。力觉传感器一般装在腕部,用来检测腕部受力情况,一般在精密装配或去飞边等需要控制力度的作业中使用。

装配机器人进行装配作业时,除装配机器人主体、手爪、传感器外,零件供给装置和工件搬运装置也尤为重要。无论是从投资的角度来看还是从安装占地面积的角度来看,它们都比装配机器人本体所占的比例更大。装配机器人工作站中的外围设备常用可编程控制器控制,此外一般还要有台架和安全栏等设备。

1)零件供给装置

零件供给装置主要有给料器和托盘等。

(1)给料器:用振动或回转机构把零件排齐,并将零件逐个送到指定位置。

(2)托盘:大零件或者容易磕碰划伤的零件加工完毕后一般应放在被称为托盘的容器中运输;托盘能按一定的精度要求把零件放在给定的位置上,然后由装配机器人一个一个地取出。

2)工件搬运装置

在工业机器人装配线上,工件搬运装置承担把工件搬运到各作业地点的任务。工件搬运装置中以传送带居多。工件搬运装置的技术问题是停止精度、停止时的冲击和减速振动等。在工件搬运装置中安设减速器可用来吸收冲击能。

2. 常见的装配机器人

常见的装配机器人有水平多关节型装配机器人、直角坐标装配机器人和垂直多关节型装配机器人。

1)水平多关节型装配机器人

水平多关节型装配机器人(见图 4-1-14)是装配机器人的典型代表。它具有四个自由度。最近,在一些水平多关节型装配机器人上开始装配各种可换手爪,以增加通用性。可换手爪主要有气动手爪和电动手爪两种:气动手爪构造相对来说比较简单,价格便宜,因而在一些要求不太高的场合用得比较多;电动手爪造价比较高,主要用在一些特殊场合。

2)直角坐标装配机器人

直角坐标装配机器人(见图 4-1-15)具有三个直线移动关节,空间定位只需要三轴运动,末端执行器姿态不发生变化。该工业机器人的种类繁多,从较小型(廉价的桌面型)到较大型应有尽有,而且可以设计成模块化结构以便加以组合,是一种很方便的工业机器人。虽然它结构简单,便于与其他设备组合,但与其占地面积相比,其工作空间较小。

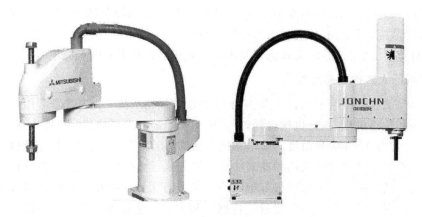

图 4-1-14　水平多关节型装配机器人

图 4-1-15　直角坐标装配机器人

3）垂直多关节型装配机器人

垂直多关节型装配机器人（见图 4-1-16）通常是由转动和旋转轴构成的六自由度工业机器人。它的工作空间与占地面积之比是所有装配机器人中最大的，控制其六个自由度就可以实现位置和姿态的定位，即在工作空间内可以实现任何姿态的动作，因此，它通常用于多方向的复杂装配作业，以及有三维轨迹要求的特种作业场合。垂直多关节型装配机器人的关节结构比较容易密封，因此，在十级左右的洁净空间内多采用该类型工业机器人进行作业。垂直多关节型装配机器人的手臂长度通常为 500 mm（近似人的臂长）～1 500 mm。

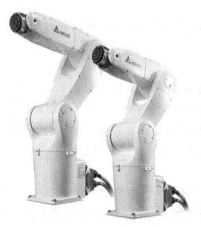

图 4-1-16　垂直多关节型装配机器人

3. 装配工序引入装配机器人的优点

装配工序引入装配机器人的优点如下。

1）系统的性价比高

因为没有辊轮等移载装置、搬运装置，所以可以缩短设计和调试周期。装配机器人采用标准产品，质量可靠，提高了整套设备的可靠性。由此可知，通过充分挖掘装配机器人的功能，减少外围设备，可以提高其所形成的装配系统的性价比。

2）提高系统的柔性

由于装配机器人的程序和示教内容可以变更且修改方便（即使是在系统运行中也可以对产品设计或工序进行变更），在装配工序中引入装配机器人可提高装配系统的柔性。

3）便于工艺改革

引入装配机器人后，现场操作人员能够根据对装配机器人的动作观察，随时修改装配机器人的程序，从而缩短生产周期，降低废品率，提高生产率。由专用设备组成的生产线是做不到这一点的，因为对于由专用设备组成的生产线无论是变更夹具还是变更机械设备都很困难。

4）提高设备的运转率

一般来说，产品模具的使用到期后，专用设备也就报废了，但引入装配机器人替换专用设备，即使产品模具到期，装配机器人也不会报废，它还可以重新构成其他设备。新设备购入后可以立即与原来的装配机器人组合并投入使用，从而可以提高设备的运转率。

4. 装配机器人的发展趋势

目前在工业机器人领域正在加大科研力度，进行装配机器人共性技术及关键技术的研究。有关装配机器人的研究内容主要集中在以下几个方面：

（1）装配机器人操作机构的优化设计技术。探索新的高强度轻质材料，进一步提高负载自重比，同时机构进一步向着模块化、可重构方向发展。

（2）直接驱动装配机器人。传统的装配机器人都要通过一些减速装置来降速并提高输出力矩，这些传动链会增加系统的功耗，增大系统的惯量、误差等，降低系统的可靠性。为了减小关节惯性，实现高速、精密、大负载及高可靠性，现行研究趋势是采用高扭矩低速电动机直接驱动装配机器人。

（3）装配机器人控制技术。这是指重点研究开放式、模块化控制系统，使人机互动界面更加友好，语言、图形编程界面正在研制之中。装配机器人控制器的标准化和网络化，以及基于个人计算机的网络式控制器已成为研究热点。在编程技术方面，除进一步提高在线编程的可操作性之外，离线编程的实用化的完善成为研究重点。

（4）多传感器融合技术。对于进一步提高装配机器人的智能化和适应性，多种传感器的使用是关键。多传感器融合技术的研究热点在于有效可行的多传感器融合算法，特别是在非线性及非平稳、非正态分布的情形下的多传感器融合算法，以及传感系统的实用化。

（5）装配机器人的结构要求更加灵巧，控制系统要求越来越小，二者正朝着一体化方向发展。

（6）装配机器人遥控和监控技术以及装配机器人半自主和自主技术。这是指对于多台装配机器人和操作人员之间的协调控制，通过网络建立大范围内的装配机器人遥控系统来实现，在有延时的情况下，通过预先显示进行遥控等。

（7）虚拟装配机器人技术。这是指基于多传感器、多媒体和虚拟现实以及临场感技术，实现装配机器人的虚拟遥控操作和人机交互。

（8）智能装配机器人。使用装配机器人的一个目标是实现工作自主，因此，要利用知识规划、专家系统等人工智能研究领域的成果，开发出能在各种装配机器人工作站自主工作的智能装配机器人。

（9）并联装配机器人。传统的装配机器人采用连杆和关节串联结构，而并联装配机器人具有非累积定位误差。与串联装配机器人相比，并联装配机器人执行机构的分布得到改善，结构紧凑，刚性提高，承载能力增加，而且其逆位置问题比较直接，奇异位置相对较少，所以近年来并联装配机器人倍受重视。

（10）协作装配机器人。装配机器人应用领域的扩大，对装配机器人提出了一些新要求，如多台装配机器人之间的协作，同一台装配机器人双臂的协作，甚至人与装配机器人的协作，这对于重型或精密装配任务来说非常重要。

（11）多智能体（multi-agen）协调控制技术。这是目前装配机器人研究的一个新领域，主要对多智能体的群体体系结构、相互间的通信与磋商机理、感知与学习方法、建模和规划、群体行为控制等方面进行研究。

◀ 4.2　工业机器人的自动化生产应用 ▶

工业机器人是面向工业领域的多关节的机械手或多自由度的机械装置，也是一种极为智能的机械加工辅助手段，是 FMS（柔性制造系统）和 FMC（柔性制造单元）的重要组成部分。在智能制造柔性生产线中，工业机器人可实现制造工艺过程中所有的零件抓取、上料、下料、装夹以及零件移位、翻转、调头等，特别适用于大批量小零部件的加工，能够极大程度地节约人工成本，提高生产效率。

自动生产线是由工作传送系统和控制系统将一组自动机床和辅助设备按照工艺顺序连接起来，自动完成产品全部或部分制造过程的生产系统，简称自动线。

自动生产线在无人干预的情况下按规定的程序或指令自动进行操作或控制，其目标是稳、准、快。采用自动生产线不仅可以把人从繁重的体力劳动、部分脑力劳动以及恶劣、危险的工作环境中解放出来，而且能扩展人的器官功能，极大地提高劳动生产率，增强人类认识世界和改造世界的能力。

4.2.1　工业机器人自动生产线的组成和优势

1. 组成

工业机器人自动生产线由于类型不同，生产的产品不同，大小不一，结构有别，功能各异。自动生产线由机械本体、检测及传感器、控制机构、执行机构和动力源五个部分组成。

从功能的角度来看，所有的工业机器人自动生产线都应具备最基本的四大功能，即运转功能、控制功能、检测功能和驱动功能。运转功能在工业机器人自动生产线中依靠动力源来实现。控制功能在工业机器人自动生产线中是由微机、单片机、可编程控制器或其他一些电子装置来实现的。在工作过程中，设在各部位的传感器把信号检测出来，控制装置对信号进行存储、运输、运算、变换等，然后通过相应的接口电路向执行机构发出命令，驱动执行机构完成必要的动作。检测功能主要由位置传感器、直线位移传感器、角位移传感器等来实现。传感器收集工业机器人自动线上的各种信息，如位置信息、温度信息、压力信息、流量信息等，并将其传递给信息处理部分。驱动功能主要由电动机、液压缸、气压缸、电磁阀、机械手或工业机器人等执行机构来实现。整个工业机器人自动生产线的主体是机械本体部分。工业机器人自动生产线的控制部分主要用于保证生产线内的机床、工件传送系统及辅助设备按照规定的工作循环和连锁要求正常工作,并设有故障寻检装置和信号装置。为适应工业机器人自动生产线的调试和正常运行的要求,控制机构有调整、半自动和自动三种工作状态。在调整状态下可手动操作和调整,实现单台设备的各个动作;在半自动状态下可实现单台设备的单循环工作;在自动状态下自动生产线能连续工作。

2. 优势

采用工业机器人自动生产线进行生产时,应有足够大的产量;产品设计和工艺应先进、稳定、可靠,并在较长的时间内保持基本不变。在大批量生产中采用工业机器人自动生产线能提高劳动生产率,稳定和提高产品的质量,改善劳动条件,减小生产占地面积,降低生产成本,缩短生产周期,保证生产均衡性,获得显著的经济效益。

在自动生产线中引入工业机器人具有以下优势:

(1)提高生产效率和产品质量。工业机器人可迅速地从一个作业位置移动到下一个作业位置,尤其是垂直多关节型工业机器人、水平多关节型工业机器人可实现高速移动。与人工相比,工业机器人能够二十四小时不间断工作,并且可提高产品质量,降低劳动力成本。

(2)可充分发挥柔性制造系统的通用性。工业机器人自动生产线可轻松适应多种机型,便于转换到新机型,可随意改变工业机器人的动作,充分发挥柔性制造系统的通用性。

(3)调试时的故障少,可缩短调试时间,系统调试可很快完成。与人工相比,工业机器人属于高自由度的通用产品,可靠性高,且能灵活适应新系统。

(4)引入工业机器人可大大降低劳动力成本,并把操作人员从简单的作业中解放出来。

4.2.2 应用工业机器人的冲压自动生产线

工业机器人是一种新型的机械设备。它在冲压自动生产线上的应用,对汽车的生产制造起着很重要的作用。工业机器人主要依靠设备的控制能力和自身的运动动力来实现生产功能,它不仅能直接听从人的指挥,而且能根据预先设置的程序运行。

冲压机器人是工业机器人中的一种,主要运用于冲压自动生产线;冲压自动生产线的控制系统是由冲压控制系统和基本控制系统两个部分组成的,其中冲压控制系统用来实现冲压自动生产线上的一些特殊功能,是根据实际操作需要而开发的专用模块。

1. 冲压自动生产线中的工业机器人应用

在冲压自动生产线中,工业机器人通常用于较为恶劣的工作环境下,用以完成难度较大、危险系数高的工作。工业机器人的出现,在很大程度上减少了人类手工操作的工作量。工业机器人在冲压自动生产线生产过程中的运行方式如图 4-2-1 所示。

2. 冲压自动生产线的机械组成

冲压自动生产线的机械组成包括上下料运输系统、拆垛分张系统和线尾检验码垛系统。其中,上下料运输系统又包括上下料机器人、端拾器等;拆垛分张系统包括拆垛小车、拆垛机器人、磁性皮带机、板料清洗机、板料涂油机、对中台等;线尾检验码垛系统包括线尾皮带机、检验照明台等。

拆垛小车主要应用在上料区和上料后停放的固定位置,可以为拆垛机器人的取料提供

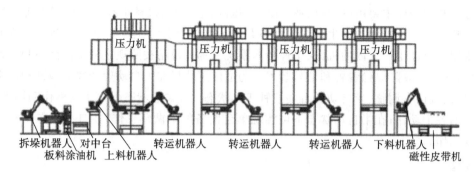

拆垛机器人　　对中台　　转运机器人　转运机器人　转运机器人　下料机器人
　板料涂油机　上料机器人　　　　　　　　　　　　　　　　　　　磁性皮带机

图 4-2-1　工业机器人在冲压自动生产线生产过程中的运行方式

方便。

磁性皮带机按照实际位置的不同分为导入式皮带机和导出式皮带机两种。导入式皮带机可将拆垛机器人取出的物料传送至板料涂油机中;导出式皮带机则将板料按照一定的速度送至视觉对中台。两者具有共性,在基本原理上没有太大差异。

板料涂油机通常在板件存在较大的拉延率的情况下,在板料拉延这一工序上,进行具体板料的涂油工作,简单来说,就是通过板料涂油机在板料表层进行相应的拉延油涂抹,消除冷轧钢板上的滑移线,保证加工完毕的板件的表面质量达到要求标准,使其具备合格的润滑性能,并提升冲压钢板的防锈能力。

对中台通常使用机械对中台。机械对中台可以方便地进行固定或者移动,采用视觉对中或者重力对中的对中方式。

拆垛机器人在运行中会根据板料实际的对中位置,进行运动轨迹的自适应调整,从而快速而准确地将板料搬运到压力机内。

3. 冲压自动生产线的控制系统

控制系统是工业机器人在冲压自动生产线中运行的核心系统,此核心系统主要用来保证冲压自动生产线上的各个部件能在统一协调管理下正常工作。另外,控制系统自身的一些性能对冲压自动生产线的整体效率和生产制作的自动化程度有着直接影响。

冲压自动生产线的控制系统由监控系统、连线控制系统和安全防护系统组成。监控系统与冲压自动生产线的监控管理相对应;连线控制系统针对自动化生产的整个生产流程进行控制;安全防护系统对生产流程的安全负责。

4. 冲压自动生产线的优势

冲压自动生产线具有如下优势:

(1)生产速度快。提高工业机器人和压力机的作业速度以及优化工业机器人和压力机的控制程序,减小二者的等待时间间隔,可以提高冲压自动生产线的生产节拍。具体是指,送料时,修改工业机器人的程序,在工业机器人未完全退出时即呼叫压力机启动,当压力机下行到一定位置时,压力机将检测工业机器人是否完全退出,若未退出压力机立即停机,保证设备的安全;取料时,修改压力机的程序,在压力机未到上止点时,即呼叫工业机器人启动,当压力机停到上止点时,工业机器人已经吸气取料。

(2)新工件调试速度快。机械手式的全自动生产线调试一个工件(通过端拾器和编程等)共需三天左右,而采用工业机器人的冲压自动生产线仅需一天。

(3)工件质量高。在冲压自动生产线中,下料机器人从前一工位取料并将料放到清洗机上,清洗加油完成并送到工位后,后一工位的工业机器人再从定位台上取料并将料放入模具,减少了中间环节,工件质量高,特别对有外观要求的工件生产有重要意义。

（4）采用工业机器人,编程方便、快捷。由于每台工业机器人都有一个手提式的示教器,用户界面友好,编程人员可以灵活、快速地编程。

（5）柔性大。工业机器人最大的特点是柔性大,可以单轴运动,也可以六轴联动完成各种复杂的空间运动,其轨迹既可以是各个空间方向上的直线、圆,也可以是各种规则或不规则的空间曲线。无论采用何种结构的模具,工业机器人皆可轻松地上料、取料。

4.2.3　应用工业机器人的包装码垛自动生产线

包装码垛自动生产线是一个典型的机电一体化系统。所谓机电一体化系统,是指在系统的主功能、信息处理功能和控制功能等方面引进了电子技术,并把机械装置、执行部件、计算机等电子设备和软件等有机结合而构成的系统,即机械、执行、信息处理、接口和软件等部分在电子技术的支配下,以系统的观点进行组合而形成的一种新型机械系统。

机电一体化系统由机械系统（机构）、电子信息处理系统（计算机）、动力系统（动力源）、传感检测系统（传感器）、执行元件系统（如电动机）五大子系统组成。

机电一体化系统的一大特点是其微电子装置取代了人对机械的绝大部分的控制功能,并将人对机械的控制加以延伸和扩大,克服了人的不足和弱点;另一大特点是节省能源和材料。

包装码垛自动生产线（见图4-2-2）主要应用于化工、粮食、食品及医药等行业中的粉、粒、块状物料的全自动包装及码垛。包装码垛自动生产线可分为包装部分和码垛部分。包装部分实现定量称重、供袋、装袋、夹口整形、折边缝口、金属检测、重量复检等功能;码垛部分实现转位编组、推袋压袋、码垛及垛盘的提供和输送等功能。

图 4-2-2　包装码垛自动生产线

1. 包装码垛自动生产线的组成

包装码垛自动生产线的包装部分一般由储料斗和电子秤（见图4-2-3）、供袋机构（见图4-2-4）、抓袋机构（见图4-2-5）、夹口整形机和折边机（见图4-2-6）、二次缝纫机（见图4-2-7）五个部分组成。

包装码垛自动生产线的码垛部分一般由倒包机、输送机、整形机、抓取线、码垛机器人五个部分组成,其各部分的工作过程和主要功能如下。

从称量秤、缝包机等末端出来的袋装产品均为站立式。站立式包装袋通过传送带到达倒包机（见图4-2-8）时,会接触到倒包横梁,并倒在倒包板上,通过防滑输送带的传送和导向滚筒的导向,自动调整为长度方向,包装袋的输送也因此调整为与流水线平行的纵向输送。通常倒包

图 4-2-3　储料斗和电子秤

图 4-2-4　供袋机构

图 4-2-5　抓袋机构

图 4-2-6　夹口整形机和折边机

图 4-2-7　二次缝纫机

机的高度是可以调整的。当包装袋的长度、称量秤输送线的高度更改时,倒包机可以通过其自动升降按钮来驱动自身的升降电动机做高度的自动调整。

为了最大限度地发挥包装码垛自动生产线的功效和码垛能力,此类生产线上一般设有输送机(见图 4-2-9),以便将从倒包机出来的包装袋输送(有时需转弯)至下一个工序。

包装袋从输送机出来后,进入整形机(见图 4-2-10)。整形机的作用是将包装袋整平,使其在生产线末端码成的垛外形美观、整齐。整形机的整形过程包括压包整形和振动整形两个部分。包装袋由包胶托辊输送,通过压包滚筒被压平。压包滚筒由高刚性弹簧提供压力,工作高

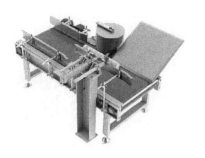

图 4-2-8　倒包机

图 4-2-9　输送机

度可调,能保证极好的压平效果,使用寿命较长,且不会破坏包装袋和产品。包装袋从压包滚筒出来后由方辊振动整形输送,最后出来的包装袋整齐、美观。

包装袋从整形机出来后被输送到抓取线(见图 4-2-11)。抓取线通常采用皮带环绕设计,这种设计除能保证码垛机器人安全、方便地抓取包装袋之外,还能实现静音、节能等效果。

图 4-2-10　整形机

图 4-2-11　抓取线

包装码垛自动生产线的前四个部分通过接近开关配合程序进行控制,能保证各部分之间先后有序,自动前进和停止,保证不会出现多个包装袋拥挤在一起的现象,使整条自动生产线上包装袋均匀分布,有条不紊地前进。

从抓取线出来后,包装袋被码垛机器人自动码垛成所要求的剁形。作为码垛机器人的重要组成部分之一,机械手爪的工作性能对码垛机器人的整体工作性能具有非常重要的意义。可根据不同的产品,设计不同类型的机械手爪,使得码垛机器人具有效率高、质量好、适用范围广、成本低等优势,并能很好地完成码垛工作。码垛机器人常用的机械手爪主要包括夹抓式、夹板式、真空吸取式和混合抓取式。夹抓式机械手爪如图 4-2-12 所示,主要用于高速码装;夹板式机械手爪可分为双夹板式机械手爪(见图 4-2-13)和单夹板式机械手爪(见图 4-2-14)两种,主要用于箱盒码垛;真空吸取式机械手爪如图 4-2-15 所示,主要用于可吸取的码放物;混合抓取式机械手爪如图 4-2-16 所示,主要适用于几个工位的协作抓放。

2. 包装码垛自动生产线的发展趋势

目前,包装码垛自动生产线正在往以下几方面发展:

(1)智能识别不同物体并进行分类、搬运、传送,实现过程自动化。

(2)通过图像识别控制工业机器人的方法,应用到其他领域。

(3)微处理器对机械的准确控制和对目标的准确跟踪。

图 4-2-12 夹抓式机械手爪

图 4-2-13 双夹板式机械手爪

图 4-2-14 单夹板式机械手爪

图 4-2-15 真空吸取式机械手爪

抓钩
吸盘

图 4-2-16 混合抓取式机械手爪

（4）包装码垛机器人可以利用传感器准确找到并分辨出已经标记的不同的物体，将物体转运到指定位置，实现寻找、避障、智能分类、装卸、搬运的功能。

4.2.4 应用工业机器人的焊接自动生产线

焊接自动生产线比较简单的是把多台工作站（单元）用工件输送线连接起来组成一条自动生产线。这种自动生产线仍然保持单工作站的特点，即每个工作站只能用选定的工件夹具及焊接机器人的程序来焊接预定的工件，在更改夹具及程序之前的一段时间内，这条线是不能焊接其他工件的。

另一种是柔性焊接自动生产线。柔性焊接自动生产线由多个工作站组成，其特点主要体现在下列几个方面：

（1）所有焊接设备及工装夹具具有互换性、通用性，通过更换夹具即可快速实现多种产品的生产（焊接）要求，更换时间不超过 10 分钟。

（2）工业机器人工作站具有互换性、通用性，一个焊接区有一个公用底板。

（3）工装夹具与安装支座连接标准化，水、电、气等采用标准快速连接，以适应柔性生产的要求。

（4）柔性控制。更换不同夹具时，只需要在触摸屏上选择相应的工件号即可，工业机器人系统与夹具自动识别系统进行比对，如果相同，则自动调用焊接程序；如果选择错误，则报警提示。

工厂选用哪种自动化焊接生产形式，必须根据工厂的实际情况及需要而定。焊接专机适合生产批量大、改型慢的产品，而且适用于工件的焊缝数量较少、较长，形状规则（直线、圆形）的情况；焊接机器人系统一般适合中、小批量生产，被焊工件的焊缝可以短而多，形状较复杂。

柔性焊接自动生产线特别适合产品品种多，每批数量又很少的情况，目前国外企业正在大力推广无（少）库存、按订单生产（JIT）的管理方式，在这种情况下采用柔性焊接自动生产线是比较合适的。

目前焊接自动生产线被广泛用于汽车生产的冲压、焊装、涂装、总装四大生产工艺过程，其中焊接应用以弧焊、点焊为主。汽车工业的焊接发展趋势就是发展自动化柔性生产系统。轿车生产近年来大规模地使用了工业机器人，主要使用的是点焊机器人和弧焊机器人。图 4-2-17 所示为工业机器人汽车焊接自动生产线。

图 4-2-17　工业机器人汽车焊接自动生产线

4.2.5　工业机器人的应用准则、步骤和安全实施规范

1. 应用准则

在设计和应用工业机器人时，应全面且均衡地考虑工业机器人的通用性、环境的适应性、耐久性、可靠性和经济性等因素，具体应遵循的准则如下。

（1）在恶劣的工作环境中应用工业机器人。

工业机器人可以在有毒、灰尘大、噪声大、高温、易燃、易爆等危险或有害的环境中长期稳定地工作，在技术、经济条件允许的情况下，可采用工业机器人逐步把人从这些危险或有害环境中的工作岗位上替代下来，以改善人的劳动条件，降低人的劳动强度。

（2）在生产率和生产质量落后的部门应用工业机器人。

现代化生产的分工越来越细，操作越来越简单，劳动强度越来越大，因此可以用工业机器人高效地完成一些简单、重复性的工作，以提高生产效率和生产质量。

（3）从长远考虑需要工业机器人。

一般来说，机械寿命有限，不过，如果经常对机械进行保养和维护，对易换件进行补充和更换，有可能使机械的寿命延长。另外，工人会由于其自身的原因而放弃工作、停工或辞职，而工业机器人不会在工作中途因故障以外的原因而停止工作，它能够持续地工作，直至其机械寿命完结，有利于保持生产的稳定性。

与只能完成单一特定作业的设备不同，工业机器人不受产品性能、所执行任务的类型或具体行业的限制。若产品更新换代频繁，通常只需要重新编制工业机器人程序，并换装不同类型的末端执行器来完成部分改装就可以了。

（4）考虑工业机器人的使用成本。

虽然使用工业机器人可以减轻工人的劳动强度，但是使用工业机器人的经济性也须考虑，要从劳动力、材料、生产率、能源、设备等方面比较人工和工业机器人的使用成本。如果使用工业机器人能够带来更大的效益，则可优先选用工业机器人。

（5）应用工业机器人时需要人。

在应用工业机器人代替人工操作时，要考虑工业机器人的实际工作能力，用现有的工业机器人完全取代人工显然是不可能的，因为工业机器人目前大多只能在人的控制下完成一些特定的工作。

2. 应用步骤

在现代工业生产中，工业机器人一般都不是单独使用的，而是作为工业生产系统的一个组成部分来使用的。将工业机器人应用于生产系统的步骤如下：

（1）全面考虑并明确自动化要求，包括提高劳动生产率、增加产量、减轻劳动强度、改善劳动条件、保障经济效益和社会就业率等问题。

（2）制订工业机器人化计划。在全面可靠的调查研究基础上，制订长期的工业机器人化计划，包括确定自动化目标、培训技术人员、编绘作业类别一览表、编制工业机器人化顺序表和大致日程表等。

（3）探讨使用工业机器人的条件。结合自身具备的生产系统条件，选用合适类型的工业机器人。

（4）对辅助作业和工业机器人系统（性能）进行标准化处理。辅助作业大致分为搬运型和操作型两种。根据不同的作业内容、复杂程度或与外围设备在共同任务中的关联性，所使用的工业机器人的坐标系统、关节和自由度数、运动速度、作业范围、工作精度和承载能力等也不同，因此必须对工业机器人系统进行标准化处理工作。此外，还要判别各工业机器人分别具有哪些适用于特定场合的性能，进行工业机器人性能及其表示方法的标准化工作。

（5）设计工业机器人化作业系统方案。设计并比较各种理想的、可行的或折中的工业机器人化作业系统方案，选定最符合使用要求的工业机器人及其配套设备来组成工业机器人化柔性综合作业系统。

（6）选择适宜的工业机器人系统评价指标。建立和选用适宜的工业机器人系统评价指标与方法，既要考虑到适应产品变化和生产计划变更的灵活性，又要兼顾目前和长远的经济效益与社会效益。

（7）详细设计和具体实施。对选定的实施方案进一步详细设计，并提出具体实施细则，交付执行。

3.安全实施规范

工业机器人产品有着与其他产品不同的特征,其运动部件,特别是手臂和手腕部分,具有较高的能量,可以较快的速度掠过比工业机器人基座大得多的空间,并随着生产环境和条件及工作任务的改变,其运动亦会改变。若工业机器人意外启动,则对操作者、编程示教人员及维修人员均存在着潜在的伤害。为防止事故的发生,避免造成不必要的人身伤害,在进行工业机器人工程应用开发时,必须考虑工业机器人的安全实施规范。

1)进行安全分析

安全分析可按下述步骤进行:

(1)根据考虑到的应用场合(包括估计需要出入或接近的危险区),确定所要求完成的任务,即确定工业机器人或工业机器人系统的用途,是否需要操作人员、示教人员或其他相关人员出入安全防护空间及是否频繁出入,在不同空间需要做什么,以及是否会产生可预料的误用(如意外的启动等)。

(2)识别危险源(包括与每项任务有关的故障和失效方式等),即识别由于工业机器人的运动及为完成作业任务所需的操作中会发生的故障或失效情况,以及潜在的各种危险。

(3)进行风险评价,确定风险类型。

(4)根据风险评价,确定降低风险的对策。

(5)根据工业机器人及其系统的用途,采取一定(具体)的安全防护措施。

(6)评估系统是否达到了可接受的安全水平,确定安全等级。

2)采取安全措施

一般建议进行工业机器人工程应用时,参照以下几点来实现安全作业:

(1)工业机器人的工作区域外围一定要有防护,如金属防护网或有机玻璃防护窗。

(2)工业机器人在运动的时候,禁止所有人靠近工业机器人的工作范围。

(3)如需要进入工业机器人工作区域,一定要有安全连锁装置,人员进入后工业机器人禁止运动。

(4)维修人员在进行工业机器人维修的时候,一定要确保工业机器人运动程序处于关闭状态,确保电源关闭。

(5)维修人员在进行工业机器人维修测试的时候,一定要确认周围没有人员在工业机器人的工作范围内,并且要有随时按下急停开关的准备。

(6)在任何新程序开始运行之前,一定要以最慢的速度确认工业机器人运行轨迹,确定运行轨迹正确,再以生产速度测试。

(7)人员离开设备的时候,一定要将工业机器人断电,按下急停开关。

3)遵守工业机器人安全操作规程

对工业机器人进行示教和手动操作工业机器人时,要遵守以下安全操作规程:①不要戴手套操作示教器和控制器;②在点动操作工业机器人时要采用较低的倍率速度以增加对工业机器人的控制机会;③在按下示教器上的点动键之前要考虑到工业机器人的运动趋势;④要预先考虑好避让工业机器人运动轨迹的线路,并确认该线路不受干涉;⑤工业机器人周围区域必须清洁,无油、水或杂质等。

生产运行时,要遵守以下安全操作规程:①在开机运行前,须知道工业机器人根据所编程序将要执行的全部任务;②须知道所有会影响(控制)工业机器人移动的开关、传感器和控制信号的位置和状态;③须知道工业机器人控制器和外围控制设备上的急停按钮的位置,以便在紧急情况下按下这些按钮;④永远不要认为工业机器人没有移动其程序就已经完成,因为这时工业机器人很有可能是在等待让它继续移动的输入信号。

◀ **思考与练习** ▶

1. 工业机器人工作站的开发方向有哪些?
2. 工业机器人工作站由哪些部分组成? 有什么特点?
3. 弧焊机器人工作站由哪些部分组成?
4. 点焊机器人工作站由哪些部分组成?
5. 装配机器人工作站由哪些部分组成?
6. 工业机器人自动生产线由哪些部分组成?
7. 工业机器人自动生产线有哪些优势?
8. 工业机器人的应用准则有哪些?
9. 工业机器人的安全实施规范有哪些?

第5章

机器人博览

◀ 5.1 火星探测机器人 ▶

　　火星距地球最近约为 5 600 万千米,远则超过 4 亿千米,美国发射的"火星探路者"探测器经过 7 个月的飞行到达火星,且首次携带机器人(车)登上了火星,这台机器人(车)就是"索杰纳"火星车(见图 5-1-1)。"索杰纳"火星车的任务是对探测器周围进行搜索,重点是探测并收集火星的气候及地质方面的数据。

图 5-1-1 "索杰纳"火星车

　　"索杰纳"火星车是一辆自主式的机器人车辆,同时,人们又可从地面对它进行遥控。其设计中的关键是重量,科学家们成功地使它的重量不超过 11.5 kg。该车尺寸为 630 mm×480 mm,有 6 个车轮,车轮直径为 13 cm,上面装有不锈钢防滑链条。每个车轮均为独立悬架,其传动比为 2 000∶1,因而能在各种复杂的地形上行驶,特别是在软沙地上行驶。该车的前后均有独立的转向机构。正常驱动功率为 10 W 时,最大速度为 0.4 m/s。

　　"索杰纳"火星车是由锗基片上的太阳能电池阵列供电的,可在 16 V 电压下提供最大为 16 W 的功率。它还装有一个备用的锂电池,每小时可提供 150 W 的最大功率。当火星车无法由太阳能电池供电时,可由该备用电池获得能量。

　　"索杰纳"火星车的体积小,动作灵活,利用其条形激光器和摄像机,它可自主判断前进的道路上是否有障碍物,并做出行动决定。

　　"索杰纳"火星车携带的主要科学仪器为一台质子 X 射线分光计(APXS),它可分析火星岩石及土壤中存在哪些元素,并提供元素丰度。APXS 探头装在一个机械装置上,可以从各种角度及高度接触岩石及土壤的表面,便于选择取样位置。它所获得的数据被作为分析火星岩石成分的基础。

195

◀ 5.2 排爆机器人 ▶

排爆机器人是排爆人员用于处置或销毁爆炸可疑物的专用器械,可避免不必要的人员伤亡,一般为军用。它可在多种复杂地形进行排爆,主要用于代替排爆人员搬运、转移爆炸可疑物及其他有害危险品;代替排爆人员使用爆炸物销毁器销毁炸弹;代替现场安检人员实地勘察,实时传输现场图像;可配备霰弹枪对犯罪分子进行攻击;可配备探测器材检查危险场所及危险物品。由于科技含量较高,排爆机器人往往身价不菲。

排爆机器人有轮式及履带式,一般体积不大,转向灵活,便于在狭窄的地方工作,操作人员可以在几百米到几千米以外通过无线电或光缆控制其活动。此类机器人上一般装有多台彩色CCD摄像机(用来对爆炸物进行观察)和一个多自由度机械手(用它的手爪或夹钳可将爆炸物的引信或雷管拧下来,并把爆炸物运走),还装有猎枪,可利用激光指示器瞄准后,把爆炸物的定时装置及引爆装置击毁。有的排爆机器人还装有高压水枪,可以切割爆炸物。

目前,我国及美、英、德、法、日等国均已研制出多种型号的排爆机器人,如英国研制成功履带式"手推车"排爆机器人(见图5-2-1)、"土拨鼠"及"野牛"遥控电动排爆机器人(见图5-2-2)等。"土拨鼠"排爆机器人重35 kg,在杆上装有两台摄像机;"野牛"排爆机器人重210 kg,可携带100 kg负载。两者均采用无线电控制系统,遥控距离约为1 km。

图5-2-1 履带式"手推车"排爆机器人　　　图5-2-2 "土拨鼠"及"野牛"排爆机器人

德国Telerob公司的MV4排爆机器人如图5-2-3所示。
中国科学院沈阳自动化研究所研制的"灵蜥"排爆机器人如图5-2-4所示。

图5-2-3 MV4排爆机器人　　　图5-2-4 "灵蜥"排爆机器人

排爆机器人不仅可以排除炸弹,还可利用它的侦察传感器监视犯罪分子的活动。例如,美国RST公司研制的STV机器人,它是一辆6轮遥控车,采用无线电及光缆通信,车上有一个可升长到 4.5 m 的支架,上面装有彩色立体摄像机、昼用瞄准具、微光夜视瞄准具、双耳音频探测器、化学探测器、卫星定位系统、目标跟踪用的前视红外传感器等;该机器人仅需一名操作人员,遥控距离达 10 km。

◀ 5.3 烹饪机器人 ▶

"爱可"烹饪机器人(见图 5-3-1)是深圳繁兴科技有限公司投资 2 000 多万元,历时 4 年研发完成的,是现代机械电子工程学科和中国烹饪学科第一次交叉融合,也是全世界首台实现中国菜肴自动烹饪的机器人。其基本原理是,将烹饪工艺的灶上动作标准化并转化为机器人可解读语言,再利用机械装置和自动控制、计算机等现代技术,模拟实现厨师烹饪工艺操作过程。它不仅能完成目前市面上的一些烹饪设备能完成的烤、炸、煮、蒸等烹饪工艺,最大特点是能实现中国独有的炒、熘、煸等技法。

1. 操作过程

"爱可"烹饪机器人形似一台大冰箱,不管是鲁菜、川菜、粤菜,只要给它放入特制的菜料并按键,几分钟后,热气腾腾的菜肴就"出锅"了。且看机器人"大厨"如何烹饪"水晶虾仁":操作者按下启动键,把菜料放入"爱可"伸出的托盘,"爱可"便自动读取菜料上的条形码,根据条形码显示的信息,确定了烹饪任务;接着,"爱可"开始开煤气阀、点火、倒油,依次将菜肴的主料、辅料、调味品等放入炒锅,并模仿厨师"掂锅",几分钟后,色香味俱全的"水晶虾仁"就做好了。

图 5-3-1 "爱可"烹饪机器人

2. 主要特点

"爱可"烹饪机器人的特点是:烹饪过程自动化;菜肴品种多样化;菜肴烹饪质量稳定;营养结构科学;供应链条严谨。中国烹饪协会专业人士对其评价是,该机器人烹饪菜肴已达到专业烹饪厨师水平,甚至超过了一般厨师,特别是"炒"的功夫上佳,对油温和火候把握精准。

3. 机器人烹饪与传统烹饪的比较

与传统烹饪相比,机器人烹饪有如下明显优势:

(1) 可保障食品安全。

机器人烹饪采用工厂化冷链加工的标准化配菜,并以冷链方式点对点配送,物流出口单一,可追溯,便于食品安全监控,可保障食品安全。

(2) 可减低劳动成本。

机器人烹饪可代替厨师操作,工作不限时,劳动成本低。以现有使用情况分析,可使餐厅聘用厨师的成本下降近 40%。

机器人烹饪可取消现场加工,减小厨房占地面积(节约面积可达 50%),可扩大经营有效面积。

(3)可有效节能减排。

机器人烹饪能降低 30%~50% 的能耗,并有效减少传统餐厅分散加工配菜所带来的厨余垃圾。

(4)可保障菜肴质量。

烹饪机器人采用数字化烹饪,能明显提高菜肴的稳定性、一致性和抗氧化性,并弥补厨师菜系限制,可用一台烹饪机器人实现多菜系烹饪。

(5)可支持扩张、复制。

传统餐厅扩张、复制因依赖厨师而极其困难,采用机器人烹饪的餐厅则可实现简单、快速扩张与复制。传统烹饪与机器人烹饪产业模型比较如图 5-3-2 所示。

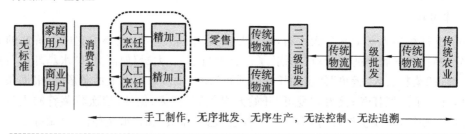

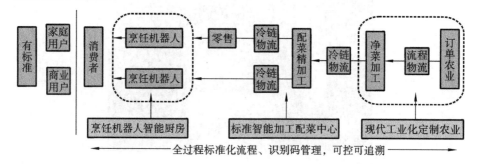

图 5-3-2　传统烹饪与机器人烹饪产业模型比较

◀ 5.4　医疗康复护理机器人 ▶

医疗康复护理机器人作为医用机器人的一个重要分支,它的研究贯穿了康复医学、生物力学、机械学、电子学、材料学、计算机科学以及机器人学等诸多领域,已经成为国际上机器人领域的一个研究热点。

医疗康复护理机器人是工业机器人和医用机器人的结合。20 世纪 80 年代是医疗康复护理机器人研究的起步阶段,美国、英国和加拿大在医疗康复护理机器人方面的研究处于世界领先地位。1990 年以前,全球的 56 个研究中心分布在美国、英联邦、加拿大、欧洲大陆和斯堪的纳维亚半岛及日本等地。1990 年以后,医疗康复护理机器人的研究进入到全面发展阶段。目前,医疗康复护理机器人的研究主要集中在康复机械手、医院机器人系统、智能轮椅、假肢和康复治疗机器人等方面,这些研究及此类机器人的应用不仅促进了康复医学的发展,也带动了相关领域的新技术和新理论的发展。

　　Handy1 康复机器人(见图 5-4-1)是目前最成功的一种低价的康复机器人系统,有 100 多名严重残疾的人经常在使用它,在许多发达国家都有应用。目前,正在研发的医疗康复护理机器人能完成 3 种功能,分别由 3 种可以拆卸的滑动托盘来实现,即吃饭/喝水托盘、洗脸/刮脸/刷牙托盘及化妆托盘,此类机器人可以根据用户的不同要求提供不同的托盘。不同的用户要求不同,有的用户可能会要求增加或者去掉某种托盘,以适应他们身体残疾的情况,因而灵活地更换托盘对此类机器人而言是很重要的。

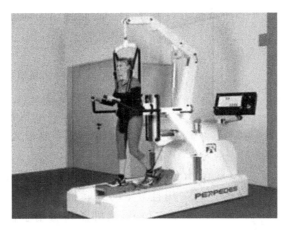

图 5-4-1　Handy1 康复机器人

　　部件多了系统就会复杂,为此人们给 Handy1 康复机器人研制了一种新的控制器,这种新的控制器是以 PC104 技术为基础的。为了便于将来改进,人们为此类机器人设计了一种新颖的输入/输出板,在这种输入/输出板上可以插入 PC104 控制器。此类机器人因此具有语音识别、语音合成、传感器输入、手柄控制及步进电动机输入等功能。

　　可更换的组件式托盘装在 Handy1 康复机器人的滑车上,通过一个 16 脚的插座,从内部连接到此类机器人的底座中。目前该机器人系统可以识别 15 种不同的托盘。通过机器人关节中电位计的反馈,启动后它可以自动进行托盘比较。它还装有简单的查错程序。

　　Handy1 康复机器人具有通话的能力,它可以在操作过程中为被护理人员及用户提供有用的信息,所提供的信息可以是简单的操作指令及有益的指示,并可以用任何一种欧洲语言讲出来。这种功能可以大大方便用户操作使用此类机器人,而且有助于突破语言的障碍。

　　以进食为例,Handy1 康复机器人的工作过程如下。在托盘(餐盘)部分装有一个光扫描系统,它使用户能够从餐盘的任何部分选择食物。简而言之,一旦系统通电,餐盘中的食物就被分配到若干格中,共有 7 束光线在餐盘的后面从左向右扫描,用户只用等到光线扫到他想吃的食物的那一格时,按下开关,启动 Handy1 康复机器人就可以了。Handy1 康复机器人前进到餐盘中所选中的部分,盛出一满勺食物送到用户的嘴里。用户可以按照自己希望的速度盛取食物,这一过程可以重复进行,直到餐盘空了为止。该机器人上的计算机始终跟踪餐盘中被选中食物的地方,并自动控制扫描系统越过空了的地方。利用光扫描系统中的第 8 束光线,用户在吃饭时可以够到托盘上任何地方的饮料。

　　Handy1 康复机器人的简单性以及多功能性提高了它对残疾人群体以及护理人员的吸引力。该系统为有特殊需求的人们提供了较大的自主性,为他们增加了融入正常环境的机会。

◀ 5.5 并联机器人 ▶

并联机器人(parallel mechanism,PM),可以定义为动平台和定平台通过至少两个独立的运动链相连接,具有两个或两个以上自由度,且以并联方式驱动的一种闭环机构,主要特点如下:

(1) 无累积误差,精度较高;

(2) 驱动装置可置于定平台上或接近定平台的位置,这样运动部分重量轻,速度高,动态响应好;

(3) 结构紧凑,刚度高,承载能力大;

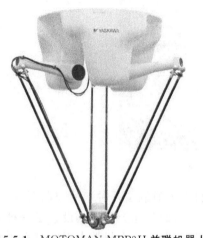

图 5-5-1　MOTOMAN-MPP3H 并联机器人

(4) 完全对称的并联机构具有较好的各向同性;

(5) 工作空间较小。

根据这些特点,并联机器人在需要高刚度、高精度或者大载荷而不需要很大工作空间的领域得到了广泛应用。

安川电机于 2014 年 8 月 25 日开始销售方便使用且卫生的并联机器人 MOTOMAN-MPP3H(见图5-5-1),该款机器人可用于食品、药品及化妆品等小件物品的搬运、排列及装箱等。该款机器人的机身内部采用中空设计,形成了以往机器人没有的布线空间,而且还使球接头部分不需润滑油。

MOTOMAN-MPP3H 并联机器人机身内部采用中空设计,将电线和软管收纳在机身内部,省去了布置电线和软管的麻烦,不会让电线和软管等妨碍机器人工作。为实现球接头部分的无油化,安川电机采用自润滑树脂,不仅可使球接头部分不需润滑油,还解决了卫生和品质管理方面的问题。

◀ 5.6 口腔修复机器人 ▶

随着人年龄的增长,人的牙齿将会出现松动、脱落。目前,世界上大多数发达国家社会都步入了老龄化,很多老人出现了全口牙齿脱落。全口牙齿脱落的患者,称为无牙颌,需用全口义齿修复。在我国目前也有近 1 200 万无牙颌患者。人工牙列是恢复无牙颌患者咀嚼、语言功能和使其面部美观的关键,也是制作全口义齿的技术核心和难点。传统的全口义齿制作方式是,由医生和技师根据患者的颌骨形态,靠经验、用手工制作,无法满足日益增长的社会需求。在此背景下,北京大学口腔医院、北京理工大学等单位联合研制出口腔修复机器人(见图5-6-1)。这是一个由计算机和机器人辅助设计、制作全口义齿人工牙列的应用试验系统。该系统利用图像、图形技术来获取并生成无牙颌患者的口腔软硬组织计算机模型,利用自行研制的非接触式三维激光扫描测量系统来获取患者无牙颌骨形态的几何参数,采用专家系统软件完成全口义齿人工牙列的计算机辅助设计与制作。另外,人们还发明和制作出了单颗塑料人工牙与最终要完成的人工牙列之间的过渡转换装置——可调节排牙器。

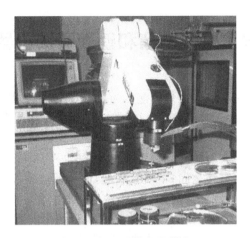

图 5-6-1　口腔修复机器人

利用口腔修复机器人可以实现排牙的任意位置和姿态控制,相当于快速培养和造就了一批高级口腔修复医疗专家和技术员。利用此类机器人来代替人手工排牙,不但比口腔医疗专家更精确(以数字的方式操作),同时还能避免专家因疲劳、情绪、疏忽等原因造成的失误。这将使全口义齿的设计与制作进入到既能满足无牙颌患者个体生理功能及美观需求,又能达到规范化、标准化、自动化、工业化的水平,从而大大提高其制作效率和质量。

◀ 5.7　微型机器人 ▶

2010 年,美国哥伦比亚大学科学家成功研制出一种由 DNA 分子构成的"纳米蜘蛛"微型机器人(见图 5-7-1),这种机器人能够跟随 DNA 的运行轨迹自由地行走、移动、转向以及停止,并且能够自由地在二维物体的表面行走。

图 5-7-1　"纳米蜘蛛"微型机器人

"纳米蜘蛛"微型机器人的长度仅有 4 纳米,比人类头发直径的万分之一还小。"纳米蜘蛛"微型机器人的发明是对"分子机器人"的改进与升级,其功能更加强大,不仅能够自由地在二维物体的表面行走,而且还能吞食面包碎屑。虽然以前研制出的"分子机器人"也具有行走功能,但不会超过 3 步,而"纳米蜘蛛"微型机器人却能行走 100 纳米的距离,相当于行走 50 步。

"纳米蜘蛛"微型机器人可以用于医疗事业,帮助人类识别并杀死癌细胞以达到治疗癌症的目的,还可以帮助人们完成外科手术,清理动脉血管垃圾及组成计算机新硬件等。科学家们已经研发出这种机器人的生产线。

◀ 5.8　高楼擦窗和壁面清洗机器人 ▶

随着城市的现代化,一座座高楼拔地而起。为了美观,也为了得到更好的采光效果,很多写字楼和宾馆都采用了玻璃幕墙及玻璃窗等,这就带来了幕墙及玻璃窗等的清洗问题。其实不仅是玻璃幕墙等玻璃材质的壁面,其他材质的壁面也需要定期清洗。

在很长一段时间内,高楼大厦的外墙清洗都是"一桶水、一根绳、一块板"的作业方式。洗墙工人腰间系一根绳子,悠荡在高楼之间,不仅效率低,而且易出事故。近年来,随着科学技术的发展,这种状况已有所改善。目前,国内外外墙清洗使用的主要方法有两种:一种是靠升降平台或吊篮搭载清洁工进行玻璃窗和壁面的人工清洗;另一种是用安装在楼顶的轨道及索吊系统将擦窗机对准窗户自动擦洗。采用第二种方式要求在建筑物设计之初就将擦窗系统考虑进去,而且这种方式无法适应阶梯状造型的壁面清洗,使用受到限制。

基于这种情况,北京航空航天大学机器人研究所发挥其技术优势,与铁道部北京铁路局科研所为北京西客站合作开发了一台玻璃顶棚(约 3 000 m²)清洗机器人(见图 5-8-1)。该机器人由机器人本体和地面支援小车两大部分组成。机器人本体是沿着玻璃壁面爬行并完成擦洗动作的主体,重 25 kg,它可以根据实际环境情况灵活自如地行走和擦洗,而且具有很高的可靠性。地面支援小车属于配套设备,在机器人本体工作时,负责为机器人供电、供气、供水及回收污水,它与机器人本体之间通过管路连接。

目前我国从事高楼擦窗和壁面清洗机器人研究的还有哈尔滨工业大学和上海大学等,他们也都有了自己的产品。

高楼擦窗和壁面清洗机器人是以爬壁机器人为基础开发出来的,高楼擦窗和壁面清洗只是爬壁机器人的用途之一。爬壁机器人有负压吸附和磁吸附两种吸附方式,高楼擦窗和壁面清洗机器人采用的是负压吸附方式。磁吸附爬壁机器人(见图 5-8-2)也已在我国问世,并已在大庆油田得到了应用。

图 5-8-1　玻璃顶棚清洗机器人

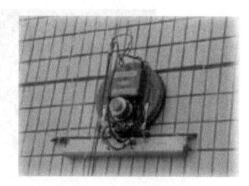
图 5-8-2　磁吸附爬壁机器人

◀ 5.9　"清洗巨人" ▶

尽管世界各航空公司的竞争非常激烈,它们不断装备最新的客运飞机,但飞机的清洗工作仍然是老样子,还是由人拿着长把刷子,千方百计地擦去飞机上的尘土和污物,这是一项费时又费力的工作。

为了在竞争中立于不败之地,德国汉萨航空公司委托普茨迈斯特公司等经过近 5 年的开发,研制出了"清洗巨人"。目前,"清洗巨人"已在德国法兰克福机场"上岗"。

"清洗巨人"(见图 5-9-1)是用来清洗飞机的,它的机械臂向上可伸 33 米高,向外可伸 27 米远,它可以清洗任何类型的飞机,有时它甚至可以越过一架停着的飞机去清洗另一架飞机。

图 5-9-1 "清洗巨人"

"清洗巨人"利用两套计算机和一个机器人控制器来控制飞机的清洗。事先对航空公司的整个机队的飞机外形进行编程,将飞机的机型数据输入计算机。清洗时,两台机器人位于飞机的两侧,在机翼与飞机头部(或尾部)的中间,利用装在旋转结构上的专用激光摄像机确定精确的工作位置;传感器得到飞机的三维轮廓,并将此信息送往计算机进行处理,计算机将机器人当前的位置与所存储的飞机的机型数据进行比较,并由当前的位置计算出机器人的坐标,对机器人进行概略定位;机器人概略定位后,利用液压马达将支撑脚放出,使机器人站稳脚跟,然后进行精确定位。经操作人员同意,机器人开始清洗。

使用"清洗巨人"不仅减轻了工人的劳动强度,而且大大提高了工作效率。例如,人工清洗一架波音 747 飞机需要 95 个工时,用 10 个人同时清洗,飞机在地面须停留约 9 小时,而使用该机器人清洗仅需 12 个工时,用 4 台机器人同时清洗,飞机在地面仅停留 3 小时。这样,就大大缩短了飞机的地面停留时间,增加了飞行时间,提高了经济效益。

对"清洗巨人"今后的研究可分为两步:第一步是全面开发"清洗巨人"在飞机方面的应用,如对飞机进行除漆、抛光、喷漆;第二步则是把它作为工作平台使用,用它来清洗造船厂的窗户、大门,清洗过街天桥、隧道以及机场建筑物。

◀ 5.10 汽车加油机器人 ▶

大多数的汽车司机对加油站里的刺鼻的汽油味都感到头疼,而且加油时不小心就会在手上和衣服上染上汽油,用汽车加油机器人来完成加油工作也许是更好的选择。用汽车加油机器人可以节省人力,因为它可以 24 小时连续工作;加油时不会出现过满外溢现象;可以减少空气污染,保护环境。正是基于这些考虑,美国、德国、法国等都研制出了自己的汽车加油机器人。

受德国宝马汽车公司、奔驰汽车公司及阿拉尔石油公司的委托,德国莱斯机器人公司和弗劳恩霍夫生产技术与自动化研究所合作,耗资 1 500 万马克(约合 767 万欧元),历时 3 年多,研制出了世界上第一台汽车加油机器人(见图 5-10-1)。该机器人可以对油箱盖在右后侧的 80% 的汽车加油。

用户(汽车司机)开车进入使用汽车加油机器人的加油站就像是进入冲洗间一样,不用下

图 5-10-1　汽车加油机器人

车,只需打开车窗将交费卡片插入电子收款机,选择自己所需的油号和油量,然后将汽车驶入停车处,靠近加油岛。汽车前轮触发一个概略定位器,给出汽车的概略位置。这一位置信息传送给汽车加油机器人后,机器人底装的信号发生器芯片控制汽车加油机器人手臂在顶盖自动打开后抓起相应的油枪(机器人可以为汽车加 5 种不同的油),并移向汽车。通过汽车油箱盖上的一个反射标记,可利用光学传感器对机器人手臂进行精确定位,同时,机器人手臂上装有一台微型摄像机,可使机器人找到油箱盖,利用一个吸气装置将其打开,然后机器人手爪拧开加油口密封盖,插入加油软管。加完油后,机器人盖上密封盖及油箱盖。与此同时,计算机已为用户结完账。两三分钟后,下一位用户又可加油了。

◀ 5.11 "达·芬奇"手术机器人 ▶

"达·芬奇"手术机器人(见图 5-11-1)以麻省理工学院研发的机器人外科手术技术为基础,由 Intuitive Surgical 公司、IBM、麻省理工学院和 Heartport 公司联手对该系统进行进一步开发。FDA(美国食品药品监督管理局)已经批准将"达·芬奇"手术机器人用于成人和儿童的普通外科、胸外科、泌尿外科、妇产科、头颈外科以及心脏手术。"达·芬奇"手术机器人是一种高级机器人,其设计的理念是通过使用微创的方法,实施复杂的外科手术。

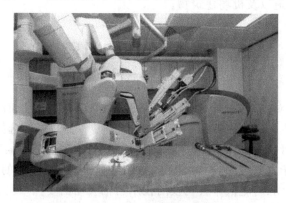

图 5-11-1　"达·芬奇"手术机器人

简单地说,"达·芬奇"手术机器人采用的是高级的腹腔镜系统,其进行手术操作的时候也需要使机械臂穿过胸部、腹壁。

"达·芬奇"手术机器人由三部分组成,即外科医生控制台、床旁机械臂系统、成像系统,如图 5-11-2 所示。

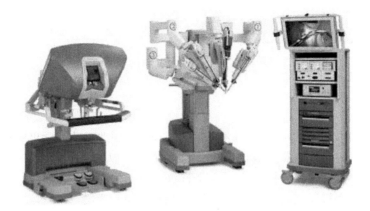

图 5-11-2　"达·芬奇"手术机器人的三大组成部分

1. 外科医生控制台

主刀医生坐在控制台旁,位于手术室无菌区之外,使用双手(通过操作两个主控制器)及脚(通过脚踏板)来控制器械和一个三维高清内窥镜。正如在立体目镜中看到的那样,手术器械尖端与外科医生的双手同步运动。

2. 床旁机械臂系统

床旁机械臂(patient cart)系统是"达·芬奇"手术机器人的操作部件,其主要功能是为机械臂和摄像臂提供支撑。助手医生在无菌区内的床旁机械臂系统边工作,负责更换器械和内窥镜,协助主刀医生完成手术。为了确保患者安全,助手医生比主刀医生对于床旁机械臂系统的运动具有更高优先控制权。

3. 成像系统

成像(video cart)系统内装有"达·芬奇"手术机器人的核心处理器以及图像处理设备,在手术过程中位于无菌区外,可由巡回护士操作,并可放置各类辅助手术设备。"达·芬奇"手术机器人的内窥镜为高分辨率三维(3D)镜头,对手术视野具有 10 倍以上的放大倍数,能为主刀医生带来患者体腔内三维立体高清影像,较普通腹腔镜手术更能使主刀医生把握操作距离、辨认解剖结构,可提升手术精确度。

◀ 思考与练习 ▶

1. 试列举生活中见到的机器人,说明其使用场合的特点。
2. 哪些工作环境可以用机器人代替人?
3. 你最想发明什么样的机器人(进行什么样的工作)?
4. 你心目中未来的机器人是怎样的?

参考文献 CANKAOWENXIAN ▶

[1] 张明辉,丁瑞昕,黎书文.机器人技术基础[M].西安:西北工业大学出版社,2017.

[2] 王保军,滕少峰.工业机器人基础[M].武汉:华中科技大学出版社,2015.

[3] 王京,吕世霞.工业机器人技术基础[M].武汉:华中科技大学出版社,2018.

[4] 刘杰,王涛.工业机器人离线编程与仿真项目教程[M].武汉:华中科技大学出版社,2019.

[5] 郝巧梅,刘怀兰.工业机器人技术[M].北京:电子工业出版社,2016.

[6] 李云江.机器人概论[M].北京:机械工业出版社,2016.

[7] 韩建海.工业机器人[M].3 版.武汉:华中科技大学出版社,2015.